"十三五"国家重点出版物出版规划项目

名校名家基础学科系列
Textbooks of Base Disciplines from Top Universities and Experts

首批国家级一流本科课程教材

大学物理实验数字化教程

主　编　樊代和

副主编　魏　云　　高思敏　　邱春蓉　　沈军峰　　常相辉

参　编　吴晓立　　杨金科　　张文婷　　贾欣燕　　王　辉
　　　　何　钰

U0255269

机械工业出版社

本教程依据教育部高等学校物理学与天文学教学指导委员会物理基础课程教学指导分委会编制的《理工科类大学物理实验课程教学基本要求》(2010 年版),结合西南交通大学多年来的实验室建设和大学物理实验教学改革成果而编写。本书主要内容包括误差、不确定度及数据处理基础知识,以及 26 个涉及力、热、光、电、近代物理等方面的实验项目。其中,有 14 个实验项目同时也是全国高等学校物理基础课程青年教师讲课比赛实验题目规范表中的题目。

本书的显著特色是,各实验项目的数字化资源部分给出了在操作实验仪器时对应出现的具体实验现象;同时,针对每一个实验项目还给出了较新或者比较重要的相关实验参考文献,以期为培养学生的创新实践能力奠定基础。

本书可作为国内各高等理工科类院校的大学物理实验教材,数字资源部分也可为国内不具备开展实验的高校提供参考。同时,本书也可作为工程技术人员的参考用书。

图书在版编目(CIP)数据

大学物理实验数字化教程/樊代和主编. —北京:机械工业出版社,2020.1(2025.1 重印)

"十三五"国家重点出版物出版规划项目 名校名家基础学科系列

ISBN 978-7-111-64250-3

Ⅰ.①大… Ⅱ.①樊… Ⅲ.①物理学 – 实验 – 高等学校 – 教材 Ⅳ.①O4 – 33

中国版本图书馆 CIP 数据核字(2019)第 266659 号

机械工业出版社(北京市百万庄大街 22 号 邮政编码 100037)

策划编辑:张金奎 责任编辑:张金奎

责任校对:张 力 封面设计:鞠 杨

责任印制:邸 敏

天津光之彩印刷有限公司印刷

2025 年 1 月第 1 版第 9 次印刷

184mm×260mm·17 印张·399 千字

标准书号:ISBN 978-7-111-64250-3

定价:45.00 元

电话服务 网络服务

客服电话:010-88361066 机 工 官 网:www.cmpbook.com

　　　　　010-88379833 机 工 官 博:weibo.com/cmp1952

　　　　　010-68326294 金 书 网:www.golden-book.com

封底无防伪标均为盗版 机工教育服务网:www.cmpedu.com

序

"大学物理实验"是理工科大学普遍开设的一门基础性实验课程，旨在通过一系列物理实验的训练来培养学生的科学思维和实验技能，从而为高素质工程技术人才的成长奠定必要的物理基础。

与"大学物理"课程相比，"大学物理实验"教学的特殊性在于教员与学生之间关系的天然"翻转"，即学生作为课程活动的主体，进行自主实验和探究；教员变成配角，负责组织和辅导。这种特殊的"教"与"学"的关系对课程建设，包括实验室建设、教材建设和教师队伍建设等，提出了很多的要求。如何有效地争取和利用相应的教学资源，不断优化实验教学过程，提升教学质量，是"大学物理实验"教学组织者长期以来面对的挑战。

近年来，随着信息技术、互联网技术、移动终端技术高速发展，相应的数字化技术全面融入各种教学活动，"大学物理实验"课程教学也由此呈现出改革的新气象。与传统的大学物理实验教材相比，西南交通大学推出的这本《大学物理实验数字化教程》呈现的亮点是，给每个文字描述的"实验内容"配上了可用手机直接读取实景操作视频的二维码。这样，学生可以在课前、课中和课后实景学习相关的实验内容，教员也可以此优化整个的实验教学过程，从而达到提高实验课教学效率和质量的目的。另外，这本教程还在每个实验的后面，以二维码的方式给出了丰富的参考文献，方便学生即时查阅，深入研究实验中遇到的各种问题，利于培养学生研究性学习的习惯。

"大学物理实验"是一门高成本的课程，往往需要大量的资源投入。另外，物理实验教学的过程复杂，影响教学质量的因素很多。引入先进的数字化技术有望更为有效地整合和利用各种教学资源，优化教学过程，提高教学质量。在这方面，《大学物理实验数字化教程》迈出了值得称赞的一步，期待它在今后的使用过程中不断丰富数字化的内容，取得越来越好的教学效果。

张朝晖

北京大学物理学院教授

2019 年 12 月 17 日

前　言

　　教材是教师教与学生学的基本依据和核心载体，是"培根铸魂、启智增慧"的重要依托。党的二十大报告也明确提出，要"加强教材建设和管理"，最终"健全学校家庭社会育人机制"。物理实验课程中包含丰富的物理思想和实验技术，在培养学生的动手能力和基本实验技能，科学素养，发现、分析并解决问题的能力方面，发挥出了其他实践类课程不可替代的作用。为充分发挥物理实验课程用教材的"铸魂育人"功能，本新形态数字化教材依据物理国家级实验教学示范中心（西南交通大学）现有的大学物理实验仪器，结合示范中心各位教师多年的教学实践和教学研究经验，紧密结合学科专业人才培养特点最终编写而成，内容涵盖了力、热、光、电、近代物理等几方面，共计 26 个实验项目。

　　本书前三章详细介绍了误差及不确定度分析、数据处理方法、常用仪器使用说明等方面的相关知识。学生通过这部分知识内容的学习，不但能够掌握正确处理实验数据的能力，而且还能进一步培养其在科学实验过程中追求真理的勇气、严谨求实的科学态度和刻苦钻研的作风。在具体的 26 个实验项目章节中，每一个实验项目通过介绍相关实验项目的物理学（理论发展和实验仪器研制）背景，或者物理学家的成长经历，以及我国科学家在相关实验领域做出的重要贡献等，引导学生树立科学的世界观，激发学生的求知热情、探索精神、创新欲望，以及敢于向旧观念挑战的精神。

　　本书包含的实验项目中，有 18 个实验项目是教育部高等学校大学物理课程教学指导委员会于 2023 年新修订的《理工科类大学物理实验课程教学基本要求》"（以下简称"基本要求"）中的实验内容。教材中的实验内容实现了"基本要求"中提出的"分层次实验内容"。需要特别说明的是，针对每一个具体的实验项目，本书还具有如下特色：

　　1. 整体结构安排上包含纸质内容和数字化内容。其中，纸质内容部分重实验原理，"轻"实验操作；数字化内容部分重实验过程和操作及现象，"轻"实验原理。纸质内容部分重实验原理的主要目的是，希望学生能从各种不同的参考教材和资料，包括大学物理理论教材中，详细学习和了解具体实验的相关实验原理部分，力求掌握针对实验内容的严谨的理论知识。数字化内容部分重实验过程和操作及现象的目的是，突出大学物理实验课对学生动手能力、分析与研究能力培养的特点。

　　2. 数字化内容的显著特点是，给出了在操作实验仪器时对应出现的具体实验现象，其好处是，学生在课前就可以了解到通常只能在实验室中才能观察到的实验现象，进而提高学生的课前学习效率。

　　3. 在每个实验项目的最后部分均给出了较新或者比较重要的相关实验参考资料。这些参考资料有些是针对相关实验仪器或内容的改进，有些是针对相关实验的数据处理方法的创新，还有些是针对相关实验技术在工程技术领域中的实际应用等。我们希望通过这部分内容的介绍，能够扩大大学生的学习范围，使其了解针对这些大学物理实验项目的最新发展动态，激发他们的学习主动性，进而为培养其创新能力提供一定的帮助。

4. 在不确定度分析部分，给出了近年来出版的不确定度评定相关著作中提出的评定方法；在数据处理方面，更加注重最小二乘法的介绍，同时也给出了最小二乘法中不确定度的计算方法等。

编者希望通过具有上述特色的大学物理实验数字化教程，使得大学物理实验课程能够达到《理工科类大学物理实验课程教学基本要求》中提出的"能力培养基本要求"。

本书由首届全国高等学校物理基础课程（实验）青年教师讲课比赛全国决赛一等奖获得者樊代和任主编，参加编写工作的还有第二届全国高等学校物理基础课程（实验）青年教师讲课比赛四川省预赛二等奖获得者沈军峰等教师。纸质内容部分的编写和数字化内容的制作方面具体分工如下：樊代和编写第 1 章、第 2 章以及实验 1、实验 3、实验 5、实验 6、实验 18、实验 19，沈军峰编写第 3 章及实验 26，魏云编写实验 2、实验 14、实验 15，常相辉编写实验 9、实验 22、实验 23，高思敏编写实验 4、实验 16、实验 17，吴晓立编写实验 8、实验 12、实验 13，邱春蓉编写实验 10、实验 11、实验 24、实验 25，杨金科编写实验 7、实验 20，张文婷编写实验 21，王辉、何钰、贾欣燕编写了附录等相关内容。在数字化资源的录制和剪辑方面，西南交通大学的本科生刘子杰、张洪峰、张燕青、李佳真四位同学也付出了巨大的努力，在此表示感谢。

我们希望本书一方面能成为国内各高校本科生学习大学物理实验课程的有效参考书之一，进而为培养其创新实践能力提供一定帮助；另一方面，也能成为国内其他高校教师教学的参考书之一。由于本书中的实验项目在全国高等学校物理基础课程青年教师讲课比赛实验题目规范表中占比 70%，因此对准备参赛的青年教师们也有一定的参考价值。

最后，由于编者水平所限，以及受到当前实验室硬件条件的限制等，书中难免有不当之处，敬请各位读者提出批评和改进意见！

编　者

2023 年 12 月于西南交通大学

选课介绍

西南交通大学"大学物理实验"课程采取网上预约的选课方式，学生可根据自己的情况，灵活安排上课时间。

选课方法：

1）选课网址：登录 https://pec.swjtu.edu.cn 主页：点击主页左侧中部（下图）的"选课及成绩系统"进入登录界面；

2）用户名为自己完整的学号，初始密码为教务系统密码（特别提示：选课系统的密码不会随学生教务密码的更改而更改），用户类型选学生；

3）在开课周内学生可以随时进行网上预约和更改预约结果，但每周日晚上 12 点之后不能更改下周预约结果；

4）不按时到课，又没有更改预约结果的，按旷课处理；

5）所有的实验要在开课周内完成，逾期不补；

6）网上预约实验后，可将预约情况记录于下表，以便随时查询。

实验序号	实验项目号	实 验 时 间				实验室门牌号	备　　注
1		月	日	时	分		
2		月	日	时	分		
3		月	日	时	分		
4		月	日	时	分		
5		月	日	时	分		
6		月	日	时	分		
7		月	日	时	分		
8		月	日	时	分		
9		月	日	时	分		
10		月	日	时	分		
11		月	日	时	分		
12		月	日	时	分		
13		月	日	时	分		
14		月	日	时	分		
15		月	日	时	分		

目 录

第1章

误差和不确定度基础知识

科技研究、产品制造、物质生活、物资流通与质量管理都离不开测量，测量几乎涉及人类活动的一切领域。特别是在物理学的发展过程中，人类为了认识和掌握各种相关规律，对各个物理量进行准确测量，意义就变得非常重要。然而，测量过程都可能伴随着误差存在，误差存在的普遍性，已经被大量的实践所证明。因此，对误差的来源、性质及规律进行研究，以便能及时地发现误差，并采取相应的措施减小误差，对获得准确的实验测量结果有着重要的意义。随着科学技术的发展和人类认识水平的不断提高，测量方法和手段有了长足的进步。然而，尽管可将误差控制在越来越小的范围内，但误差始终不能被完全消除。因此，必须正确处理数据，以有效地提高测量精度和测量结果的可靠程度。

误差理论和数据处理是以数理统计和概率论为数学基础的专门学科，涉及内容较广。近年来，误差的基本概念和处理方法有了较大发展，逐步形成了新的表示方法。本章仅限于介绍误差分析的初步知识，不进行严密的数学理论论证。

1.1 测量的基本概念

1. 测量

测量是指用实验方法获得一个或多个量的量值的过程。在测量过程中，通常是用一个数乘以计量单位来表示被测量的测量结果。例如，用游标卡尺测得一个圆柱体的直径为 18.64 mm，就是用测量值 18.64 与计量单位 mm 进行相乘来表示。由测量所得到的被测量的量值叫作测量结果。实际上，测量结果还应包括伴随此测量的误差部分。

2. 测量的分类

一般情况下，测量按不同的方法可分为直接测量和间接测量，按不同的形式可分为等精度测量与不等精度测量、静态测量与动态测量等。

直接测量是指将被测量与标准量直接进行比较，或者用经标准量标定了的仪器或量具对被测量进行测量，从而直接获得被测量的量值。例如，用温度计测量温度，用数字电流表测量电流等都是直接测量。

间接测量是依据相应的理论函数关系式，由直接测量量根据函数关系式计算出所要求的物理量。在大学物理实验中大多数物理量都是间接测量量。例如，单摆法测重力加速度 g 时，所用到的函数关系式为：$g = 4\pi^2 l/T^2$，其中 T 为周期，l 为摆长，都是直接测量量，而

重力加速度 g 是间接测量量。

等精度测量是指在对某一物理量进行多次重复测量的过程中，每次的测量条件都相同。这些条件包括人员、仪器、方法等，由于测量条件相同，每次测量的可靠程度都相同，因此这样的测量是等精度测量。

不等精度测量是指在对某一物理量进行多次测量时，测量条件完全不同或部分不同，各测量结果的可靠程度自然也不同的一系列测量。例如，在对某一物理量进行多次测量时，选用的仪器不同、测量方法不同或测量人员不同等都属于不等精度测量。

一般来讲，保持测量条件完全相同的多次测量是极其困难的，但当某些条件的变化对结果影响不大时，可视为等精度测量。等精度测量的数据处理比较容易，所以大学物理实验中的测量通常认为是等精度测量。

3. 计量

计量是利用先进技术和法制手段实现单位统一和量值准确可靠的测量。计量具有准确性、一致性、历史性和法制性。尽管大学物理实验并不以计量为目的，但是计量与物理学密切相关。人类历史上三次大的技术革命都是以物理学的成就为理论基础的，技术革命促进了计量的发展，同时计量的发展也为物理现象的深入研究和广泛应用提供了重要手段。对大学生而言，掌握一定的计量知识是非常必要的，因为计量工作涉及国民经济的各个部门、科学技术的各个领域以及人民生活的各个方面，是国民经济的一项重要技术基础和管理基础。

4. 物理量的单位

物理量由数值和单位两部分组成。不同的物理量有各自不同的单位。在物理学中，为了区别物理量和单位的符号，物理量的符号一般为斜体，而物理量的单位符号一律为正体。但是，由于各物理量之间并不是相互独立的，许多物理量由物理定义和物理定律相联系，因此只需要规定几个基本物理量单位，其他物理量单位就可根据物理定义和物理定律推导出来。独立定义的单位称为基本单位，相应的物理量称为基本物理量。由基本单位导出的单位称为导出单位。

物理量单位基准的建立是随科学技术的发展而不断改进的。在物理学的发展过程中，使用过不同的单位制。各单位制选取的基本物理量和基本单位是不同的。1960 年，第 11 届国际计量大会规定了用于一切计量领域的国际单位制（简称 SI），国际单位制规定了 7 个基本物理量单位，它们分别是：长度单位米（m）、时间单位秒（s）、质量单位千克（kg）、热力学温度单位开尔文（K）、电流单位安培（A）、发光强度单位坎德拉（cd）、物质的量单位摩尔（mol）。同时国际单位制中还规定了一系列配套的辅助单位和导出单位以及通用名称，形成了一套严密、完整、科学的单位制。

为了确保计量单位的统一和量值的准确可靠，1984 年国务院规定以国际单位制单位和国家选定的其他计量单位为我国法定计量单位。

2018 年，在法国凡尔赛召开的第 26 届国际计量大会，通过了修订国际单位制（SI）的决议，国际单位制中的 4 个基本单位改由自然常数来定义，并于 2019 年国际计量日（5 月20 日）起正式生效。这 4 个基本单位分别是：质量单位千克（kg）、电流单位安培（A）、物质的量单位摩尔（mol）以及热力学温度单位开尔文（K）。其中，千克采用普朗克常量定义，安培采用基本电荷量定义，摩尔采用阿伏伽德罗常量定义，开尔文采用玻尔兹曼常量定义。尽管这些单位的大小不会发生变化，例如 1 kg 还将是原来的 1 kg，但修订后的基本单位，提高了 SI 的整体稳定性和实用性。至此，国际单位制 7 个基本单位将全部由基本物理常数定义。

1.2　测量误差的基本概念

1. 真值

真值是指被测量量在其所处的确定条件下实际具有的真实量值。但由于测量误差的存在，真值一般无法得到，因此它是一个理想的概念。通常所说的真值都是相对真值或约定真值。在实际测量中，上一级标准的示值对下一级标准来说，可视为相对真值。在多次重复测量中，可将修正过的测量值的算术平均值视为相对真值或约定真值。

2. 绝对误差

测量值与真值之差定义为误差，又称绝对误差。一般表示为

$$\Delta N = N - A \tag{01-1}$$

式中，N 表示测量得到的值；A 表示被测量量的真值；ΔN 表示测量误差。

按照定义，误差是测量结果与客观真值之差，它既有大小又可正可负，不要理解为误差是绝对值。误差是测量结果的实际差值，其量纲与被测量的量纲相同。由于真值在绝大多数情况下无法知道，因此误差也是未知的，只能进行估计。

3. 相对误差

相对误差是测量值的绝对误差 ΔN 与其真值 A 之比，常用百分数表示，即

$$E = \frac{\Delta N}{A} \times 100\% \tag{01-2}$$

一般情况下，测量值与真值相差不会太大，故可以把误差与测量值之比作为相对误差，表示为

$$E \approx \frac{\Delta N}{N} \times 100\% \tag{01-3}$$

用相对误差能确切地反映测量效果。例如，测量长度为 1 000 mm 时，其绝对误差为 5 mm；而测量长度为 10 mm 时，其绝对误差为 1 mm。尽管前者的绝对误差为后者的 5 倍，但前者的相对误差为 0.5%，而后者的相对误差为 10%，因此测量效果前者比后者好，用相对误差的概念就能做出评价。

1.3　测量误差的分类

根据误差的性质和产生的原因，传统上，把误差分为系统误差、随机误差和粗大误差三大类。随着误差理论的不断发展，传统的分类方法将逐渐过渡到新的分类方法。当然，传统的分类方法是新的分类方法的基础，为便于教学内容的连续和更新，我们把两种方法都分别介绍，着重强调新方法的应用。

1. 系统误差

在同一量的多次测量过程中，符号和绝对值保持恒定或以确定的规律变化的测量误差称为系统误差。系统误差与测量次数无关，因此，不能用增加测量次数的方法使其消除或减小。系统误差决定测量结果的"正确"程度。

许多系统误差可以通过实验确定并加以修正，但有时由于对某些系统误差的认识不足或没有相应的手段予以充分肯定而不能修正。

产生系统误差的原因是多方面的，主要有测量仪器误差、理论方法误差、环境误差和个人误差等。测量仪器误差是由于仪器本身的缺陷或没有按规定使用仪器而造成的。例如，仪器零点不准、天平两臂不等长等。理论方法误差是由于测量所依据的理论公式本身的近似性，实验条件不能达到所规定的要求，或测量方法不适当所带来的误差。例如，用单摆法测量重力加速度公式成立的条件是：摆角趋于零，摆球的体积趋于零。这些条件在实验中是达不到的。另外，用伏安法测电阻时，电表内阻的影响等也会引起误差。环境误差是由于各种环境因素，如温度、气压、振动、电磁场等与要求的标准状态不一致，引起测量设备的量值变化或机构失灵等产生的误差。个人误差是由观测者本人生理或心理特点造成的。例如，估计读数时，有些人始终偏大，而有些人始终偏小等。正因为引起系统误差的因素多种多样，没有固定的模式，所以要减小和消除系统误差就要具体情况具体分析，应分别采用对比法、理论分析法或数据分析法来找出系统误差，提高测量的准确程度。

2. 随机误差

实验中即使采取了措施，对系统误差进行修正或消除，但仍存在随机误差。在同一量的多次测量中，各测量数据的误差值或大或小，或正或负。以不可确定的方式变化的误差称为随机误差。随机误差决定测量结果的"精密"程度。

随机误差的特点是，表面上单个误差值没有确定的规律，但进行足够多次的测量后可以发现，误差在总体上服从一定的统计分布，每一误差的出现都有确定的概率。

随机误差是由许多随机因素综合作用造成的，这些误差因素不是在测量前就已经固有的，而是在测量中随机出现的。其大小和符号的正负各不相同，又都不很明显，所以随机误差不能完全消除，只能根据其本身存在的规律用多次测量的方法来减小。

应该说，关于随机误差的分布规律和处理方法，涉及了较多的数理统计和概率论知识，是比较复杂的，在这里只简单介绍正态分布的性质及特征量，详尽的讨论请查阅有关误差理论与数据处理的书籍。

实践表明，绝大多数随机误差分布都服从正态分布。正态分布具有有限性、抵偿性、单峰性和对称性。

作为随机变量，随机误差 δ 的统计规律可由正态分布密度 $f(\delta)$ 曲线给出完整的描述。由随机误差的特性，从理论上可得

$$f(\delta) = \frac{1}{\sigma\sqrt{2\pi}}\exp\left(-\frac{\delta^2}{2\sigma^2}\right) \tag{01-4}$$

式中，参数 σ 称为标准差，曲线形状如图 01-1 所示。

分布密度 $f(\delta)$ 从 $-\infty$ 到 ∞ 的积分等于 1，即

$$\int_{-\infty}^{\infty} f(\delta)\mathrm{d}\delta = 1 \tag{01-5}$$

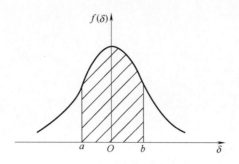

图 01-1　正态分布密度曲线

这一积分是整个分布密度曲线下的面积，代表测量的随机误差全部取值的概率。而在任意区间 $[a, b]$ 内的概率为

$$P = \int_a^b f(\delta)\,\mathrm{d}\delta \tag{01-6}$$

这一概率是在区间 $[a, b]$ 分布密度曲线下的面积。

分布密度给出了随机误差 δ 取值的概率分布。这是对随机误差统计性的完整描述，但在一般测量数据处理中，并不需要给出随机误差的分布密度，通常只需给出一个或几个特征参数，即可对随机误差的影响做出评定。

表示测量结果的精度参数，目前常用标准差或极限误差等，下面给出有关标准差的一些基本概念。

（1）算术平均值　对同一量的 n 次重复测量中，设测量值分别为 x_1，x_2，$\cdots$，x_n，根据最小二乘法原理可以证明，其算术平均值为

$$\bar{x} = \frac{1}{n}\sum_{i=1}^n x_i \tag{01-7}$$

它是被测量真值的最佳估计值，可视为相对真值，这正是为什么常常用算术平均值作为测量结果的原因。

（2）标准差　标准差的计算可由贝塞尔（Bessel）公式得到，即

$$\sigma = \sqrt{\frac{\sum\limits_{i=1}^n (x_i - \bar{x})^2}{n-1}} \tag{01-8}$$

标准差 σ 越小，相应的分布曲线越陡峭，说明随机误差取值的分散性小、测量精度高；标准差 σ 大，则测量精度低。图 01-2 所示为不同 σ 值的两条正态分布密度曲线的形状示意图。

通过计算还可以得到

$$P = \int_{-\sigma}^{\sigma} f(\delta)\,\mathrm{d}\delta = 0.683 \tag{01-9}$$

$$P = \int_{-3\sigma}^{3\sigma} f(\delta)\,\mathrm{d}\delta = 0.997 \tag{01-10}$$

其意义表示，某次测量值的随机误差在 $-\sigma \sim \sigma$ 的概率为 68.3%，在 $-3\sigma \sim 3\sigma$ 的概率为 99.7%，如图 01-3 所示。

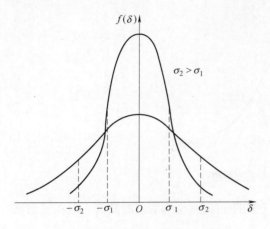

图01-2　不同 σ 值的分布密度曲线

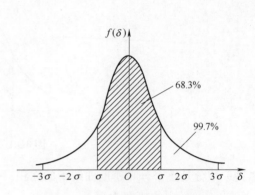

图01-3　分布密度曲线下的面积

（3）算术平均值的标准差　实际测量中，由于测量次数有限，如果进行多组重复测量，则每一组所得到的算术平均值一般也不会相同。因此，算术平均值也存在误差，算术平均值的标准差 $\sigma_{\bar{x}}$ 可表示为

$$\sigma_{\bar{x}} = \frac{\sigma}{\sqrt{n}} = \sqrt{\frac{\sum\limits_{i=1}^{n}(x_i - \bar{x})^2}{n(n-1)}} \tag{01-11}$$

其意义表示，测量值的平均值的随机误差在 $-\sigma_{\bar{x}} \sim \sigma_{\bar{x}}$ 的概率为 68.3%；在 $-3\sigma_{\bar{x}} \sim 3\sigma_{\bar{x}}$ 的概率为 99.7%，或者说测量值的真值在 $(\bar{x} - \sigma_{\bar{x}}) \sim (\bar{x} + \sigma_{\bar{x}})$ 的概率为 68.3%；在 $(\bar{x} - 3\sigma_{\bar{x}}) \sim (\bar{x} + 3\sigma_{\bar{x}})$ 的概率为 99.7%。

需要注意，σ 与 $\sigma_{\bar{x}}$ 是两个不同的概念，标准差 σ 反映了一组测量数据的精密程度，而算术平均值的标准差 $\sigma_{\bar{x}}$ 反映了算术平均值接近真值的程度。

从式（01-8）可以看出，随着测量次数 n 的增加，标准差 σ 趋于稳定，而根据式（01-11），$\sigma_{\bar{x}}$ 随 n 的增加而减小，所以测量精度随 n 的增加会有所提高。因此，在实际测量中，应根据 σ 稳定值（由测量仪器的精度所决定）和对结果的精度要求，合理地选定测量次数。

例01-1　用千分尺测一圆柱体的直径 10 次（单位：mm），数据为 2.474，2.473，2.478，2.471，2.480，2.472，2.477，2.475，2.474，2.476，请表示出测量结果。

解：

$$\bar{x} = \frac{1}{10}\sum_{i=1}^{10} x_i = 2.475 \text{ mm}$$

$$\sigma = \sqrt{\frac{\sum\limits_{i=1}^{n}(x_i - \bar{x})^2}{n-1}} = \sqrt{\frac{7 \times 10^{-3}}{9}}\text{mm} = 0.028 \text{ mm}$$

$$\sigma_{\bar{x}} = \frac{\sigma}{\sqrt{n}} = 0.009 \text{ mm}$$

所以测量结果可表示为

$$x = \bar{x} \pm \sigma_{\bar{x}} = (2.475 \pm 0.009)\,\text{mm} \quad (P = 68.3\%)$$

或

$$x = \bar{x} \pm 3\sigma_{\bar{x}} = (2.475 \pm 0.027)\,\text{mm} \quad (P = 99.7\%)$$

上面分别讨论了系统误差与随机误差，一般情况下，两种误差同时存在且相互影响，这就需要用到误差的合成。

3. 粗大误差

粗大误差又称疏忽误差或过失误差，它是由于测量者技术不熟练，测量时不仔细，或外界的严重干扰等原因造成的。粗大误差超出了正常的误差分布范围，它会对测量结果产生明显的歪曲，因此，一旦发现含有粗大误差的测量数据（称为异常数据），应将其剔除不用。

对粗大误差，除了设法从测量结果中发现和鉴别而加以剔除外，更重要的是以严格的科学态度来认真做实验，做好每一件事情，不能马马虎虎，应付差事。

在判别某个测量数据是否含有粗大误差时，要特别慎重，仅凭直观判断常难以区别出粗大误差和正常分布的较大误差。若主观地将误差较大但属正常分布的测量数据判定为异常数据而剔除，尽管看起来精度很高，然而那是虚假的，不可靠的。

判别异常数据的方法一般采用 3σ 准则。我们知道，按照正分布，误差落在 $\pm 3\sigma$ 以外的概率只有 0.3%。因而，可以认为，在有限次重复测量中误差超过 $\pm 3\sigma$ 的测量数据是由于过失或其他因素造成的，为异常数据，应当剔除。

4. 精密度、正确度和准确度

为了对测量结果做出评定，人们经常用"精度"一类的词来形容测量结果的误差大小。许多教材中均有精密度、正确度、准确度等名词术语，《计量名词术语定义》中规定其含义如下。

1）精密度：表示多次测量时，测量值的集中程度，它是测量值的随机误差大小的量度。与测量值的系统误差无关。

2）正确度：表示测量值与真值符合的程度，它是测量值的系统误差大小的量度。与测量值的随机误差无关。

3）准确度：是对测量数据精密度和正确度的综合评定。表示测量值与被测量真值之间的一致程度。准确度又称精确度。

作为一种形象的说明，可以参照图01-4来帮助理解上述三个概念。

1.4 仪器误差

实验中所用仪器不可能是绝对准确的，它会给测量结果带来一定的误差，这种误差称为仪器误差。仪器误差的来源很多，它与仪器的原理、结构和使用环境等有关。一般情况下，仪器误差既包括系统误差，又包括随机误差。究竟以哪种误差为主，对不同仪器是不尽相同的。但实际上，人们通常关心的是仪器提供的测量结果与真值的一致程度，是测量结果中各系统误差与随机误差的综合估计值。在物理实验中，把由国家技术标准规定的仪器和量具的精度等级对应的误差和允许误差范围称为仪器最大允许误差（仪器误差限）。它是指在正确使用仪器的条件下，测量结果和被测量真值之间可能产生的最大

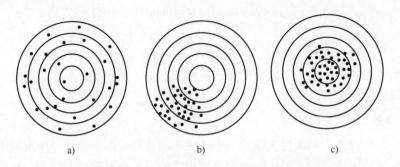

图 01-4   用打靶结果来描述精密度、正确度及准确度的示意图

a）精密度低   b）精密度高但正确度低   c）准确度高

误差。在测量中常常用仪器的最大允许误差的绝对值表示仪器的误差限。下面简要介绍几种在大学物理实验中，常用仪器和量具的最大允许误差。在"大学物理实验的基本测量方法和常用测量仪器的使用方法"一章的附录中，我们也提供了几种常用仪器的误差限国家标准，供不同实验进行参考。

1. 长度测量仪器

物理实验中最基本的长度测量仪器是木尺、钢直尺、钢卷尺、游标卡尺和螺旋测微器（又称千分尺）。这些长度测量仪器的主要技术指标及最大允许误差如表 01-1 所示。

表 01-1   常用长度测量仪器的技术指标及最大允许误差

仪器名称	量程	分度值	最大允许误差
钢直尺	150 mm	1 mm	± 0. 10 mm
	500 mm	1 mm	± 0. 15 mm
	1 000 mm	1 mm	± 0. 20 mm
钢卷尺	1 m	1 mm	± 0. 8 mm
	2 m	1 mm	± 1. 2 mm
游标卡尺	125 mm	0. 02 mm	± 0. 02 mm
		0. 05 mm	± 0. 05 mm
千分尺	25 mm	0. 01 mm	± 0. 004 mm

2. 天平

天平的感量定义为：天平指针偏转一个最小刻度时，在秤盘上所要增加的砝码。天平的灵敏度定义为：天平感量的倒数。按天平感量与最大称量之比将天平分为 10 级，如表 01-2 所示。天平的技术参数和最大允许误差如表 01-3 所示。

表 01-2   天平级别的划分

精度级别	1	2	3	4	5	6	7	8	9	10
感量/最大称量	1×10^{-7}	2×10^{-7}	5×10^{-7}	1×10^{-6}	2×10^{-6}	5×10^{-6}	1×10^{-5}	2×10^{-5}	5×10^{-5}	1×10^{-4}

表 01-3 天平的技术参数和最大允许误差

仪器名称	量程	分度值	最大允许误差		
4~10 级天平（物理天平）	500 g	0.05 g	综合误差	满量程 0.08 g $\frac{1}{2}$ 量程 0.06 g $\frac{1}{3}$ 量程 0.04 g	
1~3 级天平（分析天平）	200 g	0.1 mg	综合误差	满量程 1.3 mg $\frac{1}{2}$ 量程 1.0 mg $\frac{1}{3}$ 量程 0.7 mg	

注：这里认为砝码是精确的，不考虑砝码误差。

3. 时间测量仪器

机械停表、石英电子秒表和数字毫秒表是物理实验中最常用的计时表。在物理实验中，用机械停表对较短时间进行测量，其最大允许误差可取为 0.01 s。

对石英电子秒表，最大允许误差与测量值有关，其关系为

$$最大允许误差 = (5.8 \times 10^{-6}t + 0.01) \quad (s)$$

式中，t 为时间的测量值。

对数字毫秒表最大允许误差取它的最小分度值。例如，时基值为 1 ms，那么最大允许误差就取为 1 ms。

4. 温度测量仪器

实验室中常用的测温仪器有：水银温度计、热电偶和电阻温度计等。表 01-4 给出了常用的温度计和热电偶的测量范围和最大允许误差。

表 01-4 常用温度计、热电偶的测量范围和最大允许误差

仪器名称	测量范围	最大允许误差
实验室用水银-玻璃温度计	-30~300 ℃	0.05 ℃
一等标准水银-玻璃温度计	0~100 ℃	0.01 ℃
工业用水银-玻璃温度计	0~150 ℃	0.5 ℃
标准铂铑-铂热电偶	600~1 300 ℃	0.1 ℃
工作铂铑-铂热电偶	600~1 300 ℃	0.33% ×被测温度

5. 电学量测量仪器

电学仪表按国家标准（GB/T 13283—2008），根据准确度大小划分为 0.01，0.02，(0.03)，0.05，0.1，0.2，(0.25)，(0.3)，(0.4)，0.5，1.0，1.5，(2.0)，2.5，4.0，5.0 共 16 个等级，其中，括号内的 5 个不推荐使用，剩余 11 个对应的最大引用误差不超过 ±0.01%，±0.02%，±0.05%，±0.1%，±0.2%，±0.5%，±1.0%，±1.5%，±2.5%，±4.0% 和 ±5.0%。准确度等级表示仪表在标准工作条件下（位置放置正确，周围温度为 20 ℃，仪表周围磁场近似为零），可能发生的最大绝对误差与仪表的量程的百分

比。因此仪表的误差限可通过准确度等级的有关公式求出。

（1）电磁仪表（指针式电流表、电压表） 此类仪表的准确度等级可按照下式来进行计算：

$$\Delta_{仪} = a\% \times N_{m} \qquad (01\text{-}12)$$

式中，$\Delta_{仪}$ 表示电表的误差限；N_{m} 表示电表的量程；a 表示电表的准确度等级。

例 01-2 一量限为 300 V 的电压表，其最大绝对误差为 1.2 V，求该电压表的最大引用误差和准确度等级。

解：

$$r_{m} = \frac{1.2}{300} \times 100\% = 0.4\%$$

因此其准确度等级为 0.4 级。

例 01-3 经检定发现，量程为 250 V 的 2.5 级电压表在 10 V 处的示值误差最大，误差值为 5 V，问该电压表是否合格？

解： 按电压表准确度等级规定，2.5 级表的最大引用误差不超过 ±2.5% 的范围，而该表的最大引用误差为

$$r_{m} = \frac{5}{250} \times 100\% = 2\%$$

故该电压表检定结果为合格。

应当指出，仪表的准确度等级只是从整体上反映仪表的误差情况，在使用仪表进行测量时，被测量的值的准确度往往低于仪表的准确度，而且如果其值离仪表的量限越远，其测量的准确度越低。被测量的值最好大于 2/3 量程。

（2）直流电阻箱 测量用电阻箱按其准确度可分为 0.01、0.02、0.05、0.1、0.2、0.5、1.0 等级别。准确度等级表示电阻箱在标准工作条件下 [环境温度（20±8）℃，相对湿度小于 80%]，电阻箱电阻相对误差的百分数。电阻箱电阻的误差与电阻箱旋钮的接触电阻之和构成了电阻箱的最大允许误差。那么电阻箱的仪器误差限可表示为

$$\Delta_{仪} = (aR + mb)\% \qquad (01\text{-}13)$$

式中，$\Delta_{仪}$ 表示电阻箱的误差限；a 表示电阻箱的准确度等级；R 表示所测电阻的阻值；m 表示测量时所用电阻箱旋钮的个数；b 表示与电阻箱的准确度等级有关的旋钮接触电阻。当准确度等级大于等于 0.1 级时，电阻箱的旋钮接触电阻 $b = 0.5\ \Omega$；当准确度等级小于等于 0.05 级时，电阻箱的旋钮接触电阻 $b = 0.2\ \Omega$。

（3）直流电位差计 直流电位差计的最大允许误差由两部分组成，一部分与测量值有关；另一部分与基准值有关。直流电位差计的误差限表示为

$$\Delta_{仪} = a\% \times \left(u + \frac{u_0}{10} \right) \qquad (01\text{-}14)$$

式中，$\Delta_{仪}$ 表示直流电位差计的误差限；a 表示直流电位差计的准确度等级；u 表示测量值；u_0 表示直流电位差计的基准值，规定为最大测量盘第 10 点的电压值。

（4）直流电桥 与直流电位差计相似，直流电桥的误差限仍然用类似式（01-14）表示。其中，$\Delta_{仪}$ 表示直流电桥的误差限，a 表示直流电桥的准确度等级，用 R 表示测量值，用 R_0 表示直流电桥的基准值（规定为最大测量盘第 10 点的电阻值）。

仪器误差限提供的是误差绝对值的极限值，并不是测量的真实误差，我们无法确定其符号，因此它仍然属于不确定度的范畴。

1.5　研究误差的意义

研究测量误差的规律具有普遍意义。研究这一规律的直接目的，一是正确认识误差的性质，分析产生误差的原因，以消除或减小误差。二是正确处理测量和实验数据，合理计算测量结果，以便在一定条件下能够得到更接近于真值的数据。三是要设计实验过程和步骤，合理设计选用的实验仪器和实验方法，以便在最经济的条件下得到最精确的结果。

只有掌握测量误差的规律性，才能合理地设计测量仪器，拟定最佳的测量方法，正确地处理测量数据，以便在一定的条件下，尽量减小误差的影响，使所得到的测量结果有较高的可信程度。

随着科学技术的发展和生产水平的提高，对测量技术的要求越来越高。可以说，在一定程度上，测量技术的水平反映了科学技术和生产发展的水平，而测量准确度则是测量技术水平的主要标志之一。在某种意义上，测量技术进步的过程就是克服误差的过程，就是对测量误差规律性认识深化的过程。

当然，无论采取何种措施，测量误差总是存在的，准确度的提高总要受到一定的限制。因而就要求对测量准确度做出评定，任何测量总是对应于一定的准确度的，准确度不同，其使用价值就不同，可以说，未知准确度的测量是没有意义的。为了给出准确度，应掌握测量误差的特征规律，以便对测量的准确度做出可靠的评定。

1.6　测量结果的评定和不确定度

对测量结果的评定，目前国际上形成了较为统一的评定不确定度的表达方式，我国也实行了相应的技术规范。物理实验中已逐步采用不确定度来评定测量结果。由于不确定度的计算较为复杂，许多教材中采用了不同的简化模式，自然评定结果也不相同。本教材遵从国家标准，所做的简化处理不应冲淡或模糊对基本概念的理解，以便在教学中施行。

1. 不确定度

不确定度是指由于误差存在而产生的测量结果的不确定性，表征被测量的真值所处的量值范围的评定。

误差的定义是测量值与真值之差，是一个确定值，但真值不能得到，误差也就无法知道。而标准误差、极限误差等是可以估算的，但它们表示的是测量结果的不确定性，与误差定义并不一致。显然，从定义上看，不确定度比误差更合理一些。

2. 不确定度的两类分量

传统上把误差分为随机误差和系统误差，但在实际测量中，有相当多情形很难区分误差的性质是随机的还是系统的，有的误差还具有随机和系统两重性。例如，电测量仪表的准确度等级误差就是系统误差和随机误差的综合，一般无法将系统误差和随机误差严格分开计算。而不确定度取消了系统误差和随机误差的分类方法，不确定度按计算方法的不同分为 A 类分量和 B 类分量。

A 类不确定度是指可以用统计方法评定的不确定度分量，如测量读数具有分散性，测量时温度波动影响等。这类不确定度被认为服从正态分布规律，因此可以用测量算术平均值的标准差进行计算，即

$$u_A = \sqrt{\frac{\sum (x_i - \bar{x})^2}{n\ (n-1)}} \tag{01-15}$$

计算 A 类不确定度，也可以用最大偏差法、极限误差法等。

B 类不确定度是不能由统计方法评定的不确定度分量，在物理实验教学中，作为简化处理，一般只考虑由仪器误差及测试条件不符合要求而引起的附加误差。具体分析 B 类不确定度的概率分布十分困难，而仪器的基本误差、仪器的分辨率引起的误差、仪器的示值误差、仪器的引用误差等仪器误差都满足均匀分布。因此，教学中通常对 B 类不确定度采用均匀分布的假定，则 B 类不确定度为

$$u_B = \frac{\Delta_s}{\sqrt{3}} \tag{01-16}$$

式中，Δ_s 为仪器的基本误差或允许误差，或者根据准确度等级确定。一般的仪器说明书中都由制造厂或计量检定部门注明仪器误差。

需要指出的是，A 类不确定度和 B 类不确定度与随机误差和系统误差并不存在简单的对应关系，不要受习惯概念束缚。

总不确定度是由不确定度的两类分量合成的，合成不确定度 u 可表示为

$$u = \sqrt{u_A^2 + u_B^2} \tag{01-17}$$

3. 直接测量的不确定度

直接测量的不确定度计算比较简单，下面通过例子加以说明。

例 01-4 用毫米刻度的米尺，测量物体长度 10 次（单位：cm），其测量值分别为 53.27、53.25、53.23、53.29、53.24、53.28、53.26、53.20、53.24、53.21，试计算不确定度，并写出测量结果。

解：（1）计算平均值

$$\bar{x} = \frac{1}{n} \sum x_i = \frac{1}{10} \times (53.27 + 53.25 + \cdots + 53.21)\ \text{cm}$$
$$= 53.25\ \text{cm}$$

（2）计算 A 类不确定度

$$u_A = \sqrt{\frac{\sum (x_i - \bar{x})^2}{n\ (n-1)}}$$
$$= \sqrt{\frac{(53.27 - 53.24)^2 + (53.25 - 53.24)^2 + \cdots + (53.21 - 53.24)^2}{10 \times (10 - 1)}}\ \text{cm}$$
$$= 0.01\ \text{cm}$$

（3）计算 B 类不确定度

米尺的仪器误差为 $\Delta_s = 0.05\ \text{cm}$，因此 B 类不确定可写为

$$u_B = \frac{\Delta_s}{\sqrt{3}} = 0.03 \text{ cm}$$

（4）合成不确定度

$$u = \sqrt{u_A^2 + u_B^2} = \sqrt{0.01^2 + 0.03^2} \text{ cm} = 0.03 \text{ cm}$$

（5）测量结果表示为

$$x = (53.25 \pm 0.03) \text{ cm}$$

实际测量中，有的量不能进行多次测量，一般按仪器出厂检定书或仪器上注明的仪器误差 Δ_s 作为单次测量的总不确定度。

评价测量结果，有时需用相对不确定度，定义为

$$E = \frac{u}{\bar{x}} \times 100\% \tag{01-18}$$

有时还需将测量结果 $\bar{x}$ 与公认值 x_S 进行比较，得测量结果的百分偏差 B，定义为

$$B = \frac{|\bar{x} - x_S|}{x_S} \times 100\% \tag{01-19}$$

4. 间接测量的合成不确定度

间接测量是由直接测量量通过函数关系计算得到的。既然直接测量有误差，那么间接测量也必有误差，这就是误差的传递。

对于总不确定度的合成，可以先求出每个直接测量量的总不确定度，然后求出间接测量的总不确定度，下面给出合成方法。

设间接测量量为 Y，它由直接测量量 x，y，z，…通过函数关系 f 求得，即

$$Y = f(x, y, z, \cdots) \tag{01-20}$$

设直接测量量的测量结果分别为

$$x = \bar{x} \pm u_x, \ y = \bar{y} \pm u_y, \ z = \bar{z} \pm u_z, \ \cdots \tag{01-21}$$

则间接测量量的相对真值为

$$Y = f(\bar{x}, \bar{y}, \bar{z}, \cdots) \tag{01-22}$$

间接测量的合成不确定度为

$$u = \sqrt{\left(\frac{\partial f}{\partial x}\right)^2 u_x^2 + \left(\frac{\partial f}{\partial y}\right)^2 u_y^2 + \left(\frac{\partial f}{\partial z}\right)^2 u_z^2 + \cdots} \tag{01-23}$$

间接测量的相对不确定度 E_N 为

$$E_N = \frac{u}{N} = \sqrt{\left(\frac{\partial f}{\partial x}\right)^2 \left(\frac{u_x}{N}\right)^2 + \left(\frac{\partial f}{\partial y}\right)^2 \left(\frac{u_y}{N}\right)^2 + \left(\frac{\partial f}{\partial z}\right)^2 \left(\frac{u_z}{N}\right)^2 + \cdots} \tag{01-24}$$

对于以乘除运算为主的函数关系，也可用下式进行计算：

$$E_N = \frac{u}{N} = \sqrt{\left(\frac{\partial \ln f}{\partial x}\right)^2 u_x^2 + \left(\frac{\partial \ln f}{\partial y}\right)^2 u_y^2 + \left(\frac{\partial \ln f}{\partial z}\right)^2 u_z^2 + \cdots} \tag{01-25}$$

例 01-5 已知电阻 R_1 和 R_2 的测量结果分别为 $R_1 = (50.2 \pm 0.5)\Omega$，$R_2 = (149.8 \pm 0.5)\Omega$，求它们串联后的电阻 R 的合成不确定度以及串联阻值的测量结果。

解：（1）串联电阻的阻值为

$$R = R_1 + R_2 = (50.2 + 149.8) \Omega = 200.0 \Omega$$

（2）合成不确定度为

$$u_R = \sqrt{\left(\frac{\partial R}{\partial R_1}u_1\right)^2 + \left(\frac{\partial R}{\partial R_2}u_2\right)^2}$$
$$= \sqrt{u_1^2 + u_2^2}$$
$$= \sqrt{0.5^2 + 0.5^2}\ \Omega$$
$$= 0.7\ \Omega$$

（3）测量结果为

$$R = (200.0 \pm 0.7)\ \Omega$$

（4）测量结果的相对不确定度为

$$E_R = \frac{u_R}{R} = \frac{0.7}{200.0} \times 100\% = 0.35\%$$

例01-6　测量金属环的内径 $D_1 = (2.880 \pm 0.004)\,\mathrm{cm}$，外径 $D_2 = (3.600 \pm 0.004)\,\mathrm{cm}$，厚度 $h = (5.575 \pm 0.004)\,\mathrm{cm}$，求环的体积 V 的测量结果表达式。

解： 环的体积公式为

$$V = \frac{\pi}{4}h(D_2^2 - D_1^2)$$

（1）计算体积

$$V = \frac{\pi}{4}h(D_2^2 - D_1^2) = \left[\frac{\pi}{4} \times 5.575 \times (3.600^2 - 2.880^2)\right]\mathrm{cm}^3 = 20.418\ \mathrm{cm}^3$$

（2）计算相对不确定度，先将环的体积公式两边取自然对数，再求偏导数后代入式（01-25）可得

$$E_V = \frac{u_V}{V} = \sqrt{\left(\frac{u_h}{h}\right)^2 + \left(\frac{-2D_1 u_{D1}}{D_2^2 - D_1^2}\right)^2 + \left(\frac{2D_2 u_{D2}}{D_2^2 - D_1^2}\right)^2}$$
$$= 0.008\ 1 = 0.81\%$$

（3）总合成不确定度为

$$u_V = V \times E_V = 20.418\ \mathrm{cm}^3 \times 0.008\ 1 = 0.17\ \mathrm{cm}^3$$

（4）环体积的测量结果为

$$V = (20.42 \pm 0.17)\,\mathrm{cm}^3$$

1.7　测量结果的表示

1. 数据修约原则

确定总不确定度往往要讨论实际合成的概率分布。本书中通常假定合成的分布近似满足正态分布，置信概率为 $P = 68.3\%$。测量结果的不确定度并非一律用概率为 0.683 的合成标准不确定度，也可以用更高置信概率（如 0.954，0.997 等）的合成标准不确定度表述。

合成不确定度通常并不是严格意义下的测量量的标准误差，而只是它的估计值。不确定度本身也有置信概率的问题。因此除了某些特殊测量以外，不确定度的有效数字按表01-5

的方法进行确定。

表 01-5　不确定度有效数字位数的确定规则

不确定度的首位	1, 2	3, 4	5, 6, 7, 8, 9
不确定有效数字位数	一般取 2 位	2 位或 1 位	通常取 1 位

当确定不确定度的有效数字后，数据截断通常按照只进不舍的原则来进行。进一步，测量结果的最佳估计取位应与不确定度末位对齐。测量结果的数据截断按"4 舍 6 入 5 凑偶"的原则进行。所谓的"5 凑偶"，是指对"5"进行取舍的法则。如果"5"后面没有数字，或者有数字，但都是"0"，则要看"5"的前一位是奇数还是偶数，如果是奇数，则将"5"进位，使误差末位为偶数；如果"5"的前一位是偶数，则将"5"舍去。如果"5"后面有任何非"0"的数字，则按照进位的规则处理。例如，某测量量的测量结果为 $l = 1.323\ 5$ cm，标准不确定度为 $u_1 = 0.015$ cm，则测量结果进行数据修约后应表示为 $l = 1.324$ cm。

至于在数据处理过程中，对中间数据的位数取舍，为了不引起人为的误差累积效应，数据截断时可多取一至二位。

2. 直接测量结果的最佳估计

等精度多次测量结果的最佳估计值为多次测量结果的平均值。

例如，对小球直径的测量得到如表 01-6 所示的数据。

表 01-6　数据表

次数	1	2	3	4	5
小球直径 $D/$mm	2.314	2.311	2.316	2.312	2.315

则小球直径的最佳估计值为

$$\overline{D} = \frac{1}{5}(2.314 + 2.311 + 2.316 + 2.312 + 2.315)\,\text{mm} = 2.314\ \text{mm}$$

3. 间接测量结果的最佳估计值

间接测量结果的最佳估计值可以通过各直接测量量的最佳估计值，按间接测量量的函数关系计算。

例如，在圆柱体体积测量中，我们已经得到圆柱体的直径的最佳估计值为 $\overline{D} = 1.142\ 3$ cm，圆柱体高的最佳估计值为 $\overline{H} = 2.26$ cm，那么圆柱体体积的最佳估计值为

$$\overline{V} = \frac{\pi}{4}\overline{D}^2\overline{H} = \left(\frac{\pi}{4} \times 1.142\ 3^2 \times 2.26\right)\text{cm}^3 = 2.31\,\text{cm}^3$$

4. 测量结果的最终表述

完成测量后，要正确表示测量结果。测量结果的最终表示应该包括：测量结果的最佳估计值、测量结果的不确定度、测量量的单位以及对应的置信概率等 4 部分内容。最终的测量结果表示形式如下：

$$x = \overline{x} \pm u\,(\text{单位}) \quad (P \approx 68\%) \tag{01-26}$$

测量结果的最佳估计值 $\overline{x}$ 和测量结果的不确定度 u 是经过数据修约原则处理以后的结果。测量结果采用如式（01-26）的形式，是对测量结果的统计表述。它表示了测量量 x 的

真值在$[\bar{x}-u, \bar{x}+u]$范围内的概率约为68%。

对很大和很小的测量数据，在测量结果的最终表述中，应采用科学计数法表示。即把测量结果写成小数乘以10的幂次方形式，小数由一位整数和若干位小数构成。例如，某年我国人口N为九亿六千三百万，人口不确定度是一千七百万。则人口数用科学计数法表示为$N=(9.63\pm0.17)\times10^4$万。

思考题

1. 什么叫直接测量量和间接测量量？试举例说明。

2. 试述系统误差、随机误差的区别及产生原因。

3. 绝对误差、相对误差是怎样定义的？它们的作用是什么？

4. 量程为10 A的0.2级电流表经检定在示值为5 A处出现最大示值误差为15 mA，问该电流表是否合格？

5. 用量程250 V的2.5级电压表测量电压，问其最大误差应为多少？

6. 多次测量某个钢球的直径分别为：2.004，2.000，1.999，1.996（单位：mm）。试求钢球直径的平均值、标准差，并写出测量结果的表达式。

7. 为什么要引入不确定度的概念？说明不确定度与误差的区别。

8. 一个铅圆柱体，测得直径$d=(2.04\pm0.01)$cm，高度$h=(4.12\pm0.01)$cm，质量$m=(149.18\pm0.05)$g，求出铅的密度ρ，试用不确定度写出测量结果的表达式。

参考资料

［1］国际计量局. A concise summary of the international system of units ［M］. 8版. 2006.

［2］肖明耀. 误差理论与应用［M］. 北京：中国计量出版社，1985.

［3］朱鹤年. 新概念物理实验测量引论——数据分析与不确定度评定基础［M］. 北京：高等教育出版社，2007.

［4］朱鹤年. 基础物理实验教程：物理测量的数据处理与实验设计［M］. 北京：高等教育出版社，2003.

［5］费业泰. 误差理论与数据处理［M］. 7版. 北京：机械工业出版社，2015.

［6］西南交通大学物理实验中心. 大学物理实验［M］. 北京：科学出版社，2015.

第 2 章

数据处理基础知识

每个物理量的测量结果都最终表示为数字，这些数字绝大多数都是近似值，因此取多少位数字对于测量数据的运算和表示是很重要的。

2.1 有效数字

测量数据应该取几位并不是随意的，而是有确定的意义的。测量仪器都有一定的最小分度值，即两相邻刻度所表示的量值，或最小测量单位。一般情况下，在最小分度值以下的测量值需估计读数，这一位就是测量误差出现的位数。能够从仪器上准确读出的数值是可靠数字，误差所在位的估读数字是可疑数字，可靠数字加可疑数字称为有效数字，它们均作为仪器的示值，可以有效地表示测量结果。

如图 02-1 所示，用最小分度值为 1 mm 的米尺测量物体，从米尺的刻度估读出的 0.05 cm 是可疑数字，它是从物体长度 L 在两相邻毫米刻线间的位置估计出来的数值，2.65 cm 表示了测量结果的大小和误差所在的位数。有效数字的位数由测量仪器的精度决定，不能多记，也不能少记，即使估计是 0 也必须写上。例如，用米尺测量物体长度为 2.65 cm，有效数字是 3 位，仪器误差为十分之几毫米。假定改用游标卡尺测量，测得值为 2.650 cm，有效数字是 4 位，仪器误差为百分之几毫米。显然，在这里 2.65 cm 与 2.650 cm 的意义是不同的，属于不同精度的测量仪器测量的结果。

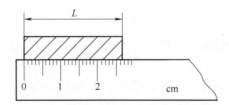

图 02-1　有效数字读数原理

有效数字的位数与十进制单位变换无关，上例中，用米尺测物体长度 L，不论用什么单位表示都是 3 位有效数字，$L = 2.65$ cm $= 26.5$ mm $= 0.026\ 5$ m。这里应注意，用以表示小数点位置的 0 不是有效数字，而在非零数字后面的 0 都是有效数字。例如，0.600 V 的有效数字是 3 位，2.002 0 m 的有效数字是 5 位等。

为了便于表示过大或过小的数值，又不改变测量结果的有效数字位数，常采用科学计数法，即用一位整数加上若干位小数再乘以 10 的幂的形式表示。如上例，以 μm 为单位表示

物体长度时 $L = 2.65 \times 10^4 \ \mu m$，又如某测量结果 $x = 0.000\ 150\ m \pm 0.000\ 003\ m$ 可表示为 $x = (1.50 \pm 0.03) \times 10^{-4}\ m$。

在有效数字运算和测量结果的表示中，存在数据的截断、尾数的舍入问题，根据国家标准规定，采用"四舍六入五凑偶"的规则，它的依据是使尾数的舍与入的概率相等。

2.2 有效数字的运算规则

有效数字运算时，其运算结果的数字位数应取得恰当，取少了会带来附加的计算误差，降低结果的精确程度；取多了从表面上看似乎精度很高，实际上毫无意义，反而带来不必要的繁杂。

1. 有效数字的四则运算

四则运算，一般可以依据以下运算规则：

可靠数字间的运算结果为可靠数字，可靠数字与可疑数字或可疑数字之间的运算结果为可疑数字。运算结果只保留一位可疑数字。

例如，加减法运算（有效数字下面加横线表示可疑数字）：

$$14.6\underline{1} + 2.25\underline{6} = 16.86\underline{6} = 16.8\underline{7}$$
$$19.6\underline{8} - 5.84\underline{8} = 13.83\underline{2} = 13.8\underline{3}$$

可以看出，加减法运算所得结果的最后一位，只保留到所有参加运算的数据中都有的最后那一位为止。

例如，对于乘法和除法运算（有效数字下面加横线表示可疑数字）：

$$4.17\underline{8} \times 10.\underline{1} = 42.\underline{197\ 8} = 42.\underline{2}$$
$$57 \div 4.67\underline{8} = 12.\underline{185} = 1\underline{2}$$

一般来说，有效数字进行乘法或除法运算，乘积或商的结果的有效位数与参加运算的各量中有效位数最少的相同。

测量的若干个量，若要进行乘、除法运算，应按有效位数相同的原则来选择不同精度的仪器。

2. 其他函数运算的有效数字

进行函数运算时，不能搬用有效数字的四则运算法则，严格地说，应该根据误差传递公式来计算。

对于指数、对数、三角函数等，查表或用计算器运算即可。

乘方、开方运算的有效位数与其底的有效位数相同。

无理常数 π，$\sqrt{2}$，$\sqrt{3}$，…的位数可以看成许多位，计算过程中这些常数参加运算时，其取的位数应比测量数据中位数最少者多一位。

需要说明的是，上述运算规则都是很粗略的，没有考虑到某些特殊情况，为防止多次运算中因数字的舍入带来的附加误差，中间运算结果要多取一位数字，但在最后结果中仍只保留一位可疑数字。

3. 不确定度的微小分量判据

在用方和根形式计算直接测量量的合成不确定度或者利用不确定度的传递公式计算间接

测量量的不确定度时，如果某一分量小于最大分量的 1/3（也即平方后小于 1/9，即接近一个数量级），则这一小分量在计算过程中就可以被忽略，进而减小计算的工作量。此即为不确定度的微小分量判据。

例如，对一个间接测量量的不确定度计算：

$$u = \sqrt{\left(\frac{\partial f}{\partial x}\right)^2 u_x^2 + \left(\frac{\partial f}{\partial y}\right)^2 u_y^2 + \left(\frac{\partial f}{\partial z}\right)^2 u_z^2 + \cdots}$$

如果在计算过程中发现：$\left|\frac{\partial f}{\partial x}u_x\right| < \frac{1}{3}\left|\frac{\partial f}{\partial y}u_y\right|$，则 $\frac{\partial f}{\partial x}u_x$ 项可在计算中略去不计。

4. 不确定度的等量分配原则与测量仪器选择

为了能够在测量过程中得到较为精确的测量结果，在设计实验仪器或者选择测量工具时，要兼顾各直接测量量对间接测量量的影响。在对某一间接测量量的不确定度计算时，例如，$u = \sqrt{\left(\frac{\partial f}{\partial x}\right)^2 u_x^2 + \left(\frac{\partial f}{\partial y}\right)^2 u_y^2}$，若选择不同的测量工具，则不确定度 u 中每一项的值可能具有较大的差别。不确定度的等量分配原则是指，测量仪器的选择，尽量使不确定度 u 中有大致相同的数值。即

$$\left(\frac{\partial f}{\partial x}\right)^2 u_x^2 \approx \left(\frac{\partial f}{\partial y}\right)^2 u_y^2 \tag{02-1}$$

例 02-1　一杆长 $L \approx 50\,\text{mm}$，要求测量的相对不确定度 $\frac{u}{L} < 0.2\%$，试选择测量量具。

解： 由题意可得：$u < L \times 0.2\% = 50\,\text{mm} \times 0.2\% = 0.10\,\text{mm}$

$$\Delta L = C \times u < \sqrt{3} \times 0.10\,\text{mm} = 0.17\,\text{mm}$$

示值误差小于而又接近要求的有 1~300 mm 的钢直尺和分度值为 0.1 mm 的游标卡尺。考虑到必然存在的测量误差，因此选用最小分度值为 0.1 mm 的游标卡尺比较合适。

5. 数据处理的基本方法

实验中获得了大量的测量数据，而要通过这些数据来得到准确可靠的实验结果或实验规律，则需要学会正确的数据处理方法。这里介绍数据处理的基本知识和基本方法。

（1）列表法　列表法是记录数据的基本方法，是将实验中的测量数据、中间计算数据和最终结果等按一定的形式和顺序列成表格记录的方法。列表法可以简单而明确地表示出有关物理量之间的对应关系，便于随时检查测量结果是否正确合理，及时发现问题，利于计算和分析误差。

列表时应注意，根据实验内容和目的合理地设计表格，要便于记录、计算和检查，在表格中应标明物理量的名称和单位，表格中数据要正确反映出有效数字，重要数据和测量结果要表示突出，还应有必要的说明和备注。在记录和处理数据时，把数据列成表格，可以简明地表示有关物理量之间的对应关系，便于随时检查测量结果是否合理，及时发现和分析问题。在处理数据时，有时将计算的某些中间项列出来，可以随时从对比中发现运算的错误。所以，列表有利于我们找出有关量之间的规律性关系，对求出经验公式很有好处。列表要求如下：

1）简单明了，便于看出有关量之间的关系。

2）表明所列表格中各符号和数字所代表的物理意义，并在标题栏中标明单位。单位不要重复地记在各数值的后面。

3）表中数据要正确地反映测量结果的有效数字。

（2）作图法　物理实验中所得到的一系列测量数据，也可以用图形直观地表示出来。作图法就是在坐标纸上描绘出一系列数据间对应关系曲线的方法。它是研究物理量之间变化规律，找出对应关系的一种方法。

作图法比列表法更形象地表示物理量之间的变化规律，并能简单地从图像上获得实验需要的某些结果，在同一图像上，还可直接读出没有进行观测的对应于 x 的 y 值（内插法）。在一定条件下，也可从图像的延伸部分读到测量数据范围以外的点（外推法）。

作图法还具有多次测量取平均值的效果。作图规则如下：

1）根据测得数据的有效数字，选择坐标轴的比例及坐标纸的大小。原则上讲，数据中的可靠数字在图中应是可靠的，数据中不可靠的一位在图中应是估读的。根据此原则，坐标纸上的一小格对应数值中可靠数字的最后一位，要适当选择 x 轴与 y 轴的比例和坐标的起点。坐标范围应恰好包括全部测量值并略有富裕，最小坐标不必从零开始。

2）标明坐标轴。以自变量（实验中可以控制的量）为横轴，以因变量为纵轴。用粗实线在坐标纸上画坐标轴，在轴上注明物理量的名称、符号、单位（加括号），并在轴上每隔一定间距标明该物理量的数值。在图纸的明显位置写上图像的名称及某些必要的说明。

3）标点。根据测量的数据用"＋""⊙""△""□"等符号标出实验点，在一张图上同时画两条曲线时，实验点要以不同的符号标出。

4）连线。由于每个实验点的误差情况不同，因此不能强求曲线通过每一个实验点而连成折线（仪表校正曲线除外）。而应按照实验点的总趋势连为光滑的曲线，要做到线两侧的实验点与线的距离最为接近且分布大体均匀，曲线正穿过实验点时可以在该点处断开。

5）写明图像的特征。利用图上的空白位置注明实验条件和从图纸上得出的某些参数，如截距、斜率、极大值或极小值、拐点和渐近线等。

例 02-2　用伏安法测电阻所得数据如表 02-1 所示。

表 02-1　伏安法测量电阻数据

电压/V	0.00	1.00	2.00	3.00	4.00	5.00	6.00	7.00	8.00	9.00	10.00
电流/mA	0.00	2.00	4.01	6.05	7.85	9.70	11.83	13.75	16.02	17.86	19.94

在直角坐标纸上作图，如图 02-2 所示。

在绘出图 02-2 所示的图后，即可选定直线上的特殊点，计算得出伏安法测量电阻时得到的结果。

（3）图解法　根据已画出的实验曲线，可以用解析法求出曲线上各种参数及物理量之间的关系式，即经验公式。特别是直线情况下，采用图解法最为方便。

1）直线图解法：在直线上任取两点 P_1 和 P_2，用与实验点不同的符号标出，分别标出它们的坐标读数 (x_1, y_1) 和 (x_2, y_2)。P_1、P_2 一般不取原实验点，相隔不能太近，也不允许超出实验点范围以外。

设直线方程为

$$y = a + bx \tag{02-2}$$

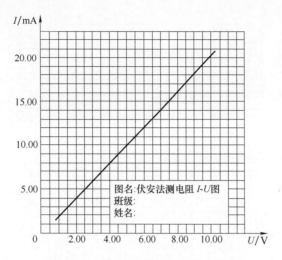

图名:伏安法测电阻 *I-U* 图
班级:
姓名:

图 02-2　伏安法测电阻实验数据图

则可计算得到斜率为

$$b = \frac{y_2 - y_1}{x_2 - x_1} \tag{02-3}$$

截距为

$$a = \frac{x_2 y_1 - x_1 y_2}{x_2 - x_1} \tag{02-4}$$

例 02-3　一金属丝，在温度 t（℃）条件下的长度可表示为 $l = l_0 (1 + \alpha t)$，其中 l_0 为 0 ℃时的金属丝的长度，α 为金属材料的线膨胀系数，求 l_0 与 α 的值。

解：经实验获得下列一组数据见表 02-2。

表 02-2　温度与长度测量数据

t/℃	15.0	20.0	25.0	30.0	35.0	40.0	45.0	50.0
l/cm	28.05	28.52	29.10	29.56	30.10	30.57	31.00	31.62

由表 02-2 可知，温度 t 的变化范围为 35 ℃，而长度 l 的变化范围为 3.57 cm。根据坐标纸大小选择原则，既要反映有效数字，又能包括所有实验点，选 40 格×40 格的图纸；取自变量 t 为横坐标，起点为 10 ℃，每一小格代表 1 ℃；取因变量 l 为纵坐标，起点为 28 cm，每一小格为 0.1 cm。根据测量数据值在坐标纸上标点，然后作直线，使多数点位于直线上或接近于直线，且均匀分布在直线两侧，如图 02-3 所示。

在直线上取两点（19.0，28.40）和（43.0，30.90），则有

$$l_0 \alpha = \frac{30.90 - 28.40}{43.0 - 19.0} \text{cm/℃} = 0.104 \text{ cm/℃}$$

$$l_0 = \frac{43.0 \times 28.40 - 19.0 \times 30.90}{43.0 - 19.0} \text{cm} = 26.42 \text{ cm}$$

$$\alpha = \frac{l_0 \alpha}{l_0} = \frac{0.104}{26.42} \text{℃}^{-1} = 3.94 \times 10^{-3} \text{℃}^{-1}$$

故有

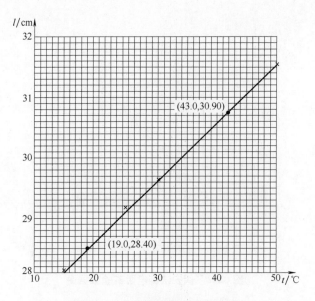

图 02-3　长度随温度的变化关系

$$l = (26.42 + 0.104t) \text{ cm}$$

2）曲线的改直：实际中，多数物理量的关系不是线性的，但可通过适当的变换使它们成为线性关系，即把曲线改为直线。曲线改直以后，对实验数据的处理会很方便，也容易求得有关参数。

例如，$pV = C$ 可作 p-$\frac{1}{V}$ 图得直线，$S = V_0 t + \frac{1}{2} at^2$ 可作 $\frac{S}{t}$-t 图得直线等。

作图法虽然能直观形象地表示出物理量之间的关系，并由图求得经验公式，但因连线的任意性较大，由作图法得到的实验结果误差较大。在科学研究中常采用最小二乘法。

（4）最小二乘法　求经验公式除采用上述图解法外，还可以用最小二乘法，通常称为方程的回归问题。

方程的回归首先要确定函数的形式，一般要根据理论推断或从实验数据变化的趋势推测出来。下面讨论一元线性回归。

设所研究的两个物理量 x 和 y，它们之间存在着线性关系仍然如式（02-2）所示。现要求出 a 与 b 的值，为此，可通过实验在 x_1 与 x_2 的条件下分别测得 y_1 与 y_2，于是有

$$\left.\begin{array}{l} y_1 = a + bx_1 \\ y_2 = a + bx_2 \end{array}\right\} \tag{02-5}$$

通过以上方程即可解出 a 与 b 的值。

事实上，由于测量结果含有误差，所解得的 a 与 b 值也含有误差，为减小误差，应增加测量次数 n。设在 x_1，x_2，…，x_n 条件下分别测得 y_1，y_2，…，y_n 共 n 个结果，可列出如下方程组：

$$\left.\begin{array}{l} y_1 = a + bx_1 \\ y_2 = a + bx_2 \\ \vdots \\ y_n = a + bx_n \end{array}\right\} \tag{02-6}$$

但由于方程式的数目 n 多于待求量的数目，所以无法直接利用代数法求解上述方程组。

显然，为充分利用这 n 个测量结果所提供的信息，必须给出一个适当的处理方法来克服上面所遇到的困难，而最小二乘法恰恰较为理想地提供了这样一种数据处理方法。

最小二乘法的原理是，在所求得的直线上，各相应点的值与测量值误差的平方和比其他的直线上都要小，即

$$Q = \sum_{i=1}^{n} \left[y_i - (a + bx_i) \right]^2 = 最小值 \tag{02-7}$$

选取 a 与 b 使 Q 取最小值的必要条件为

$$\begin{cases} \dfrac{\partial Q}{\partial a} = -2\sum_{i=1}^{n} \left[y_i - (a + bx_i) \right] = 0 \\ \dfrac{\partial Q}{\partial b} = -2\sum_{i=1}^{n} \left[y_i - (a + bx_i) \right] x_i = 0 \end{cases} \tag{02-8}$$

由式（02-8）可得

$$\begin{cases} \bar{y} - a - b\,\bar{x} = 0 \\ \overline{xy} - a\,\bar{x} - b\,\overline{x^2} = 0 \end{cases} \tag{02-9}$$

式中，

$$\begin{cases} \bar{x} = \dfrac{1}{n}\sum_{i=1}^{n} x_i & （即 x 的平均值） \\[2mm] \bar{y} = \dfrac{1}{n}\sum_{i=1}^{n} y_i & （即 y 的平均值） \\[2mm] \overline{x^2} = \dfrac{1}{n}\sum_{i=1}^{n} x_i^2 & （即 x^2 的平均值） \\[2mm] \overline{xy} = \dfrac{1}{n}\sum_{i=1}^{n} x_i y_i & （即 xy 的平均值） \end{cases} \tag{02-10}$$

通过解方程可得

$$b = \frac{\bar{x}\,\bar{y} - \overline{xy}}{\bar{x}^2 - \overline{x^2}} \tag{02-11}$$

$$a = \bar{y} - b\,\bar{x} \tag{02-12}$$

当然，a 与 b 的值求出后，还应该给出 a 与 b 的不确定度，其可写为

$$u_a = \sqrt{\frac{\sum_{i=1}^{n} x_i^2}{n\sum_{i=1}^{n} x_i^2 - \left(\sum_{i=1}^{n} x_i\right)^2}} \times \sqrt{\frac{\sum_{i=1}^{n} (y_i - bx_i - a)^2}{n-2}} \tag{02-13}$$

$$u_b = \sqrt{\frac{n}{n\sum_{i=1}^{n} x_i^2 - \left(\sum_{i=1}^{n} x_i\right)^2}} \times \sqrt{\frac{\sum_{i=1}^{n} (y_i - bx_i - a)^2}{n-2}} \tag{02-14}$$

例 02-4　用最小二乘法求解例 02-3 中的 l_0 和 α。

解： 金属丝长度与温度的关系为

$$l = l_0(1 + \alpha t) = l_0 + l_0 \alpha t$$

令 $y = l$，$x = t$，$a = l_0$，$b = l_0 \alpha$，则上式变为

$$y = a + bx$$

把实验数据列表，并进行计算，如表 02-3 所示。

表 02-3　用最小二乘法处理数据表

i	x_i	x_i^2	y_i	y_i^2	$x_i y_i$
1	15.0	225.0	28.05	786.8	420.6
2	20.0	400.0	28.52	813.4	570.4
3	25.0	625.0	29.10	846.8	727.5
4	30.0	900.0	29.56	873.8	886.8
5	35.0	1 225	30.10	906.0	1 054
6	40.0	1 600	30.57	934.5	1 223
7	45.0	2 025	31.00	961.0	1 395
8	50.0	2 500	31.62	999.8	1 580
平均值	32.5	1 187.5	29.815	890.269	982.219

计算可得

$$\bar{x} = 32.5,\ \bar{y} = 29.815,\ \overline{x^2} = 1\,187.5,\ \overline{y^2} = 890.269,\ \overline{xy} = 982.219$$

根据式（02-11）、式（02-12）得

$$b = l_0 \alpha = \frac{\bar{x}\,\bar{y} - \overline{xy}}{\bar{x}^2 - \overline{x^2}} = 0.101\ \mathrm{cm/^\circ C}$$

$$a = l_0 = \bar{y} - b\,\bar{x} = 26.53\ \mathrm{cm}$$

$$\alpha = \frac{l_0 \alpha}{l_0} = \frac{0.101}{26.53}\ {^\circ C}^{-1} = 3.81 \times 10^{-3}\ {^\circ C}^{-1}$$

则经验公式为

$$\overset{\backprime}{l} = (26.53 + 0.101t)\ \mathrm{cm}$$

用最小二乘法与用图解法求得的经验公式有一定的差别，说明图解法有一定的随意性。

事实上，目前某些型号的计算器，也提供了最小二乘法的计算功能，方便同学们进行直接计算。例如，我们以卡西欧 fx-991CN X 系列计算器为例，给出了如例 02-2 所示的利用伏安法测电阻所得实验数据，用最小二乘法计算得出电阻大小及其不确定度的方法。（扫右侧二维码观看）

（5）逐差法　逐差法又称逐差计算法，一般用于等间隔线性变化测量中所得数据的处理。由误差理论可知，算术平均值是若干次重复测量的物理量的近似值。为了减少随机误差，在实验中一般都采取多次测量。但是在等间隔线性变化测量中，若仍用一般的求平均值的方法，我们将发现，只有第一次测量值和最后一次测量值起作用，所有的中间测量值全部抵消。因此，这种测量无法反映多次测量的特点。

　　以测量弹簧劲度系数的例子来说明逐差法处理数据的过程。如有一长为 x_0 的弹簧，逐次在其下端加挂质量为 m 的砝码，共加 7 次，测出其对应长度分别为 x_1，x_2，$\cdots$，x_7，从这组数据中，求出每加单位砝码弹簧的伸长量 Δx。

　　这时，若用通常的求平均值的方法，则有

$$\overline{\Delta x} = \frac{1}{7m} \left[(x_1 - x_0) + (x_2 - x_1) + (x_3 - x_2) + \cdots + (x_7 - x_6) \right] = \frac{1}{7m}(x_7 - x_0) \quad (02\text{-}15)$$

　　这种处理仅用了首尾两个数据，中间值全部抵消，因而损失掉很多信息，是不合理的。若将以上数据按顺序分为 x_0，x_1，x_2，x_3 和 x_4，x_5，x_6，x_7 两组，并使其对应项相减，就有

$$\overline{\Delta x} = \frac{1}{4} \left[\frac{(x_4 - x_0)}{4m} + \frac{(x_5 - x_1)}{4m} + \frac{(x_6 - x_2)}{4m} + \frac{(x_7 - x_3)}{4m} \right]$$

$$= \frac{1}{16m} \left[(x_4 + x_5 + x_6 + x_7) - (x_0 + x_1 + x_2 + x_3) \right]$$

　　这种逐差法使用了全部的数据信息，因此更能反映多次测量对减少误差的作用。

第3章

大学物理实验的基本测量方法和常用测量仪器的使用方法

所有自然科学学科的根本目的都是探寻物质世界的基本规律。物理科学的典型特征在于其实证性。从归纳和演绎的角度来看，物理的实证性一方面表现为对物理现象的抽象化处理，从而找出其中蕴藏的规律；另一方面表现为对规律的理论解释，可以预言特定条件下的可能现象，并对之加以证实。物理实验作为实证环节的基本过程，是通过对物理量进行定量测量从而分析各物理量之间的关系，实现对物理规律进行挖掘发现或对所提出理论进行检验。

大学物理实验主要表现为对经典物理规律的再发现和体验性挖掘。在这一过程中，注重针对基本实验测量方法和常用实验仪器使用技巧进行专门的训练，从而使得学生掌握基本的物理实验测量方法并具备常用仪器的使用能力。这些基本的测量方法和仪器使用技能是实现大学生创新能力培养和动手能力培养的基础和出发点。

3.1 大学物理实验的基本测量方法

所谓测量就是借助标准化的实验器具，通过把待测物理量与作为标准单位的同类物理量进行比较，进而获得待测量与标准单位之间的倍数关系的全部操作过程。依照测量值的具体获得过程可以将测量分为直接测量和间接测量两种类型。这两种类型的操作过程分别对应针对待测物理量的直接测量法和间接测量法。直接测量法一般通过直接与标准量具或比较系统进行比较实现；间接测量法所依据的是物理量之间的函数关系，通过间接测量量和函数运算得到待测量。针对物理量的测量，一般只有基本物理量可以直接测量，如长度、时间、质量等，大多数物理量的测量都是通过特定的函数关系与基本物理量联系起来。因此间接测量的实验方法有多种具体形式，实验方法的思想内涵多有融合和共通。

1. 直接测量法

直接测量法是物理实验中最为普遍、最为基础、最为简单的方法。通过分析待测量的性质选定作为标准实验器具的仪器或比较系统，通过直接比较，得到待测量与标准单位之间的倍数关系。比较法是直接测量法的主要形式，如利用长度测量工具螺旋测微器、游标卡尺、米尺等测量不同尺度的长度量，利用天平测量质量，利用电流表测量电流，利用电压表测量电压，利用温度计测量温度等。比较，作为基本的科学思维，有着广泛的渗透性和共融性。

同类物理量之间的直接比较常表现为基本物理量的比较测量，如长度、质量、时间等。同类物理量之间的直接比较，对实验仪器的适用范围要求体现在精确度上。一般满足精度要求且测量范围合适的仪器可以提供精度较高的测量结果。非同类物理量之间等效性的比较更常见于物理实验过程和仪器设计中。根据待测量和相关物理量之间的函数关系，设计制造的测量仪器或比较系统将待测量直接指示出来。例如，电流表测量电流，所采用的是电磁力矩与游丝的扭力矩在转动效果上的平衡，通过电流指针的偏转角度与电流大小的关系来确定电流值。非同类物理量之间等效性的比较所反映的是待测物理量的函数关系。例如，利用非平衡电桥测量应力变化所对应的电阻变化。

2. 放大法

同类物理量的测量在不同的尺度范围内有着不同的实验方法。在涉及微小量测量的实验过程中，由于微小量对测量仪器和测量者的高标准要求，使得实验条件很难直接匹配测量需求。借助特定方法将待测物理量进行放大，然后再测量的方法称为放大法。根据放大待测量所采用的原理和技术方法的差异，常见的放大法分为：累积放大法、机械放大法、电学放大法和光学放大法等。

（1）累积放大法　由于测量条件的限制，在实际物理测量问题中，往往存在由于测量仪器精度的限制或主观性误差来源的影响，无法直接单次测得待测量或者测量结果误差很大，从而导致难以利用直接测量法通过比较获得准确测量结果，此时利用累积放大法可以较好地实现测量。例如，在利用单摆测定重力加速度实验中对单摆周期的测量，仅进行单次测量，测量结果的误差过大，利用累积放大法可以通过多周期测量提高测量精度。历史上密立根（Robert Andrews Millikan，1868—1953）测定元电荷电量时，由于仪器精度限制无法直接测量单个电子电量，通过测量每个油滴电量的最小公因数测得元电荷量的实验思想也是基于累积放大法。

（2）机械放大法　机械放大法一般是通过将待测量的作用空间尺度扩展、时间尺度延长或物理量数值放大的方式实现的。在物理实验中常用的螺旋测微器、游标卡尺、迈克尔逊干涉仪都依据此方法设计。游标卡尺利用游标放大原理，通过将主尺上最小刻度值 1.00 mm 对应的 1 格间距放大为游标上 10 格、20 格、50 格等不同规格，从而将游标卡尺的分辨率提高到 0.1 mm、0.05 mm、0.02 mm 等。螺旋测微器通过主尺与鼓轮的机械结构关系，将沿螺距方向的长度变化转化为鼓轮周长的转动。以常见的螺距 0.5 mm，将鼓轮划分为 50 格规格的螺旋测微器为例，则每格的转动弧长对应了沿主尺的方向上 0.01 mm 的改变。结合游标放大和螺距-鼓轮放大的迈克尔逊干涉仪可实现 0.000 1 mm 分辨率的测量，因而能满足光波长测量的精度要求。

（3）电学放大法　电学放大法是借助电学器件或电子仪器设备将电信号放大之后进行测量的方法。由于微电子科学领域的发展较为成熟，利用电子放大器或者电子放大电路对电学信号，如电压、电流、功率等进行放大后可以更加有效地控制和测量。该方法放大率高、实现手段多样、实验条件容易达成，因此是使用最为广泛的微小信号放大法之一。电学放大法经常结合转化测量法一起使用，通过传感器件将非电学量转换为电学量，之后加以测量。利用示波器测超声波声速的实验就是典型的利用示波器进行电压信号放大的实验案例。

（4）光学放大法　光学放大法是物理实验过程中客观引入误差和干扰最少的实验方法

之一。由于光学技术的独特非接触性，不给待测系统带来直接影响，因此在高精度测量方面应用极为广泛。光学放大法根据其具体应用原理的不同分为两种类型：视角放大和光杠杆放大。视角放大针对人眼在观察对象对眼睛张角小于 0.001 57 rad 时无法分辨细节的视觉限制，通过光学仪器，如放大镜、显微镜、望远镜等成像将观察对象的像放大，增大对人眼的张角从而提高测量的分辨率。光杠杆放大是利用镜尺结构将微小的角度变化或者长度变化转化为平面镜旋转角度方向的偏转，从而使光线作为无质量指针在标尺端扫过显著刻度的方法。1798 年，英国物理学家卡文迪许（H. Cavendish，1731—1810）对引力常量的测量就是基于光杠杆法。利用静态拉伸法测量弹性模量实验是对光杠杆法的经典运用。

3. 转换测量法

转换测量法是间接测量实现的基本途径。针对难以直接测量或者直接测量结果精度不能达到要求的情况，根据物理规律的内在联系将容易测量的量和待测量联系起来，通过间接测量和函数关系的形式实现对待测量的测量。一般转换测量法涉及两个领域的测量，即某一物理现象或者规律所对应的物理属性以及物理现象所对应的物理过程中的运动变化情况。针对这两种不同领域的应用特点，转换测量法细分为参量转换法和能量转换法。

1）参量转换法针对物理现象所对应物质的物理属性，根据物理规律所揭示的物质属性及蕴含的函数关系，通过测量相关量来得到待测量。利用阿基米德原理进行不规则物体的密度测量即为该方法的典范。

2）能量转换法针对的是物理过程中涉及的运动形式总可以通过系统的能量进行相应的描述。电学量的易测性使得将各种形式的能量转化为电能并以电学量的形式直接予以控制和测量，可以在很大程度上简化实验难度，提高实验精度，因此得到广泛应用。常见的具体形式有光电转换、压电转换、热电转换和磁电转换等。刚体转动惯量测量、单摆周期测量等运动测量中用光敏二极管做光电门来记录时间；利用示波器测超声波声速的压电转换；不良导体导热系数测量实验中用热电偶测温度；霍尔效应载流子输运速度的测量等都用到了能量转换法。

4. 补偿法

针对物理实验而言，测量过程应当以不改变原实验系统的各个参量为原则。补偿法是一种经常与比较法配合使用的方法。测量作为物理实验的一个重要组成部分，在实验过程中有可能改变待测物理量本身。当测量过程本身对实验待测量有影响时应当适当引入补偿机制抵消因测量而产生的影响。在控制系统中补偿法对应的是负反馈机制，在补偿测量系统中，通过比较来保证补偿量与待测量的等效性，进而实现完全补偿。十一线电势差计实验中利用电压补偿的方法可以精确测量未知的电势差。

5. 模拟法

在对物质世界运动规律的研究中，对于某些特殊情况，难以直接对研究对象加以研究，否则将给研究系统带来无法补偿的影响，或者直接测量的实现成本过高。模拟法不直接对研究对象进行研究，而是依据相似性原理对研究对象加以模拟。根据研究对象的相似性基础的不同可分为物理模拟和数学模拟两大类。

（1）物理模拟　物理模拟是在针对问题的相同物理本质条件下，对物理现象加以模拟，如用风洞中飞行器的模型来模拟实际飞行器在大气中的飞行情况。

（2）数学模拟　数学模拟针对的是能够用同一数学方程描述的两个物理本质不同但运动变化规律有相似性的模拟。静电场模拟实验所采用的就是用满足相同场分布的稳恒电流场进行模拟静电场。

以上介绍的几种基本实验测量方法在具体的应用中经常互相交叉、综合运用，因此只有结合具体的待测物理量的特点和实验条件，才能确定针对性的实验方法。随着科学技术的发展，新的实验测量方法不断涌现，在此很难完整列出，但基本实验测量方法的设计原则和思想内涵对测量方法的创新和选择有着重要意义。对实验方法的选择一方面取决于对待测物理量的深入了解，另一方面更依赖于对实验方法的积累。适用于不同实验的具体实验方法可以有多种方案，在实验过程中注意思考，认真分析，并在科学实验中灵活运用并加以创新是学习基本实验测量方法的意义所在。

3.2　仪器调整的基本原则

对于物理实验而言，不同的待测量、不同的方法使得仪器的选择具有多种可能的方式。对于不同的仪器设备以及测量要求，调整的方法各异，测量范围也有较大差异，测量中的具体调整要求和调节步骤也不尽相同，但一些基本调整原则是一致的。其中最基本的仪器调整原则是减少相互影响，按照特定次序分类分步调整。

物理实验仪器作为一个整体，各个部件之间一般直接存在相互影响，因此仪器调整必须注意减少牵连，分别调整。例如，在刚体转动惯量测量等实验中涉及仪器的调平。一般仪器有三个或者四个高度调节螺钉，调平时应当在维持其余高度调节螺钉不动的同时调节某一个旋钮，使水平仪在某一方向上被调至中心，之后依次调节各个螺钉。调整时应按照一定的次序，需要调节次序上的反复并达到分别调整的目的。

仪器调节的次序上一般按照先粗后细、先内后外、逐次逼近的方式进行调整。仪器调整过程中，先粗调保证仪器接近工作状态，能初步看到实验现象，然后精细调节。一般仪器调整不能一次就精确达到调整要求，还要反复调节逐次逼近。特别是利用比较法的实验，如十一线电势差计实验，根据偏离情况逐次缩小调整范围达到所需精度要求。

3.3　物理实验常用测量仪器

1. 长度测量仪器

长度是实验测量中的基本物理量之一，科学实验中可以直接测量的量中，长度是最容易实现直接测量的物理量。鉴于实际测量中对于不同尺度范围内的物理量，在不同测量精度条件下有着不同的要求，因此在长度测量方面有着不同的仪器和量具。基本的长度测量工具有：米尺、游标卡尺、螺旋测微器。针对线度小于 0.01 mm 或者测量精度高于 0.01 mm 的长度测量需求，可以采用更加精确的仪器或者采用特定的测量方法，如读数显微镜或光学干涉测量法等。

（1）米尺　米尺的规格较多，从类别上来说，一般分为钢直尺和钢卷尺两类，常见的有 30 cm、50 cm、100 cm 的钢直尺和 1.5 m、2 m、3 m 的钢卷尺。使用中可根据实际测量范围选择合适的米尺。米尺的最小分度值为 1 mm，测量时应当按照实际可能及要求，估读到 0.1 mm、0.2 mm、0.5 mm。米尺常常因为磨损引起零位误差，因此在使用之前一般要进行零位调整，即一般不用米尺的端面作为测量的起点，通常选择某个整数刻度值与被测物一端对齐，然后读取物体另一端的刻度值，两个刻度值的差值即为待测物体的长度。

米尺使用的技术细节：①注意视差，测量时应将米尺与待测物紧密接触，尽量减小视差；②为了获得准确测量结果，可以通过多次测量减小误差，每次应选取不同的刻度作为起始值，分别测量多次后求平均值作为待测量的最佳估值。

（2）游标卡尺　游标卡尺作为一种在科学实验长度测量中广泛使用的量具，可用于测量物体的内径、外径、长度和深度等尺寸，具有多种用途。游标卡尺根据规格不同，其最小分度值可达 0.1 mm 以下。与直接使用米尺测量长度时，估读到 0.1 mm 不同，为了提高测量的精度在主尺上装一个可以沿着主尺滑动的副尺，即游标，构成游标卡尺。根据游标卡尺测量长度时游标的分度，如 10 格、20 格、50 格等，就可以准确地读取最小分度值的 1/10、1/20 或 1/50 等精确的数值。

游标卡尺的结构和测量原理：

如图 03-1 所示为游标卡尺的结构图。游标卡尺一般由一个最小分度值为 1 mm 的主尺（又称尺身）和可沿主尺滑动具有 n 个分度格的游标构成。主尺与游标组成测量钳口 AB 和 A′B′，其中 A、A′与主尺固连，B、B′与游标固连。钳口 AB 用来测外径，钳口 A′B′用来测内径，尾尺（又称深度尺）C 用来测深度。为了方便将游标卡尺取离待测物体并保持测量的结果，可以将锁紧螺钉 F 旋紧，从而把游标和主尺的位置固定。旋松固定螺钉时，游标可以紧贴着主尺滑动。拧紧固定螺钉时，可以用来固定量值读数。

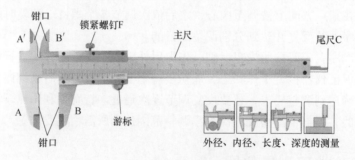

图 03-1　游标卡尺的结构图及测量功能图示

不同分度的游标卡尺，即游标具有不同格数，测量精度并不相同，用 a 表示主尺每格长度，b 表示游标上每格长度，n 表示游标的分度数。使 n 个游标分度的长度与主尺 $n-1$ 格的长度相等，则每一个游标的分度值长度为

$$b = \frac{n-1}{n}a \tag{03-1}$$

由此可计算得出主尺上最小分度值与游标分度值的差值为

$$\delta = a - b = \frac{a}{n} \tag{03-2}$$

δ 正好是主尺最小分度值与游标分度数的比值，在测量中如果游标的第 k 条刻度线与主

尺上某一刻度线对齐，则此时游标刻度线与主尺上左边紧邻的刻度线之间的间距为 $k\delta$。

以实验室常用的 50 分度的游标卡尺为例，主尺上每格长度 $a = 1$ mm，游标 50 个分度格等于主尺上 49 mm。游标卡尺的分度值为 0.02 mm。

游标卡尺的读数规则：

先从游标零刻度线所对的主尺刻度位置上读取主尺毫米以上的数据，直接读取的数值为游标零刻度与主尺上最紧邻的左侧刻度线所对应的数值。然后从游标上读取与主尺刻度线对齐的游标刻度线位置处游标与主尺刻度线对齐的分度格数目，该数目与游标卡尺的分度值相乘得到毫米以下的数据。将毫米以上部分与毫米以下部分的数据相加得到最终测量值。

如图 03-2 所示，游标卡尺所对主尺的位置为 16 mm，第 19 条与主尺刻度线对齐，则所测量的长度数据为 $L = (16 + 19 \times 0.02)$ mm $= 16.38$ mm。

注意事项：使用游标卡尺测量长度之前，先将游标卡尺合拢，检查主尺的零刻度线与游标的零刻度线是否对齐，如不对齐，应记下零点读数，以作测量数据修正使用。对同一待测物体的某一长度量进行测量时，应当在不同位置重复测量多次，最终求得最佳估值。使用完毕后将钳口分开一定距离之后锁死紧固螺钉，妥善保管。

（3）**螺旋测微器**　螺旋测微器又叫千分尺，它是比游标卡尺更精密的测长量具。如图 03-3 所示，螺旋测微器的基本结构一般由测微弓形尺架、测量砧口、固定套筒、微分筒、棘轮螺旋柄组成。其中微分套筒、棘轮螺旋柄与一根精密的测微螺杆和螺母套管连接在一起。实验室提供的螺旋测微器的量程一般为 25 mm，分度值是 0.01 mm，用它可以准确地测量出 0.01 mm，并能够估读出 0.001 mm，故又称为千分尺。

螺旋测微器的结构和测量原理：

螺旋测微器的结构如图 03-3 所示，它主要由一根精密的测微螺杆和固定套筒组成，螺杆的螺距为 0.5 mm，套筒的表面上刻有一水平线，水平线上刻有 0 ~ 25 mm 的标尺，称为固定标尺。固定标尺上下两侧均有刻度线。下面刻有间距为 1 mm 的标尺，称为下标尺。上下标尺相邻两刻度线之间的距离是 0.5 mm。上标尺指示半毫米数，下标尺指示毫米数。固定套筒的外面套有微分筒，微分筒的左边缘圆周均分为 50 小格。由于微分筒与测微螺杆共轴固定在一起，当微分筒旋转一周时，测微螺杆也随之旋转一周，它们同时前进或后退 0.5 mm，因此微分筒转过一小格时，测微螺杆前进或后退 0.5 mm 的 1/50，即 0.01 mm。因此螺旋测微器的精确度为 0.01 mm。

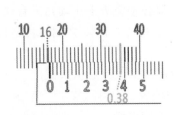

图 03-2　游标卡尺的读数方法

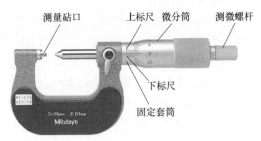

图 03-3　螺旋测微器结构

读数方法：

测量时先将测微螺杆推至恰当位置，再把待测物体放入测微螺杆和测砧之间，旋转棘轮，使测微螺杆前进。当听到"咔咔"声时，表明测微螺杆与测砧以一定的力把物体夹紧，此时可以开始读数。将物体加持在测微螺杆和测砧之间时，不能通过旋转微分筒改变加持的松紧程度，否则将导致仪器损坏和数据测量误差。读数时，先从固定套筒水平刻度线上的固定标尺读出待测物体长度的整毫米数，之后观察微分筒左端边缘，检查水平刻线上的半毫米尺标尺线是否露出，如果半毫米线标尺线的中心已经露出则再加上 0.5 mm，最后再从微分筒上读取 0.5 mm 以下的数值，待测长度量等于固定标尺上的读数加微分筒上的读数。

2. 质量测量仪器——天平

天平是根据杠杆原理制成的一种称衡物体质量的仪器，根据具体结构设计一般分为机械天平和电子天平。与机械天平具体实现方式上稍有区别，电子天平利用电磁力平衡原理进行称重，因此电子天平对周围环境的电磁干扰、振动等比较敏感，在使用时应加以注意。电子天平使用各种压力传感器将压力变化转变为电信号输出，放大后再通过 A/D 转换直接用数字显示出来，故而使用方法较为简单。在具体生产、科研中，常依据不同的精密度，把精密度低的天平称为物理天平，精密度高的天平称为分析天平。

天平的基本参数决定了其规格，一般用称量、灵敏度、分度值表示天平的规格。称量是天平所允许称衡的最大质量即量程。灵敏度是指天平两侧的负载相差一个单位质量时，指针偏转的分格数。分度值是指天平的指针从标尺上的零点偏转一个最小分格时，天平两秤盘上的质量之差，单位为 mg/格。每台天平分度值的大小一般都与它的砝码的最小值（或砝码的最小分度值）相对应。

（1）机械天平的操作步骤

1）调水平：调节水平螺母，使天平底座上的水准器气泡位于中心，使天平处于水平状态。

2）调零点：顺时针转动开关旋钮，使横梁升起。观察摆动情况，判断天平是否平衡，如不平衡，则在指针经过标牌中央时，逆时针转动开关旋钮，止动天平后，再调节平衡调节螺母，这样反复数次，直至指针在标牌中央刻度的两侧做等幅摆动时，天平就达到平衡。

3）检查灵敏度：天平灵敏度等于一秤盘空着，在另一秤盘中放入质量为 1 mg 物体时指针所偏转的格数，天平的灵敏度与它的负载、横梁的重量及其重心位置有关。一般情况下，负载越重，灵敏度就越低；横梁越轻，重心越高，灵敏度就越高。

（2）机械天平的操作注意事项

1）天平的称载不能超过称量，以免损坏刀口或压弯横梁。

2）取待测物体、加减砝码、调节平衡和使用完毕时，都必须将天平止动，只有在观察时，才能将它启动。启动和止动时，转动开关旋钮必须缓慢进行，并且必须在指针经过标牌中央时才能止动，以免横梁受到过大的冲击，损伤刀口。

3）砝码是标准器件，只准用镊子而不能用手拿取。使用时由大到小依次试用，对于片状的砝码，只能用镊子夹住它折起的一边，用毕放回盒内原位置，不得乱放，以免丢失。

4）天平的各个部分和砝码都要防锈、防蚀，不得用手直接接触。一切高温、低温、潮湿、腐蚀性物体和液体等，不得直接放入盘中称衡。

5）一般情况下，物体放在左盘，砝码放在右盘，并尽量使重心靠近盘的中央。如待称物体和砝码不止一个时，要把重的放在中央，轻的依次环绕放在它的周围，以避免秤盘的刀口扭摆倾斜影响测量结果和扭伤天平。

6）在测量时，只要稍一启动天平（半启动），便能比较两盘的轻重，而不必把横梁全部支起，以免两盘质量相差太大时，天平受到较大的冲击。

7）为了防止气流和灰尘的侵袭，精密天平都置于柜中。因此，只有在取、放物体和加、减砝码时，才需打开两边的侧门。加减、取放完毕，要随即关上侧门，然后再进行称衡，柜前的中门不得打开，柜内防潮用的干燥剂不得拿出。

3. 时间测量仪器

时间是一个基本物理量，时间测量是大学物理实验中经常进行的测量行为，测量时间的仪器种类很多，大体可以分为机械秒表、电子秒表和原子钟。根据测量时间精度的不同，现仅介绍物理实验中常见的几种。

（1）机械停表　机械停表是物理实验中最常用的计时仪器，是一种实用性很强的机械秒表。在精度要求不高的情况下，它具有方便、可靠的优点。一次时间测量中，停表的具体使用包括提供动力的准备阶段以及计时、止动、回零等阶段。停表旋紧发条后，按下它的发条旋钮，指针就开始运动，再按发条旋钮，指针即停止运动，第三次按发条旋钮则指针恢复到零点位置。因此使用停表可以很方便地记录物体运动的时间、摆动周期等。普通停表的分度值为 0.1 s 或 0.2 s，测量范围是 0 ~ 15 min 或 0 ~ 30 min。由于停表的指针移动方式不是连续而是跳动式的，因此，针对停表一般不进行最小分度以下的估读。机械停表如图03-4所示。

图03-4　机械停表面板

使用停表时的测量误差可分以下两种情况：

1）针对几十秒以内的短时间测量，误差主要是按表和读数的误差，其值约为 0.2 s。当测量者本人的注意力不够集中或操作不够熟练时，这项的误差还可能增大。

2）针对一分钟以上的长时间测量，误差主要是停表本身存在的误差，即停表走动的快慢和标准时间之差，这种误差属于系统误差，其大小随停表的不同而不同。因此，在需要做长时间测量时，应在使用前根据标准对停表进行校准。

机械停表使用的注意事项：

1）停表内部机械精密，结构脆弱，使用停表要轻拿轻放，尽力避免震动和摇晃。

2）测量过程及其前后，不要随意按按钮，以免干扰测量并损坏指针。

3）指针不指零时，应对开始时的读数及时进行调零修正。

（2）数字毫秒计　数字毫秒计是一种通过计数器将相同时间间隔的晶体振荡次数记录，并用数字直接显示始末时间间隔的精确计时仪器，除用来测量时间间隔以外，还可以用来测量频率、周期、脉宽等。由于其原理是利用石英晶体振荡器产生的稳定电脉冲，例如，0.1 ms 数字毫秒计的工作频率是 10 kHz，石英晶体振荡器每秒产生一万个电脉冲，一个脉冲计一个数，任何两个相邻脉冲间的时间间隔就是万分之一秒，即 0.1 ms，故通过计数器所计的数字，就可以获得从计数到停止这段间隔的时间。数字毫秒计的计时控制方式有两种：机控和光控。机控指用电路的机械接触控制进行计时；光控指光电控制，一般采用光电控制元件，如光敏电阻等，作为控制元件进行计时控制。具体的计时控制方式由数字毫秒计外接的传感器决定。数字毫秒计示意图如图 03-5 所示。

（3）电子秒表　在实验室里，测量时间时也常选用电子秒表作为较为准确的时间测量仪器。电子秒表的机芯由集成电路组成，利用石英振荡频率作为时基标准，并用液晶作为显示器。电子秒表的时间最小分度为 0.01 s。

由于此类秒表的功能较多，而且在实验室主要用于计时，因此只介绍 1/100 s 计时的使用方法。此表表壳配有三个按钮：S1 为设置按钮，S2 为开始/停止按钮，S3 是复位按钮。表盘基本显示为时、分、秒，可连续累计显示 59 min59.99 s。

1）单针秒表用法：在计时显示时，长按 S1 两秒钟，即呈现秒表功能。此时按一下 S2 就开始自动计时，再按一下 S2 及时停止，显示出所计数据。按下 S1 自动复零。

2）双针秒表用法：若要记录甲、乙两件事，他们同时开始，但终止时间不同，则可采用双针秒表计时。首先长按 S1 两秒钟，即呈现秒表功能，然后再按一下 S2 开始自动计时，待甲时间终止时按一下 S1，即显示甲的秒数计数停止。此时在液晶屏的右上角出现 " " 的记录信号。这里冒号仍在闪动，电路内部继续为乙事件累计计时，待乙终止时，再按 S2，冒号不闪，即内部秒计数停止，乙的时间贮存内部。把甲的时间先记下来，然后再按 S1，呈现出乙的时间，记录下来后再次按 S1 即可复位。

图 03-5　数字毫秒计示意图

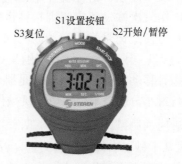

图 03-6　电子表示意图

（4）光电计时（计数）装置　光电计时（计数）装置作为自动化的计时功能器件一般被集成到各种对应的实验仪器设备中，或者作为功能模块服务实验内容。

4. 温度测量仪器

温度测量是热力学的基本测量内容，由于热学研究与能量转化、转移、物态变化紧密联系，因此针对不同使用情况，常用的温度测量仪器需根据情况进行选择。温度计作为温度测量最直接的仪器根据不同的使用场景有以下几种：1）液体温度计；2）气体温度计；3）热电偶电阻温度计；4）光测高温计等。不同温度计由于设计原理不同而具有不同的适用情况和温度测量范围。在实验室条件下一般对温度的测量精度要求为 0.1 ℃，因此常见的温度计都可以达到使用要求，但具体设计各有特点，从而有特定的适用场景。液体温度计选用的测温物质有水银、酒精、甲苯、煤油等，其中以水银应用最广。实验室用的水银温度计最小分度值有 0.1 ℃、1 ℃、5 ℃ 等多种。

温度计使用注意事项：

1）使用水银温度计时被测温度不得超过量限。

2）温度计浸入被测介质深度应等于温度计上刻度标明的深度。

3）为了减小视差，测量时眼睛应在温度计前与水银面同一高度读数。

4）注意轻拿轻放，用后还原处。

5. 电学测量仪器

电磁学实验中进行电学测量的仪器设备一般包括：针对各种电学参量测量的检流计、电流表、电压表、欧姆表、磁通表等各种电器仪表和其他指示装置。这些仪表、装置作为电学测量实现的基本仪器来指示或测出电路中的状态或参量。

（1）电测量仪表的工作原理　电测量仪表是电学测量的基本仪表，如电流表、电压表、欧姆表等，根据工作原理一般分为磁电式、电动式和电磁式等。实验室中磁电式电表应用最为广泛。磁电式电表具有灵敏度高、刻度均匀、便于读数等优点。磁电式电表的测量机构为磁电式表头（电流计），构造如图 03-7 所示。具有强磁场的永久磁铁固定于表头，在磁铁两极间的圆弧形极掌间装有一圆柱形铁心，与两极掌形成气隙，以使磁场线集中于中间，并形成较强的均匀径向分布的磁场。在气隙中装有一用膝包线绕在矩形铝框上的活动线圈，线圈通过转轴支在轴承上，可以在气隙间自由转动。轴上装有一指针和用来产生反作用力矩的游丝（它同时又作为电流的引入线和引出线）。当有电流通过时，线圈受到电磁力矩的作用发生偏转，同时游丝产生一反作用力矩。当两个力矩平衡时，线圈就停止了转动，指针指在一定的位置上。

图 03-7　磁电式表头结构示意图

在电表的结构中还有一个"调零器"。它的一端与游丝相连，通过它可以把指针调至零位。磁电式仪表具有较高的灵敏度，偏转角度与电流成正比，标尺分度为显性，损耗功率小，受外界磁场影响小，但由于磁场方向固定，因而只能用来测直流，不能测交流，如要测交流，需先经过整流。

（2）常用电学测量仪表

1）检流计：检流计主要是用来测量小电流和检查电路中有无电流通过，又称指零仪。它分为指针式和光电反射式两类，其特点都是零点在刻度中央，因此可以向左右两边偏转，便于检查出不同方向的直流电。使用时通常串联一个可变的保护电阻，以免开始时因电流过大损坏检流计，待偏转减小后再逐步减小保护电阻，直到最后将它短路，以提高检测灵敏度。

2）电流表：电流表有微安表、毫安表、安培表等，是由表头并联一个小分流电阻而成，因而内阻较小。它们主要是用来测量电路中电流的大小。使用时，把它串联于待测电路中，并注意"＋""－"标记，使电流从电流表的"＋"端流入，从"－"端流出。电流表的主要参数是量程和内阻。量程是指针偏到满格时的电流值，一般电流表均为多量程。内阻一般都在 $0.1\ \Omega$ 以下，而毫安表和微安表内阻较大，可达一两百到一两千欧姆。

3）电压表：电压表有毫伏表、伏特表等，是由表头串联一个大分压电阻而构成的，因而内阻较大。电压表用来测量电路中两点间电压，使用时并联于待测电压的两端，并使"＋"极接于电势高的一端，"－"极接于电势低的一端。同一电压表，量程不同时内阻亦不同，但各量程的每伏欧姆数却是一样的，一般都在 $1\ 000\ \Omega/V$ 以上。所以电压表的内阻一般都用 Ω/V 统一表示，由此即可计算出其中某一量程的内阻，即内阻＝量程×每伏欧姆数。

（3）电表的误差及其准确度等级　在测量过程中，由于本身机构及环境的影响，测量结果会有误差，如果误差是由环境（如温度、外界磁场、电表放置的位置不合规定等）产生的，称为电表的基本误差限。电表在正确使用的情况下只有基本误差而没有附加误差。此时，基本误差限决定电表的准确度。电表的准确度等级 α 为

$$\alpha\% = \frac{\Delta_{ins}}{U_{max}} \tag{03-3}$$

式中，Δ_{ins} 为电表基本误差限；U_{max} 为电表的量程。

国家《GB 776—76 电气测量指示仪表通用技术条件》规定，根据相对额定误差，电表的准确度等级分为：0.1、0.2、0.5、1.0、1.5、2.5 和 5.0 七级。例如，0.5 级电表表示在正常工作条件下相对额定误差不超过 0.5%，仪器最大误差不超过 $U_{max} \times 0.5\%$。可见，选择仪表并不是越精密越好。如果量程选择得当，用 1.0 级表进行测量反而比用 0.5 级进行测量要准确。

我国规定，电器仪表的主要技术性能均以一定的符号标记在仪表的面板上，使用前一定要看清弄懂，并按规定正确使用。**注意事项如下：**

1）**正确选用电表**。根据待测量内容选用不同种类的电表。

2）**要注意量程**。使用时要根据待测电流或电压的大小选择合适的量程。量程小于通过的电流或电压值时会把电表烧坏；量程过大，指针偏转角度过小，降低了测量的精确度。所以，量程选择要合适，一般是略大于待测量即可。在使用前，先估计待测量的大小。如果无法估计，则应选用最大的量程来试测，得知数值后，再改用合适的量程。为了方便使用，一般电表都由多量程构成。

3）**要注意标记**。对磁电式直流电表，由于磁场方向固定，所以指针的偏转方向与通过电流方向有关。因此一定要注意电表接线柱上的"＋""－"标记："＋"表示电流由此流入，"－"表示电流由此流出，切勿接错，以免撞坏指针。

4）**注意连接法**。电流表是测量电流的，必须串联于被测电路中；电压表是测量电压的，必须并联于待测电压的两段，切勿接错。尤其是电流表，由于内阻很小，一旦并联于电路中，就会立刻被烧毁。

5）**要正确读数**。首先电表在使用前要通过"调零器"调节指针指零。其次在测量读数时，眼睛一定要从指针正上方垂直向下看指针所正对的刻度来读数，而视线偏向任何一方时，都会产生视差。为了减少视差，1 级以下的精密电表，在指针下面的刻度旁都附有一面镜子，当眼睛垂直往下看时，指针和它在镜中的像重合时所对准的刻度才是它的准确读数。

读数时应根据电表的准确度等级和最小分度距离的大小估计到最小分度的 $\frac{1}{2}$、$\frac{1}{5}$、$\frac{1}{10}$。

同时还要注意，一个多量程的电表，刻度盘通常只按一个量程来标度，用其他量程是这个量程的整数倍。这样，读数虽很方便，但不注意也会读错，所以读数前一定要弄清量程的分度值。

（4）旋转式电阻箱　旋转式电阻箱一般有 6 个旋钮，对应电阻值范围是 0 ~ 99 999.9 Ω。旋转式电阻箱每个旋钮边缘都标有 0，1，2，…，9 等数字，旋钮下方的面板指针处标有 ×0.1，×1，…，×10 000 等标识，称为倍率，当某个旋钮上的数字对准倍率时，用倍率乘以该数字并对所有旋钮进行相同操作，再求和几位实际使用的电阻值。

注意事项：

每个电阻箱都有额定功率，如一般电阻箱的功率为 0.25 W，当选择的电阻越大时，电阻箱所允许通过的电流就越小，过大的电流容易造成测量结果误差偏大，甚至烧毁电阻箱。电阻箱面板上对应四个接线柱，用 0 接线柱和其他三个接线柱进行组合即可进行不同量程下的电阻测量。

6. 光学测量仪器

（1）望远镜　普通光学实验中常要用到测量瞄准望远镜。简单的望远镜由长焦距物镜和一个短焦距目镜装在镜筒里组成。望远镜物镜焦点与目镜焦点在一起，并在它们共同的焦平面附近安装分划板或叉丝，便于观察和读数。被观察物体通过物镜成实像在分划板（叉丝）平面上，再通过目镜把实像放大成倒立的虚像。

调整望远镜的顺序是：首先移动目镜，直到分划板（叉丝）像清晰为止（从目镜到分划板的距离因人而异），然后移动调焦套筒，使物成像最清晰，并消除视差。

（2）读数显微镜　50 mm 读数显微镜是一种结构简单、操作方便、应用广泛的光学仪器，它的最大测量范围为 50 mm，最小分度值为 0.01 mm。仪器可分为两部分：一是显微及其读数机构，二是支座部分。显微镜的光路原理和一般显微镜相同。为了测量物体的大小，在目镜中装了十字叉丝（或十字分划板）。目镜用锁紧圈和锁紧螺钉紧固于镜筒内，物镜用丝扣拧入镜筒内。镜筒可沿圆筒导轨左右移动，导轨上装有 50 mm 长标尺。测微鼓轮即是一个螺旋测微器。显微镜的左右移动距离可从标尺（主尺）和螺旋测微器（微分鼓轮）上读出，即位置读数 = 标尺（主尺）+ 微分鼓轮。

支座部分由横杆、立柱及底座等组成。横杆和立柱能分别前后移动和上下升降，注意调至适当位置后一定用旋钮紧固。底座上装有弹簧压片、反光镜等。

调节方法如下：

1）转动反光镜的旋转手轮，使光经反光镜到台面玻璃上，从目镜望去，可显现出明亮的视场。

2）调节目镜，使分划板的十字刻线清晰。

3）轻轻转动测微鼓轮，观察镜筒左、右移动是否灵活平衡，再调到实验所需的位置。

4）对被测物体调焦时，镜筒应由下向上移动，反之容易碰伤物镜。

5）测量时，鼓轮应沿一个方向移动，中途不能反转。

（3）光具座　光具座是一种多功能的通用光学使用仪器，由导轨、滑座及各种支架组成。在这些支架上可以安置光源、透镜等多种光学实验器件。常用的导轨长度为 1 m 或 1.5 m，米尺位于导轨的一侧。滑座上有定位线，便于确定光学元件的位置。使用时可按需要将器件排列在导轨上。光具座使用中一个最基本、最重要的调整问题是共轴调整，也可概括为"同轴等高"，就是把光具座上各光学元件中心相对于导轨调成等高，并使透镜的主光轴重合，其具体使用方法是先通过粗调将光具座上的光学元件调整到基本等高且工作面平行，之后根据光学元件特点进行精细调节。具体调节方法参见基础光学实验相关内容。

（4）分光计　参见分光计的调整与使用实验的具体使用方法。

（5）常用光学元件

1）凸透镜、凹透镜。

2）平面镜、全反射镜、半透半反射镜。

3）三棱镜、双棱镜。

4）光栅（平面光栅、全息光栅等）。

5）放大镜。

6）光杠杆。

以上光学元件的具体使用方法参见基础光学实验，如迈克尔逊干涉仪的调整与使用实验、光栅常数的测量实验和拉伸法测量金属丝弹性模量实验。

（6）常用光源　光源是光学仪器和光学实验的重要组成部分。实验过程中经常用到的光源有白炽灯、汞灯、氢灯和激光光源，现分别介绍如下。

1）白炽灯：它是根据热辐射原理制成的，是一种具有热辐射连续光谱的复色光源，如钨丝灯。

2）钠光灯（Na 灯）：钠光灯是光学实验（特别是物理光学实验）中最常用的单色光源，是一种气体放电光源。它的光谱在可见光范围内有两条强光线 589.0 nm 和 589.59 nm。通常取它们的中心近似值 589.3 nm 作为钠黄光的标准参考波长。在实验中钠光灯是光学实验中最重要的单色光源之一。钠光灯的发光物质是金属钠的蒸气，发光原理是电弧放电。钠光灯泡的两端电压约 20 V（AC），电流为 1.0 ~ 1.3 A。钠光灯在工作时需配扼流圈，电源电压为交流 220 V，正常工作前要预热 10 min 左右。

3）汞灯（水银灯，Hg 灯）：汞灯分低压汞灯和高压汞灯两种。实验室中常用的是低压汞灯，其外形和使用条件与钠光灯相同。汞灯也是一种气体放电光源，它的光谱在可见光范围内有 5 条强谱线，即 579.07 nm、576.96 nm（黄双线）、546.07 nm（绿线）、435.83 nm（蓝线）、404.66 nm（紫线）。若在光路中配以不同的滤光片，则可获得纯度高的单色光。在光学测试和光谱研究中，它常被用作产生水银主要谱线的单色光源。

［附］　常用仪器的误差限

仪器误差指在正确使用仪器的条件下，仪器的测量示值和被测量真值之间可能产生的误差。仪器的误差可以从国家或者行业标准中查询。米尺、游标卡尺、螺旋测微器等一般分度的标准量具通常用示值误差来表示仪器误差。电工类仪表一般用基本误差允许极限来表示仪器误差。因此，在非特定说明情况下可以根据以下附录获得常用仪器的误差限。

1. 针对满足国家标准：GB/T 9056—2004 的金属直尺

允许误差：金属直尺的允许误差不应大于表 03-1、表 03-2 的规定。

表 03-1　　　　　　　　　　　　　　　　　单位：mm

标称长度 l	垂直度	直线度		平面度	平行度
		侧面	端面		
150		0.23	0.03		0.15
300		0.26		0.25	0.25
500		0.28			0.35
600	0.035	0.32	0.04		0.35
1 000		0.40		0.40	0.50
1 500		0.50		0.50	0.60
2 000		0.60		0.60	0.70

表 03-2　　　　　　　　　　　　　　　　　单位：mm

标称长度 l	允许误差
150	
300	±0.15
500	
600	
1 000	±0.20
1 500	±0.25
2 000	±0.30

注：允许误差值按 ±(0.10 + 0.05 × l/500) 计算。l 的单位为 mm。

2. 针对满足国家标准：GB/T 21389—2008 的游标、带表和数显卡尺

（1）外测量的最大允许误差　卡尺外测量的最大允许误差应符合表 03-3 的规定。

（2）刀口内测量爪的最大允许误差　带有刀口内测量爪的卡尺，两刀口内测量爪相对平面间的间隙不应大于 0.12 mm，当调整外测量面间的距离到尺寸 H（见表 03-4）时，其刀口内测量爪的尺寸极限偏差及刀口内测量面的平行度不应超过表 03-4 的规定。

带有刀口内测量爪的卡尺，当用户要求保证刀口内测量的示值误差时，刀口内测量爪的尺寸不执行表 03-4 中有关刀口内测量爪尺寸极限偏差的规定值，以保证其示值误差为准（但仍应保证表 03-4 中平行度要求及脚注的测量要求）。其最大允许误差见表 03-3 规定。

（3）深度、台阶测量的最大允许误差　带有深度和（或）台阶测量的卡尺，其深度、台阶测量 20 mm 时的最大允许误差不应超过表 03-5 的规定。

表 03-3 单位：mm

测量范围上限	最大允许误差					
	分度值/分辨力					
	0.01；0.02		0.05		0.10	
	最大允许误差计算公式	计算值	最大允许误差计算公式	计算值	最大允许误差计算公式	计算值
70		±0.02		±0.05		±0.10
150		±0.03		±0.05		
200	$\pm(20+0.05l)$ μm	±0.03	$\pm(40+0.06l)$ μm	±0.05		
300		±0.04		±0.06		
500		±0.05		±0.07		
1 000		±0.07		±0.10	$\pm(50+0.1l)$ μm	±0.15
1 500	$\pm(20+0.06l)$ μm	±0.11		±0.16		±0.20
2 000		±0.14	$\pm(40+0.08l)$ μm	±0.20		±0.25
2 500		±0.22		±0.24		±0.30
3 000	$\pm(20+0.08l)$ μm	±0.26		±0.31		±0.35
3 500		±0.30	$\pm(40+0.09l)$ μm	±0.36		±0.40
4 000		±0.34		±0.40		±0.45

注：表中最大允许误差计算公式中的 l 为测量范围上限值，以 mm 计。计算结果应四舍五入到 10 μm，且其值不能小于数字级差（分辨力）或游标标尺间隔。

表 03-4 单位：mm

测量范围上限	H	刀口形内测量爪的尺寸极限偏差		刀口形内测量面的平行度	
		分度值/分辨力			
		0.01；0.02	0.05；0.10	0.01；0.02	0.05；0.10
≤300	10	+0.020	+0.040	0.010	0.020
>300 ~ 1 000	30				
>1 000 ~ 4 000	40	+0.030	+0.050	0.015	0.025

测量要求：刀口内测量爪的尺寸极限偏差及刀口内测量面的平行度，应按沿平行于尺身平面方向的实际偏差计，在其他方向的实际偏差均不应大于平行于尺身平面方向的实际偏差。

表 03-5 单位：mm

分度值/分辨力	最大允许误差
0.01；0.02	±0.03
0.05；0.10	±0.05

3. 针对满足国家标准：GB/T 1216—2018 的螺旋测微器（千分尺）

尺架应具有足够的刚性，当尺架沿测微螺杆的轴线方向作用 10N 的力时，其变形量不应大于表 03-6 的规定。尺架上应安装有隔热装置，以保证良好的隔热效果，避免受热形变带来的误差。

表 03-6　示值最大允许误差、平行度公差和尺架受 10 N 力时的变形量

测量范围/mm	示值最大允许误差/μm	平行度公差/μm	尺架受 10 N 力时的变形量/μm
0～15，0～25	4（2）	2（1）	2
25～50	5（3）	2（1.5）	
50～75，75～100		3（2）	3
100～125，125～150	6	3	4
150～175，175～200	7	4	5
200～225，225～250	8	4	6
250～275，275～300	9	5	7
300～325，325～350	10	5	8
350～375，375～400	11	6	9
400～425，425～450	12	6	10
450～475，475～500	13	7	11
500～600	14	9	12
600～700	16	11	14
700～800	18	13	16
800～900	20	15	18
900～1 000	22	17	20

4. 针对满足国家标准：GB/T 26497—2011 的电子天平

天平按结构可分为双盘天平和单盘天平，按标尺分类可分为微分标尺天平、数字标尺天平和普通标尺天平。天平的基本参数包括：以质量单位表示的天平相邻两个示值之差，即天平的实际分度值，用 d 表示；用于划分天平级别与进行计量检定的以质量单位表示的检定分度值，用 e 表示。e 可取 1×10^k 或 2×10^k 或 5×10^k 的形式，其中 k 为正整数、负整数或零；$d \leq e \leq 10d$；e 还应符合：$e = 10^k g$，其中 k 为正整数、负整数或零。

1）天平按其检定分度值 e 和检定分度数 n，划分成 4 个准确度级别（见表 03-7）：

特种准确度级：符号为 Ⅰ

高准确度级：符号为 Ⅱ

中准确度级：符号为 Ⅲ

普通准确度级：符号为 Ⅳ

表 03-7　天平准确度等级与 e、n 的关系

准确度级别	检定分度值	检定分度数 n		最小称量
		最小	最大	
Ⅰ	1 mg $\leq e$	50 000	不限制	100 d
Ⅱ	1 mg $\leq e \leq$ 50 mg	100	100 000	20 d
	0.1g $\leq e$	5 000	100 000	50 d
Ⅲ	0.1 g $\leq e \leq$ 2 g	100	10 000	20 d
	5 g $\leq e$	500	10 000	20 d
Ⅳ	5 g $\leq e$	100	1 000	10 d

2）示值误差：当天平空载时已调到零位的条件下，无论是加载或卸载，在最小称量与最大称量之间的任何一次单称量结果的示值的最大允许误差（MPE）应符合表03-8的规定。

表03-8　天平计量性能最大允许误差（MPE）

最大允许误差 MPE	载荷 m 以检定分度值 e 表示			
	Ⅰ	Ⅱ	Ⅲ	Ⅳ
$\pm 0.5e$	$0 \leqslant m \leqslant 50\,000$	$0 \leqslant m \leqslant 5\,000$	$0 \leqslant m \leqslant 500$	$0 \leqslant m \leqslant 50$
$\pm 1.0e$	$50\,000 < m \leqslant 200\,000$	$5\,000 < m \leqslant 20\,000$	$500 < m \leqslant 2\,000$	$50 < m \leqslant 200$
$\pm 1.5e$	$200\,000 < m$	$20\,000 < m \leqslant 100\,000$	$2\,000 < m \leqslant 10\,000$	$200 < m \leqslant 1\,000$

注：当 $d > 0.2e$ 时，应按照公式 $P = I + \frac{1}{2}e - \Delta L$，消除任何包含在数字示值的化整误差。其中，$P$ 为天平给出的化整前示值；I 为某一确定载荷加载后的示值；ΔL 为附加载荷。

5. 针对满足国家标准：GB/T 7676.2—2017 的电流表、电压表

1）符合国家标准 GB/T 7676.2—2017 的电流表、电压表的准确度等级为：0.05，0.1，0.2，0.3，0.5，1，1.5，2，2.5，3，5。

2）符合国家标准 GB/T 7676.2—2017 的电流表、电压表的基本误差限的计算公式为

$$\Delta = \pm a\% \times X_{\mathrm{m}}$$

其中 a 为准确度等级，X_{m} 为电流表或者电压表的测量基准值，一般为测量范围的上限、量程或者明确规定的数值。

6. 针对满足国家标准：JB/T 8225—1999 的直流电阻箱

1）符合国家标准 JB/T 8225—1999 的直流电阻箱的准确度等级为：0.0005，0.001，0.002，0.005，0.01，0.02，0.05，0.1，0.2。仅供多十进电阻器的十进用等级指数为：0.5，1，2，5。

2）符合国家标准 GB 3949—83 规定的电阻箱其基本误差限的计算公式为

$$\Delta = \pm \sum C_i\% \times R_i$$

其中 C_i 为第 i 档的准确度等级指数，R_i 为第 i 档的示值。

实验 1　拉伸法测量金属丝弹性模量

实验背景

弹性模量，也称杨氏模量，是表征材料在弹性限度范围内抗拉或抗压的物理量，其为材料分子之间相互作用变化的宏观表现。弹性模量于 1807 年，由英国物理兼医学家托马斯·杨（Thomas Young，1773—1829）所得到的结果而命名。

材料的弹性模量值与物体的几何尺寸以及外力大小无关，仅取决于材料本身的物理性质，比如材料的结构、化学成分及其加工制造的方法等。弹性模量值越大，则表明材料在受到外力时，越不容易发生形变。弹性模量参数是机械设计中选定零件材料的重要依据之一，也是材料性能研究中必须考虑的重要力学参数之一。

目前实验室测量弹性模量的方法主要有拉伸法、梁弯曲法、动态悬挂法、内耗法等，近几年还出现了利用布拉格光纤、光纤位移传感器、莫尔条纹、波动传递技术等新的实验技术和方法。本实验采用静态拉伸法测定金属丝的弹性模量值。

实验目的

1. 学会用拉伸法测量金属丝的弹性模量值。
2. 掌握利用光杠杆测量微小长度的原理及方法。
3. 练习用逐差法、作图法、最小二乘法等方法处理实验数据。
4. 学会不确定度的计算和正确表述测量结果。

实验仪器

弹性模量测量仪、光杠杆、镜尺组、钢卷尺、螺旋测微器、钢直尺、砝码。

实验原理

如图 1-1 所示，假设一粗细均匀的金属丝长度为 L，横截面积为 S。将其上端固定，下端悬挂砝码，于是金属丝受砝码重力 F 的作用而发生形变，伸长量为 ΔL。比值 F/S 是金属丝单位截面面积上所受的作用力，称作应力；比值 $\Delta L/L$ 是金属丝单位长度的相对形变，称作应变。根据胡克定律，在弹性限度范围内，物体所受的应力与应变成正比，即

$$\frac{F}{S} = E \frac{\Delta L}{L} \tag{1-1}$$

其比例系数

$$E = \frac{F/S}{\Delta L/L} \tag{1-2}$$

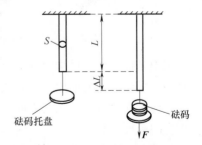

图 1-1　弹性模量测量示意图

称为金属丝的弹性模量。当式（1-1）或式（1-2）中各量的单位均采用 SI 单位时，E 的单位为帕斯卡（即 Pa，1 Pa = 1 N/m²）。

设金属丝的直径为 d，则其横截面积为

$$S = \frac{\pi d^2}{4} \tag{1-3}$$

将式（1-3）代入式（1-2）可得出

$$E = \frac{4FL}{\pi d^2 \Delta L} \tag{1-4}$$

式中，F、L、d 均可用一般方法测得；但金属丝受力后的伸长量 ΔL 是一个微小量，很难用一般方法测得。因此实验关键的问题是如何精确测量 ΔL 值。本实验采用光杠杆法测量这一微小伸长量 ΔL。

本实验用到的弹性模量测量仪如图 1-2 所示。测量仪三角底座上装有两个立柱和三个调整螺钉（调节调整螺钉可使金属丝铅直），立柱的上端装有横梁，横梁中间小孔中有个上夹头 A，用来夹紧金属丝 L 的上端。立柱的中部有一个可以沿立柱上下移动的平台 C，用来承托光杠杆 M。平台上有一个圆孔和一条横槽，圆孔中有一个可以上下滑动的小圆柱形的下夹头 B，用来夹紧金属丝的下端，小夹头下面挂一砝码托盘，用于承托使金属丝拉长的砝码。

弹性模量测量仪中的镜尺组包括一个支架上安装的望远镜 R 和标尺 S。望远镜水平安装，标尺贴近望远镜，竖直安装，与被测长度变化方向相平行。

如图 1-2 和图 1-3 所示，光杠杆是将一小圆形平面反射镜 M 固定在下面有三个足尖 f_1、f_2 和 f_3 的"T"形三角支架上，f_1、f_2、f_3 三点构成一个等腰三角形。后足尖 f_1 到前足尖 f_2、f_3 连线的垂直距离 b 称为光杠杆的杆长。

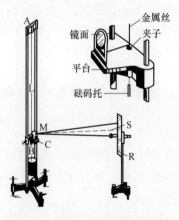

图 1-2　弹性模量测量仪示意图

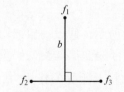

图 1-3　光杠杆示意图

利用光杠杆和镜尺法测量微小长度变化的原理为：将光杠杆两前足尖 f_2、f_3 放在弹性模量测量仪平台上的横槽内，后足尖 f_1 放在小圆柱体下夹头的上面，使镜面 M 垂直于平台。当望远镜对准镜面时，能从望远镜中看到标尺在镜中的反射像，并可读出与望远镜叉丝横线相重合的标尺读数。

如图 1-4 所示，设未增加砝码时，平面镜 M 的法线与望远镜轴线一致，从望远镜中读得的标尺读数为 N_0。当增加砝码时，由于金属丝伸长 ΔL，因此光杠杆后足尖 f_1 随之下降

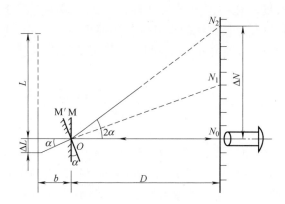

图 1-4　光杠杆法测量微小伸长量原理图

ΔL，平面镜 M 转过 α 角至 M′位置，平面镜法线也转过 α 角，从 N_0 发出的光线被反射到标尺上某一位置（设为 N_2）。根据光的反射定律，反射角等于入射角，即

$$\angle N_0ON_1 = \angle N_1ON_2 = \alpha \tag{1-5}$$

式中，ON_1 表示平面镜转过 α 角后的法线位置。因此，可以得到

$$\angle N_0ON_2 = 2\alpha \tag{1-6}$$

由光的可逆性原理，从 N_2 发出的光经平面镜 M′反射后进入望远镜而被观察到。从图 1-4 中的几何关系可得出

$$\tan\alpha = \frac{\Delta L}{b} \tag{1-7}$$

$$\tan2\alpha = \frac{\Delta N}{D} \tag{1-8}$$

式中，D 为标尺到平面镜的距离（$D = ON_0$）；ΔN 为标尺两次读数的变化量，此处 $\Delta N = |N_2 - N_0|$。

由于 ΔL 很小，且 $\Delta L \ll b$，因此 α 很小，在这种情况下，可以取如下近似：

$$\tan\alpha \approx \alpha \approx \frac{\Delta L}{b} \tag{1-9}$$

由于 $\Delta N \ll D$，因此 2α 亦很小，所以还可以取如下近似：

$$\tan2\alpha \approx 2\alpha \approx \frac{\Delta N}{D} \tag{1-10}$$

由式（1-9）和式（1-10）消去 α，进而可以得出

$$\Delta L = \frac{b\Delta N}{2D} \tag{1-11}$$

式（1-11）即为光杠杆测量微小伸长量的原理公式。其也可表示为

$$\Delta N = \frac{2D}{b}\Delta L = K\Delta L \tag{1-12}$$

式中，$K = 2D/b$ 表示光杠杆的放大倍数。

本实验中，b 的大小范围为 $4 \sim 8$ cm，D 的大小范围为 $1 \sim 2$ m。因此光杠杆的放大倍数可达 $25 \sim 100$ 倍。由于 $D \gg b$，根据式（1-11）或式（1-12）可知，$\Delta N \gg \Delta L$。ΔL 原本是

很难精确测量的微小长度变化，但经过光杠杆镜尺组转换为标尺上较大范围的读数变化量 ΔN 后，就变得容易测量。其作用与杠杆的作用原理一样，是一种光学放大的方法，故这种装置称为"光杠杆"。这种方法不但可以提高测量的准确度，而且可以实现非接触测量。

通过将式（1-11）代入式（1-4）中，最终可以得到弹性模量 E 的测量公式为

$$E = \frac{8FLD}{\pi d^2 b \Delta N} \tag{1-13}$$

式中，L 表示待测金属丝的原始长度，实验中其范围为 $0.4 \sim 0.8$ m；D 表示标尺到平面镜的距离，实验中其范围为 $0.9 \sim 1.5$ m；d 表示金属丝的直径，实验中其范围为 $0.5 \sim 1.0$ mm；b 表示光杠杆后足尖到两前足尖连线的垂直距离，实验中其范围为 $4 \sim 8$ cm；F 表示待测金属丝沿长度方向所受的外力，实验中利用砝码的重力来模拟（一个砝码的质量为 1 kg）；ΔN 表示钢丝受力前后，利用望远镜从标尺读出的变化量。

实验内容（扫右侧二维码观看）

1. 调节仪器

调整要求：望远镜全视场内清晰无视差，且叉丝位于标尺零刻度附近（± 1 cm 内）；光杠杆足尖距选择适当、放置合理。

（1）调节支架底座的三个螺钉，使支架垂直（钢丝铅直），并使夹持钢丝下端的夹头（小金属圆柱体）能在平台小孔中无摩擦地自由活动。

（2）等高调节：望远镜中心、镜尺组标尺零刻度、光杠杆平面镜中心等高。

（3）将光杠杆放在平台上，两前足尖放在平台的横槽中，后足尖放在下夹头的上表面（不得与钢丝相碰，不得放在夹子和平台之间的夹缝中，以使后足尖能随下夹头一起升降，准确地反映出钢丝的伸缩），然后目测使平面镜镜面垂直平台。

（4）粗调：移动望远镜，使其对准平面镜，并使望远镜上方两端的缺口准星与平面镜三点成一线。"外视"观察寻找标尺像。即沿望远镜上方用眼睛对着平面镜直接看去，找到标尺像。如果看不到标尺像，适当调节望远镜的位置与倾斜度。

（5）细调："内视"调节望远镜。先转动目镜，使叉丝清晰；后调节物镜（转动右边手轮），即望远镜调焦，使标尺像清晰且无视差。（注意：未加砝码时，要使叉丝水平线处于标尺"0"点附近 ± 1 cm 之内）

2. 数据测量（见视频，数据记录到书后附录原始数据记录表中）

（1）测量 D、L、b、d。测量 D 时，将钢卷尺的起始端放在平台上的横槽里，另一端水平拉长对齐标尺。测量 L 时，钢卷尺的始端放在钢丝下夹头的上表面，另一端对齐上夹头的下表面。测量 b 时，将白纸平整地放在桌面，光杠杆平放在纸上，轻轻压出三个足尖的痕迹，量出后足尖至两前足尖的垂直距离即为 b。测量 d 时，用螺旋测微器在钢丝的不同部位共测量 6 次，注意记下螺旋测微器的零差。

（2）测量标尺读数 N，从"0"kg 砝码开始读标尺读数 N_0，以后在砝码托上每加一个砝码（1 kg），读一次 N_i 值（注意测量有效数字），直到 9 个砝码全部加完。然后再将砝码从砝码托上逐一取下，分别记录相应的减砝码读数 N_i'。

3. 数据处理

根据原始数据记录表中的测量结果，结合式（1-13），可以计算得到钢丝的弹性模量值。弹性模量的相对不确定可由下式计算得出：

$$E_E = \frac{u_E}{E} = \sqrt{\left(\frac{u_b}{b}\right)^2 + \left(\frac{u_F}{F}\right)^2 + \left(\frac{u_L}{L}\right)^2 + \left(\frac{u_D}{D}\right)^2 + \left(\frac{2u_d}{d}\right)^2 + \left(\frac{u_{\Delta\overline{N}}}{\Delta\overline{N}}\right)^2}$$

$$= \sqrt{E_b^2 + E_F^2 + E_D^2 + E_L^2 + 4E_d^2 + E_{\Delta\overline{N}}^2} \tag{1-14}$$

其中，可以认为 $E_F = 0$。如果实际计算过程中发现：$(E_b,\ E_L,\ E_D) < \frac{1}{3}E_d$，则可利用微小误差准则，即 $(E_b,\ E_L,\ E_D)$ 三个分量可忽略不计。

在式（1-14）中，b、L 以及 D 均做单次测量，因此其 A 类不确定度不予考虑，B 类不确定度可分别写为：$u_{Bb} = \frac{0.5\ \text{mm}}{\sqrt{3}}$、$u_{BL} = \frac{2.0\ \text{mm}}{\sqrt{3}}$ 和 $u_{BD} = \frac{5.0\ \text{mm}}{\sqrt{3}}$。$\Delta N$ 和钢丝直径 d 为多次测量量，因此要分别考虑 A 类分量和 B 类分量。其中，$u_{\Delta\overline{N}} = \sqrt{u_{A\Delta\overline{N}}^2 + u_{B\Delta\overline{N}}^2}$，A 类分量和 B 类分量可分别写为：$u_{A\Delta\overline{N}} = \sqrt{\dfrac{\sum\limits_{i=1}^{4}(\Delta N_i - \overline{\Delta N_i})^2}{4(4-1)}}$ 和 $u_{B\Delta N} = \dfrac{0.1\ \text{mm}}{\sqrt{3}}$。钢丝直径的不确定度可写为：$u_d = \sqrt{u_{Ad}^2 + u_{Bd}^2}$，其中 A 类分量和 B 类分量可分别写为：$u_{Ad} = \sqrt{\dfrac{\sum\limits_{i=1}^{6}(\overline{d} - d_i)^2}{6(6-1)}}$ 和 $u_{Bd} = \dfrac{0.004\ \text{mm}}{\sqrt{3}}$。

通过以上得到的计算结果，结合式（1-14），可以计算得出钢丝弹性模量的不确定度。

最终，钢丝的杨氏模量测量结果应写为如下的格式：$E = \overline{E} \pm u_E$。

实验注意

1. 为了快速地在望远镜中找到标尺的像，一定注意先粗调，即使用"外视"法，然后再细调，即使用"内视"法。

2. 为了避免钢丝在不受力时有一定的自然弯曲，可在砝码盘中加入一个砝码，作为仪器的初始状态。

3. 记录数据时，请务必注意测量值的有效数字问题。

4. 正确表述钢丝弹性模量的测量结果时，请复习绪论课中学习到的不确定度的计算方法以及测量结果的正确表示方法。

思考题

1. 逐差法和作图法相比，哪种数据处理方法更为科学？试给出结论及理由。

2. 本实验中为什么要采用加载减载砝码时，标尺读数的平均值作为有效值？

3. 本实验哪些物理量的测量误差对最终测量结果的精确度影响较大？为什么？

4. 钢丝直径的测量在加载砝码前测还是加载砝码后测量比较好？可从实验参考资料［10］中找到答案。

5. 试提出一种新的测量弹性模量实验中微小伸长量的方法。可阅读实验参考资料［2］、［3］、［7］、［8］。

实验参考资料

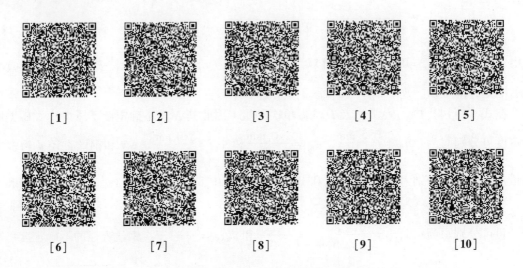

［1］　　　　［2］　　　　［3］　　　　［4］　　　　［5］

［6］　　　　［7］　　　　［8］　　　　［9］　　　　［10］

［1］刘小利，袁小燕，牛晓东. 拉伸法测 Vicryl 缝合线的力学性能［J］. 大学物理，2019（01）：39-42.

［2］刘志亮. 用双臂电桥测金属丝杨氏模量的优化实验［J］. 物理通报，2018（07）：83-85.

［3］王建伟，易俊全，罗浩，等. 基于杨氏模量仪的微小伸长量测量方法改进与实践［J］. 大学物理实验，2018，31（03）：55-58.

［4］吴小娟. 最小二乘法在杨氏模量实验中的应用［J］. 大学物理实验，2017，30（06）：119-121.

［5］张祖豪，徐勋义，刘子健，等. 高精度全自动杨氏模量测量仪设计［J］. 实验技术与管理，2016，33（12）：111-113.

［6］孙丽丽，房鑫盛，张家祯，等. 莫尔条纹测量杨氏模量实验研究［J］. 实验技术与管理，2016，33（10）：68-70 +75.

［7］徐勋义，张祖豪，刘子健，等. 基于迈克耳孙干涉的金属丝杨氏模量测量［J］. 物理实验，2016，36（09）：19-22.

［8］全文文，康娟，阳丽，等. 基于光纤布拉格光栅的金属梁杨氏模量的测量［J］. 激光与光电子学进展，2016，53（04）：58-63.

［9］车东伟，姜山，张汉武，等. 静态拉伸法测金属丝杨氏模量实验探究［J］. 大学物理实验，2013，26（02）：33-35.

［10］牛晓东，袁小燕，郭嘉泰. 拉伸法测钢丝杨氏模量中钢丝直径减小对测量结果的影响［J］. 实验室科学，2012，15（02）：81-84 +89.

【附】

常用材料的弹性模量值

	钨	钢	铜	黄铜	铝	玻璃	石英
弹性模量值 /(10^{10} N/m^2)	35	20	11	9.1	7.0	6.5~7.8	5.6

实验 2   示波器的调整和使用

实验背景

电子示波器（也称阴极射线示波器，或称示波器）是一种常用的电学仪器，能够简捷地显示各种电信号的波形。由于电子惯性小、荷质比大，因此示波器具有较宽的频率响应，可用以观察变化极快的电压瞬变过程，用它还可以直接测定电信号的电压、相位、周期和频率等参数。凡一切可以转化为电压的电学量（如电流、电功率、阻抗等）和某些非电学量（如温度、压力、形变、光、声、磁场等）以及它们随时间变化的过程，都可以用示波器进行观察。此外，用示波器还可以显示两个电压之间的函数关系，如李萨如图、二极管伏安特性曲线等。因此，示波器是用途极为广泛的通用电子测量仪器之一，在无线电制造工业和电子测量技术等领域是不可缺少的测试设备。

实验目的

1. 了解示波器的工作原理。
2. 掌握示波器的基本调整方法和工作模式。
3. 掌握用示波器观测信号的方法。
4. 掌握示波器和函数信号发生器面板各功能区域和功能按钮。

实验仪器

双踪示波器、函数信号发生器及同轴电缆。

实验原理

示波器的结构一般可由示波管、放大/衰减器、扫描信号发生器、触发同步系统和电源供给系统组成。（双踪）示波器的结构框图如图 2-1 所示。

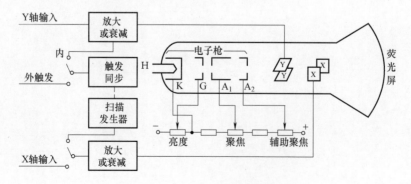

图 2-1   示波器结构框图

1. 示波管的构造和工作原理

示波管主要由电子枪、偏转系统和荧光屏三个部分组成，它们被全密封在抽成真空的玻璃外壳内，如图 2-1 所示。

示波管的阴极被灯丝加热后发射出大量电子，这些电子穿过控制栅极（控制电子逸出量）后，受第一、第二阳极的聚焦和加速作用，形成一束电子束，电子束通过两对相互垂直的偏转板打在示波管的荧光屏上，形成亮点。亮点的亮度与通过控制栅极中心小孔的电子密度成正比，改变控制栅极的电压，就可以改变光点亮度，此即为辉度（亮度）调节。改变聚焦阳极和加速阳极的电压可以影响电子束的聚焦程度，使光点的直径最小，图像清晰，这就是聚焦调节。

示波管中的偏转系统由两对相互垂直的偏转板构成，一般称之为 X（或水平）偏转板和 Y（或垂直）偏转板。在 Y 偏转板上加上电压，则两平行极板之间就会形成均匀电场，当电子束经过这两极板之间时，由于受电场力的作用，其运动方向将随之发生改变，如图 2-2所示，打在荧光屏上光点的竖直位置就是发生在 Y 方向的位移。X 偏转板的作用原理与 Y 偏转板相同。X 偏转板控制电子束在水平方向的运动轨迹，而 Y 偏转板控制电子束在垂直方向的运动轨迹，故依靠这两对偏转板就可以改变电子束的运动轨迹，使电子束到达荧光屏的任意位置。

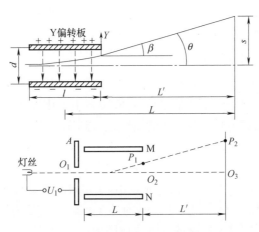

图 2-2　电子受电场力发生位置偏转

荧光屏上涂有荧光粉，在电子束的轰击下可发出可见光，此发光过程的持续时间称为余辉时间，由于眼睛的视觉暂留与荧光粉的余辉效应，光点的运动可形成稳定的亮线。

2. 放大/衰减器

由于示波管偏转板的灵敏度不高，当加在偏转板上的电压信号过小时，电子束不能发生足够的偏转，以致屏上光点位移太小，不便观察，这就需要预先把小信号电压加以放大后再加在偏转板上。同理，当加在偏转板上的电压信号过大时，需要衰减器将信号减小后再加载。

3. 扫描信号发生器

当将交变信号接到垂直 Y 偏转板上时，电子只产生竖直方向的运动，故应看到光点沿垂直方向振动。由于荧光屏上的光点有一定的余辉，这时只能看到一条垂直直线，而不可能看到信号随时间变化的波形。要想看到波形，必须将光点的振动沿水平方向展开，这就需要在水平 X 偏转板上加上一个随时间线性变化的电压，而且当光点移动到屏幕一侧时，需使电压突然变为零，以使光点回到屏幕另一侧，然后重新开始移动，模拟均匀流逝的时间 t。满足这一需求的电压信号实际上就是锯齿波电压。扫描信号发生器的作用是产生扫描锯齿波，加于 X 偏转板上，使荧光屏上显示波形，如图 2-3 所示。具体作用详见"示波器显示波形的原理"。

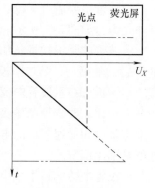

图 2-3　锯齿扫描信号及对应的光点

4. 触发同步系统

锯齿波信号与被测信号来自两个不同的信号源，周期之间的整数倍关系难以长时间维持不变。当周期之间的整数倍关系相差很小时，荧光屏上的波形在水平方向发生左右移动；当整数倍关系相差较大时，显示出杂乱无章的波形。为了使两个信号的频率成整数倍，用 Y 轴输入信号频率去控制扫描信号发生器的频率，电路的这个控制作用称为"整步"或"同步"。用 Y 轴输入信号频率控制扫描锯齿波信号频率实现的同步称为"内同步"；用外加信号频率控制扫描锯齿波信号频率而实现的同步则称为"外同步"。同步功能的实现是由示波器上的"TRIGGER"功能区来完成的。

5. 示波器显示波形的原理

X 偏转板的作用是使光点水平运行，而 Y 偏转板的作用是使光点垂直运动。如果在 X 偏转板上不加电压，而只加一个正弦信号到 Y 偏转板上，则在荧光屏上只能看到一条竖直的亮线，仅当信号频率足够小时，我们才能清晰地看到光点的运动过程——正弦振动。

为了能看见正弦波波形图，还必须让光点在水平方向做匀速运动，能满足这一要求的信号只有锯齿形信号。比如，在 Y 偏转板上加上正弦波电压 $U_Y = U_0 \sin\omega t$，在 X 偏转板加上周期相同的锯齿波电压 $U_X = Kt$，K 为常数。光点沿 Y 方向的移动代表变化着的信号电压 U_Y，而光点沿 X 轴的移动代表时间 t。图 2-4 显示的是 Y 偏转板正弦信号与 X 偏转板锯齿信号的频率比为 1:1 时，示波器屏幕上看到的二者合成图形。

当两偏转板上的电压都为零时，光点打到荧光屏的中央位置。而当两偏转板上的电压都不为零时，光点在水平方向、竖直方向对屏的中央分别有偏移量（坐标）X、Y。由于偏移量与偏转板电压成正比（参看电子束聚焦和偏转的研究实验），即有

$$X = K_1 U_X \tag{2-1}$$
$$Y = K_2 U_Y \tag{2-2}$$

上两式中，K_1、K_2 为比例系数；U_X、U_Y 分别是水平偏转板、竖直偏转板上所加的信号电压。这里为便于大家理解示波器显示波形原理，不妨设 K_1、K_2 都为 1 的最简单的情况，则式（2-1）、式（2-2）化简为

$$X = U_X \tag{2-3}$$
$$Y = U_Y \tag{2-4}$$

即此时光点在水平方向、竖直方向的偏移量 X、Y 分别是相应偏转板的电压 U_X、U_Y。这样

在图 2-4 中将加在水平偏转板上的扫描信号旋转 90°，即可容易地画出（通过简单平移）各个时刻光点在屏上的位置坐标。

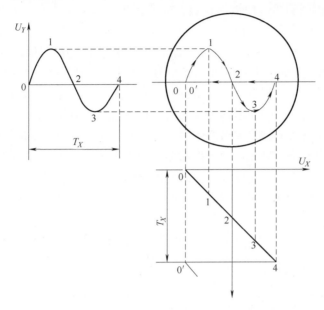

图 2-4　示波器显示波形合成原理图

如果某一瞬间 U_Y 为 1 点，而在同一时刻 U_X 也在 1 点，则屏上相应的光点位置记为 1；下一瞬间，U_Y 为 2 点时，U_X 在 2 点，屏上相应的光点位置记为 2，以此类推。当 U_Y 变化一个完整的周期时，荧光屏上的光点将正好描绘出与 U_Y 随时间的变化规律完全相同的波形。我们把在水平偏转板上加上这种电压所起的作用称作"扫描"。

上面是 U_X 与 U_Y 周期相同的情况，荧光屏上出现的是一个完整的正弦波形。若周期不相同，为 $T_X = nT_Y$ 的情况，即 $f_X = f_Y/n$，$n = 1，2，3，\cdots$，荧光屏上将出现一个、两个、三个……完整的正弦波形。只有当 f_Y 是 f_X 的整数倍时，波形才能稳定。

总之，通过在水平偏转板上加一与时间呈线性关系的锯齿波信号，就将竖直偏转板上的待测信号（这里是正弦信号）随时间的函数关系在示波器的屏幕上展现开来。波形曲线在各个时刻的偏移量分别为 X、Y，单位为"大格"（DIV），结合示波器面板上的垂直衰减"VOLTS/DIV"旋钮和扫描时间"TIME/DIV"旋钮，即可容易地算出待测信号的电压、周期、频率等参数。

6. 同步原理

同步的目的是稳定波形，这就必然要求被测信号频率 f_Y 是锯齿波扫描信号频率 f_X 的整数倍，即 $f_Y = nf_X$（$n = 1，2，3，\cdots$）。此关系式称为同步（整步）条件。波形稳定的实质是保证每次扫描的起始点都对应待测信号电压的同一相位点。这样，在扫描信号的每一个周期内，在荧光屏上呈现的波形都相同，加之光点余辉和视觉暂留效应，这样就可以在屏上看到一个稳定不动的波形。

如何才能始终保持二者的频率成整数倍，从而使波形稳定呢？常用"强制同步"或"触发扫描"的方法。以往的示波器常用"强制同步"，而现在的示波器大多采用"触发扫描"。

"强制同步"的方法是将 Y 轴输入的信号接到锯齿波发生器中，通过一固定偏置电压受待测信号调制，改变电容器的充放电时间，进而改变扫描信号的频率，强迫 f_X 跟着 f_Y 变化，以保证 $f_Y = nf_X$ 条件得到满足，使波形稳定；或者用机外接入某一频率稳定的信号，作为同步用的信号源，使波形稳定。面板上的"同步增幅""同步水平"等旋钮即为此而设。

"触发扫描"不仅可以用于观察像正弦波、三角波、方波等周期性连续信号，而且特别适合用于观察窄脉冲这样前后沿时间很短的信号。其基本原理是使扫描电路仅在被测信号触发下才开始扫描，过一段时间自动恢复始态，完成一次扫描。这样每次扫描的起点始终由触发信号控制，每次屏上显示的波形都重合，图像必然稳定。实际上，示波器中并非直接用被测信号触发扫描，而是从 Y 轴放大器的被测信号取出一部分，使其变成与波形触发点相关的尖脉冲，去触发闸门电路，进而启动扫描电路，输出锯齿波。由于脉冲"很窄"，所以它准确地反映了触发点的位置，从而保证了扫描与被测信号总是"同步"，屏上即会显示稳定图像。GOS620 示波器面板上的 TRIGGER MODE（触发模式）选择开关置于"NORM"时，为触发扫描；置于"AUTO"时，为连续扫描。连续扫描的特点是没有被测信号时，扫描发生器自动扫描，屏上显示出一条时间基线；而当被测信号过来时，则会自动转入触发扫描模式。

7. 李萨如图形

李萨如图形是两个互相垂直的正弦（简谐）振动叠加所得到的图形。如果在示波管的 X、Y 偏转板都加上随时间变化的正弦信号，当这两个正弦信号频率成简单整数比时，荧光屏上亮点的轨迹就为一稳定的闭合曲线——李萨如曲线，如图 2-5 所示。

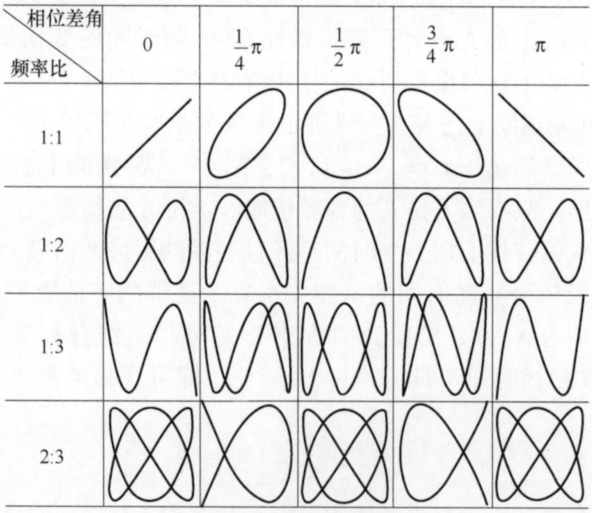

频率比 \ 相位差角	0	$\frac{1}{4}\pi$	$\frac{1}{2}\pi$	$\frac{3}{4}\pi$	π
1:1					
1:2					
1:3					
2:3					

图 2-5　李萨如图形

李萨如图形提供了一种比较两个频率的简便方法。令 f_Y 和 f_X 分别代表 Y 偏转板和 X 偏转板上正弦信号的频率，当荧光屏上显示出稳定的李萨如图形时，在水平和垂直方向分别作两直线与图形相切或相交，李萨如图形与振动频率之间的关系如下：

$$\frac{f_Y}{f_X} = \frac{水平直线与图形的切（交）点数}{垂直直线与图形的切（交）点数} \tag{2-5}$$

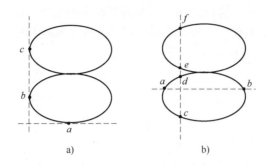

图 2-6　李萨如图形与水平直线和垂直直线相切相交图示

a）相切；b）相交

在图 2-6a 中水平直线与图形的相切点数为 1 点（a），垂直直线与图形的相切点数为 2 点（b、c），则 $f_Y/f_X = 1/2$；在图 2-6b 中水平直线与图形的相交点数为 2 点（a、b），垂直直线与图形的相交点数为 4 点（c、d、e、f），则 $f_Y/f_X = 2/4 = 1/2$。

把一个未知信号与一个频率已知的信号相比较，就可以测出未知信号的频率。

实验内容（扫右侧二维码观看）

1. 熟悉示波器面板及函数发生器面板

（1）按示波器面板设置，熟悉各区［垂直 Y 向调整功能区域，水平 X 向（扫描）调整功能区域，触发同步功能区域］按钮功能，检查设置好各开关或旋钮的状态。将函数发生器的两个输出分别接到 CH1 和 CH2 接口。

（2）按下电源开关，调节辉度旋钮、聚焦旋钮、水平位移旋钮和垂直位移旋钮位置居中，扫描触发方式选择"自动"，触发源选择"内"或与"Y 方式"选择一致，垂直衰减 VOLTS/DIV 旋钮选择 0.5 V 档，扫描信号 TIME/DIV 旋钮选择 0.2 ms 档，约 15 s 后屏幕上就会出现光点轨迹，这是"Y 方式"所选择的通道的信号轨迹。通过查看"Y 方式"确认此轨迹是来源于 CH1？CH2？CH1 + CH2？还是双踪？

（3）如果按下对应通道的"接地"按钮开关，使信号电压为零，那么屏幕上的图形为一水平线。逆时针旋转 TIME/DIV，即降低扫描信号频率，光点的运动速度会逐步变慢，由此可了解扫描信号的工作方式。

（4）将 CH1 和 CH2 两个通道的"AC-GND-DC"按钮开关都处于 AC 位置。Y 方式选在 CH1 档位，触发源选在 CH1 处，观察 CH1 的波形；适当调整 CH1 通道的垂直位移旋钮和 VOLT/DIV 档位开关，使图形在 Y 向上获得较好显示（图形在 Y 竖直方向不超出荧光屏，占据过半高度，位置居中）；调整水平位移旋钮和 TIME/DIV 档位开关，使图形在 X 向上获得较好显示（图形在 X 水平方向不超出荧光屏，一个周期占据过半长度，位置居中）。观察荧光屏上的光点轨迹变化情况，深入理解波形变化的原理；用同样方式观察 CH2 的波形；观察 CH1 和 CH2 的同时显示（双踪显示）：Y 方式选在"双踪 DUAL"档位，触发源选在 CH1 处或 CH2 处或按下交替触发按钮（观察现象，为什么）。分别调整 CH1 和 CH2 的波形，方法同上；观察 CH1 和 CH2 的相加波形：Y 方式选在"相加"档位，这时屏幕上出现的波形为 CH1 与 CH2 信号的叠加波形。注意：这个叠加为同向叠加，而不是正交叠加（李萨如图）。分别改变 CH1 与 CH2 的频率，观察叠加图形的变化情况。

（5）改变函数发生器的输出波形，在示波器荧光屏上观察相应改变信号。

2. 测量待测信号（见视频）

将 CH1 和 CH2 两个通道的 "AC-GND-DC" 按钮开关都处于 AC 位置。测量信号的电压、周期（频率）。用示波器测量信号的电压过程可分为两步：

（1）定标。定出屏幕 Y 向上一格表示多大的电压值，也即定出 VOLTS/DIV 的值。过程是：先输入一已知电压值 U 的信号，然后调节 VOLTS/DIV 旋钮，定出该信号在屏幕 Y 向上占的格数 a，U/a 则表示每格所代表的电压值。注意：该值一旦确定下来，那么在以后的测量过程中绝不允许再调节 VOLTS/DIV 旋钮。但多数型号的示波器出厂时已完成定标工作，此种方法可校验 VOLTS/DIV 旋钮是否错位。

（2）测量。进入待测信号通道，读出该信号的电压峰峰值 U_{pp}（最高峰与最低峰之间的值）在屏幕 Y 向上的格数 b，则其电压值就为 $b (U/a)$。

用示波器测量信号的周期与测量信号的电压过程一样，不同的是测信号电压时读垂直方向的格数，而测信号周期时读水平方向的格数。

（3）按书后附录原始数据记录表 2-1 中的参数调整函数发生器信号的输出，从示波器中观察不同的信号（至少三种），读出其电压峰峰值和周期，计算出其对应频率，将相关数据填入书后附录原始数据记录表 2-1 中。

3. 观察李萨如图，测量待测信号的频率

将已知频率的正弦信号接入 CH1，待测信号接入 CH₂（即将函数信号发生器的 "100Hz 正弦" 接 CH1，"信号输出" 接 CH2）；示波器调整到李萨如图工作状态（将 TIME/DIV 旋至 "X-Y"、MODE 选在 CH2、SOURCE 选在 CH1）。按书后附录原始数据记录表 2-2 中要求仔细调整未知信号的频率，使屏幕上出现稳定的李萨如图，分别测出水平方向和垂直方向的切点数或交点数，根据式（2-5）计算出待测信号的频率。将对应的李萨如图形、CH1 和 CH2 信号的频率记录在书后附录原始数据记录表 2-2 中。

实验注意

1. 双踪示波器是一种较为复杂的电子仪器，其面板上的旋钮和开关较多，因此在做每一步的操作前要尽量做到清楚自己想做什么及要操作的旋钮或开关有什么作用，避免盲目操作。

2. 禁止用力转动旋钮，以免损坏仪器。

思考题

1. 如果 VOLTS/DIV 旋钮与读数错位，如何正确检验？如果 TIME/DIV 旋钮与读数错位，如何正确检验？

2. Y 方式选择开关的作用是什么？当选在双档位时，能否调出 CH1 和 CH2 的波形出现屏幕上？如何判断哪个图形是来自 CH2 通道的信号？

3. 实验中的示波器要调整到李萨如图工作状态，即要求同时满足：MODE 选在 CH2 档位，触发源 SOURCE 选在 CH1 处，并将 TIME/DIV 旋至 "X-Y" 位置，这样的做法是否对？

4. 实验中示波器的触发源选在 CH1 处或 CH2 处或按下交替触发按钮（观察现象，为什么），其作用是什么？

5. 实验中示波器的触发源选在 CH1 处，观察 CH2 通道的信号，屏幕上的图形会稳定吗？为什么？

6. 实验中若示波器 Y 方式选在双踪 DUAL 档位，并将 TIME/DIV 旋至"X-Y"位置时，荧光屏上会出现一李萨如图形和一直线，请分析直线出现的原因。

7. 如果打开 VOLTS/DIV 旋钮下或 TIME/DIV 旋钮下的微调开关或按钮，此时通过屏幕来测量电压或频率会准吗？

实验参考资料

[1]　　　　　　[2]　　　　　　[3]

[4]　　　　　　[5]　　　　　　[6]

[1] 李强，张晓英，薛勇. 示波器检定装置的不确定度评定 [J]. 中国计量，2019 (08)：110-111.

[2] 许积文，袁昌来，熊健，等. 大学物理实验综合改革示范：数字示波器的原理与使用 [J]. 教育教学论坛，2018 (28)：275-277.

[3] 黄江伟. 示波器探头的分类及使用注意事项 [J]. 计量与测试技术，2015，42 (02)：25-26.

[4] 林荣义. 提高示波器课堂教学使用效果方法研究 [J]. 电子世界，2014 (08)：313-314.

[5] 王广德，王立忠，黄涛，等. 快速学会调整和使用示波器 [J]. 甘肃联合大学学报（自然科学版），2010，24 (S2)：29-31.

[6] 谢利英. 示波器的优化使用 [J]. 数字技术与应用，2017 (05)：249-250.

【附】

GOS620 通用示波器

1. 概述

GOS620 是频宽从 DC 至 20 MHz（−3 dB）的可携带式双频道示波器，垂直灵敏度最高可达 1 mV/DIV，并具有长达 0.2 μs/DIV 的扫描时间，放大 10 倍时最高扫描时间为 100 ns/DIV。显示部分采用了带内刻度的 8 cm×10 cm 示波管，无须触发调整的触发电平锁定功能。无论是在显示规则信号、视频信号还是占空比大的信号，均能自动同步。TV 同步触发，具有同步分离电路，在触发 TV 场及行信号时，能够跟随"TIME/DIV"开关自动转换。需预热 15 min 以上，可连续工作 8 h。GOS620 通用示波器面板分布图如图 2-7 所示。

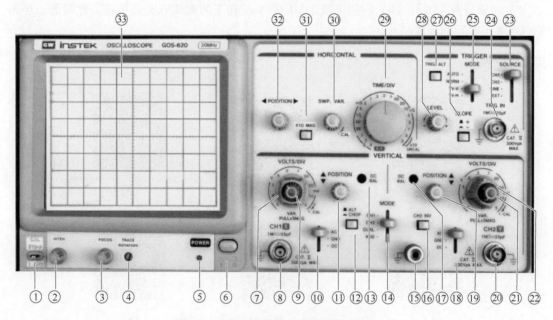

图 2-7　GOS620 通用示波器面板分布图

2. 前面板各区域说明

（1）CRT 显示屏

① CAL（2V）：此端子会输出一个 $2V_{p-p}$、1 kHz 的方波，用以校正测试棒及检查垂直偏向的灵敏度。

② INTEN：轨迹及光点亮度控制钮。

③ FOCUS：轨迹聚焦调整钮。

④ TRACE ROTATION：使水平轨迹与刻度线成水平的调整钮。

⑥ POWER：电源主开关，压下此钮可接通电源，电源指示灯⑤会发亮；再按一次，开关凸起时则切断电源。

㉝ FILTER：滤光镜片，可使波形易于观察。

（2）VERTICAL 垂直偏向

⑦㉒ VOLTS/DIV：垂直衰减选择钮，用此钮选择 CH1 和 CH2 的输入信号衰减幅度，范围为 5 mV/DIV ～ 5 V/DIV，共 10 档。

⑧ CH1（X）输入：CH1 的垂直输入端；在 X-Y 模式中，为 X 轴的信号输入端。

⑨㉑ VARIABLE：灵敏度微调控制，至少可调到显示值的 1/2.5。在 CAL 位置时，灵敏度即为档位显示值。当此旋钮拉出时（×5 MAG 状态），垂直放大器灵敏度增加为 5 倍。

⑩⑱ AC-GND-DC：输入信号耦合选择按键组。

AC：垂直输入信号电容耦合，截止直流或极低频信号输入。

GND：按下此键则隔离信号输入，并将垂直衰减器输入端接地，使之产生一个零电压参考信号。

DC：垂直输入信号直流耦合，AC 与 DC 信号一齐输入放大器。

⑪⑲ ↕ POSITION：轨迹及光点的垂直位置调整钮。

⑫ ALT/CHOP：当在双轨迹模式下，放开此键，则 CH1 和 CH2 以交替方式显示（一般使用于较快速之水平扫描文件位）；按下此键，则 CH1 和 CH2 以切割方式显示（一般使用于较慢速之水平扫描文件位）。

⑬⑰DC BAL：调整垂直直流平衡点。

⑭VERT MODE：CH1 及 CH2 选择垂直操作模式。

CH1：设定本示波器以 CH1 单一频道方式工作。

CH2：设定本示波器以 CH2 单一频道方式工作。

DUAL：设定本示波器以 CH1 及 CH2 双频道方式工作，此时并可切换⑫模式来显示两轨迹。

ADD：用以显示 CH1 和 CH2 的相加信号；当⑯为压下状态时，即可显示 CH1 和 CH2 的相减信号。

⑮ GND：本示波器接地端子。

⑯ CH2 INV：此键按下时，CH2 的信号将会被反向。CH2 输入信号于 ADD 模式时，CH2 触发截选信号（Trigger Signal Pickoff）亦会被反向。

⑳ CH2（Y）输入：CH2 的垂直输入端；在 X-Y 模式中，为 Y 轴的信号输入端。

（3）HORIZONTAL 水平偏向

㉙ TIME/DIV：扫描时间选择钮，扫描范围为 0.2 μs/DIV ～ 0.5 s/DIV，共 20 个档位。

㉚ SWP. VAR：扫描时间的可变控制旋钮，若按下 SWP. UNCAL 键㉙，并旋转此控制钮，扫描时间可延长至少为指示数值的 2.5 倍；若此键未压下，则指示数值将被校准。

㉛ ×10 MAG：水平放大键，按下此键可将扫描放大 10 倍。

㉜ ◄POSITION►：轨迹及光点的水平位置调整钮。

（4）TRIGGER 触发

㉓ SOURCE：内部触发源信号及外部触发输入信号选择器。

CH1：当 VERT MODE 选择器⑭ 在 DUAL 或 ADD 位置时，以 CH1 输入端的信号作为内部触发源。

CH2：当 VERT MODE 选择器⑭ 在 DUAL 或 ADD 位置时，以 CH2 输入端的信号作为内部触发源。

LINE：将 AC 电源线频率作为触发信号。

EXT：将 TRIG. IN 端子输入的信号作为外部触发信号源。

㉔ EXT TRIG. IN：TRIG. IN 输入端子，可输入外部触发信号。欲用此端子时，须先将 SOURCE 选择器㉓ 置于 EXT 位置。

㉕ TRIGGER MODE：触发模式选择开关。

AUTO：当没有触发信号或触发信号的频率小于 25 Hz 时，扫描会自动产生。

NORM：当没有触发信号时，扫描将处于预备状态，荧光屏上不会显示任何轨迹。本功能主要用于观察不大于 25 Hz 的信号。

TV-V：用于观测电视信号的垂直画面信号。

TV-H：用于观测电视信号的水平画面信号。

㉖ SLOPE：触发斜率选择键。

+：凸起时为正斜率触发，当信号正向通过触发准位时进行触发。

–：压下时为负斜率触发，当信号负向通过触发准位时进行触发。

㉗ TRIG. ALT：触发源交替设定键，当 VERT MODE 选择器⑭在 DUAL 或 ADD 位置，且 SOURCE 选择器㉓置于 CH1 或 CH2 位置时，按下此键，本仪器即会自动设定 CH1 与 CH2 的输入信号以交替方式轮流作为内部触发信号源。

㉘ LEVEL：触发准位调整钮，旋转此钮以同步波形，并设定该波形的起始点。将旋钮向"+"方向旋转，触发准位会向上移；将旋钮向"–"方向旋转，则触发准位向下移。

实验3　单摆的研究

实验背景

　　大多数大学物理实验项目，针对项目具体内容，教材中都给出了"实验目的""实验仪器""实验原理""实验步骤"等几部分内容。但是，对同一物理量的测量，实际上是可以用多种"实验原理"及"实验仪器"来实现的。例如，针对重力加速度 g 的测量，既可以用单摆法来测量，也可以用自由落体法来测量。用哪一种测量方法能够较为精确地测量出 g 的值，是值得同学们思考的问题之一。进一步，假设确定了使用单摆法测量 g，则需要对单摆的摆长 L 和周期 T 这两个直接测量量进行测量。目前，实验室中有多种测量长度的工具，如卷尺、钢直尺、游标卡尺、千分尺等。同时，实验室中也有多种测量时间的工具，如电子秒表、机械秒表、光开关等。因此，另一个值得同学们思考的问题是，在确定了测量方法后，选用什么样的测量工具，才能保证测量结果满足一定的设计精度值？基于以上两个问题，本实验就以设计一种测量重力加速度 g 的实验为例，让同学们了解设计性实验的一般原理及设计方法。本实验的实验内容，可进一步扩展到所有的物理实验项目中。

　　注意，本实验不是利用单摆法来测量重力加速度 g 的值。而是如何设计实验（如实验原理及实验仪器等），才能使任何人在利用单摆法测量 g 的过程中，最终的测量结果都能够满足设计的测量精度要求。通过本实验内容的学习，同学们可以对实验室所有的物理实验项目进行进一步思考及提出改进方案等。

实验目的

1. 了解设计性实验的一般过程。
2. 进一步掌握不确定度计算的相关知识。
3. 掌握单摆法测量重力加速度实验的设计过程。

设计性实验的主要步骤

　　设计性实验的设计原则为：在满足设计要求的前提下，尽可能选用简单，精度低的仪器，并能降低对测量环境的要求。同时应尽量减少实验测量次数。通常而言，设计性实验的设计过程主要有以下几步：

　　1）明确对物理量的测量精度要求。

　　2）根据待测物理量，设计出实验方法，写出针对具体实验方法的实验原理，并推导出相应的测量公式，同时还应判断是否存在着方法误差，以及判断对测量结果的影响程度。

　　3）根据实验方法及设计精度要求，分析误差来源，确定出所需的测量仪器（包括量程、精度等）以及测量环境应达到的要求（如空气流动速度、电磁场强度、振动强度、温度、湿度等）。

　　4）确定实验步骤。包括需要测量哪些物理量及测量方法，以及测量的重复次数等。

5）设计出实验数据记录表格和需要计算的物理量，以及如何计算误差等数据处理内容。

6）实验验证。用设计出的仪器和参数，利用设计出的实验步骤对相关的物理量进行实际测量，并作数据处理。对得到的结果及其误差进行分析。若不符合设计要求，则需分析原因，并对设计过程及参数做出适当调整，然后重新进行实验验证。

设计举例（扫右侧二维码观看）

本实验以设计一种测量重力加速度 g 的实验装置为例，来说明设计性实验的一般过程。考虑到设计难度、实验室资源的限制等因素，关于设计性实验中设计方法的部分，就不再进行特别考虑，即本举例规定实验方法采用单摆法。

本实验的设计要求是：获得重力加速度 g 的测量相对不确定度不大于 0.5%，即 $\dfrac{u_g}{g} \leqslant 0.5\%$。要求确定所需的测量仪器（如量程和精度）以及测量参数（如摆长和摆动次数的取值）。

实验室可供选择的仪器有：1 mm/1 m 钢直尺（表示最小分度值为 1 mm，量程为 1 m，下同）、1 mm/2 m 卷尺、0.02 mm/20 cm 游标卡尺、精度为 0.01 s 的电子秒表、单摆实验仪（含摆线、摆球等）。

设计提示

1. 单摆的振动周期 T 和摆角 θ 之间的关系，经理论推导可得

$$T = T_0\left[1 + \left(\frac{1}{2}\right)^2 \sin^2\frac{\theta}{2} + \left(\frac{1\times3}{2\times4}\right)^2 \sin^4\frac{\theta}{2} + \cdots\right] \tag{3-1}$$

其中，

$$T_0 = 2\pi\sqrt{\frac{L}{g}} \tag{3-2}$$

当 θ 很小时，可做近似 $T \approx T_0$，则有

$$g = \frac{4\pi^2 L}{T^2} \tag{3-3}$$

式中，L 表示单摆的摆长；g 为重力加速度。从以上的分析可以看出，利用单摆法测量重力加速度 g 的值，存在一定的方法误差。该方法误差可以通过减小摆角 θ 的值来尽量减小。这也是通常利用单摆法测量重力加速度 g 的实验项目中，一般要保证摆角 $\theta < 5°$ 的原因。

2. 由式（3-3）可写出 g 的相对不确定度 u_g/g 的表示式为

$$\frac{u_g}{g} = \left[\left(\frac{u_L}{L}\right)^2 + \left(\frac{2u_T}{T}\right)^2\right]^{\frac{1}{2}} \tag{3-4}$$

由误差的等量分配原则可得

$$\left(\frac{u_L}{L}\right)^2 = \frac{1}{2}\left(\frac{u_g}{g}\right)^2 \leqslant \frac{1}{2}(0.5\%)^2 \tag{3-5}$$

$$\left(\frac{2u_T}{T}\right)^2 = \frac{1}{2}\left(\frac{u_g}{g}\right)^2 \leqslant \frac{1}{2}(0.5\%)^2 \tag{3-6}$$

由于在实验之前是无法确定不确定度的 A 类分量的，因此在设计实验时，可暂不考虑 A 类分量，只考虑 B 类分量，即

$$u = u_{\mathrm{B}} = \sqrt{\sum_i \left(\frac{\Delta a_i}{\sqrt{3}}\right)^2} \tag{3-7}$$

式中，Δa_i 表示测量某一物理量时，测量可能产生的最大误差。

3. 估计摆长 L。在测量摆长时可能存在着如下误差：

（1）测量所用仪器的仪器误差 Δa_1。

（2）测量时尺子与摆线不平行所造成的误差 Δa_2。

（3）摆线自身弹性所造成的误差 Δa_3。

（4）测量摆球直径所造成的误差 Δa_4。

（5）其他可能的误差（请自行考虑）。

确定出测量摆长用的仪器，分别估算出上面各项误差的大小。估计误差大小的原则是，在正常测量条件下可能出现的最大误差。通过将估算得到的各项误差代入式（3-7）即可计算出 u_L，再代入式（3-5）可得到摆长 L 的最小取值，然后根据实际情况确定出摆长的最终取值。

在考虑摆长测量误差时应遵循两个主要的原则：1）尽可能地考虑到所有可能的误差。2）对误差大小的估计一定要合理，估值过小可能会导致最终结果不能满足设计要求，也即实测误差大于了估计误差；而估值过大的结果则是要求提供更为精密的测量仪器以及苛刻的实验条件。

4. 估计摆动次数 n。在测量摆动时间时可能存在的误差有：

（1）计时仪器的仪器误差 Δa_1。

（2）起表时人的反应误差 Δa_2。

（3）停表时人的反应误差 Δa_3。

（4）其他可能存在的计时误差（请自行考虑）。

确定计时所用的仪器，将上述考虑的误差代入式（3-6），可得摆动的总时间 t。由上面得到的 L 估算出周期的大小（估算时 g 可取为 9.8 m/s^2），再利用关系 $t = nT$ 就可以得到摆动次数 n 的下限，然后根据实际情况确定出 n 的最终取值。

注意：由于以上设计过程中均没有考虑 A 类不确定度，因此 L 和 n 的最终取值应比最小值稍大一些，但不要相差得太多。

5. 实验验证。将摆长（含摆球半径）及摆动次数定为设计值，对摆动总时间进行多次测量，计算出周期的平均值后代入式（3-4）计算出重力加速度的相对不确定度，检验其是否满足设计要求，若不满足要求则需对设计过程及参数进行调整直到满足要求为止。

验证过程必须注意以下两点：1）验证过程中不得改变 L 及 n 的取值。2）由于 L 及 T 进行的是多次测量，因此在计算 u_L 和 u_T 时必须考虑 A 类分量。

实验内容

1. 进行原理分析，写出单摆法测量公式完整的推导过程，并画出原理图。

2. 不确定度的推导与计算。

3. 分析实验过程中的主要误差来源及估算 u_L 和 u_t。

4. 估算实验参数（摆长 L 和摆动次数 n）。

5. 设计实验步骤与数据记录表格。

6. 实验与验证。

思考题

1. 一般单摆法测量重力加速度的实验中，摆球的半径通常由游标卡尺测出。实际设计这个实验的时候，游标卡尺是不是必需的？或者说，如果用普通米尺来测量会给结果带来多大的误差？如何减少它对 g 的测量精度的影响？

2. 假若有三种计时仪器：精度为 1 s 的普通手表或电子表、精度为 0.1 s 的机械秒表、精度为 0.01 s 的电子秒表，哪一种最适合作为本实验的计时工具？为什么？

3. 试从设计分析过程中，说明 L 与 n 中哪一个测量误差对 g 的测量精度影响最大。

4. 设计摆长和摆动次数的时候，是否必须考虑若干项误差？或者说只考虑一项误差，取其最大值就可以？

实验参考资料

[1] [2] [3] [4]

[1] 俞丽珍，宁春花，左晓兵，等．设计性、研究性实验教学探索与实践 [J]．实验科学与技术，2017，15（01）：117-119 + 127.

[2] 扶晓，贾书洪，刘旺盛．设计性物理实验教学模式的研究与实践 [J]．实验科学与技术，2016，14（02）：142-144.

[3] 胡飞，黄邦蓉．对重力加速度几种测量方法的比较研究 [J]．物理通报，2016（10）：93-100.

[4] 张兵，程洋，赵经博，等．用自由落体法测量重力加速度的实验误差分析 [J]．物理与工程，2014，24（S2）：54-56.

实验4　电表的改装与校准

实验背景

在实验室使用的电流表或电压表一般都是磁电式电表，其具有灵敏度高、功率消耗小、防外界磁场影响强、刻度均匀、读数方便等优点。未经改装的电表习惯上称之为"表头"，由于具有灵敏度高、满度电流（电压）很小的特点，因此一般只允许通过微安量级的电流，进而只能用其测量很小的电流或电压。为了使表头能测量较大的电流值和电压值，就必须进行改装。改装后的电表具有测量较大电流、电压和电阻等多种用途和功能。大学物理实验中所接触到的各种电表几乎都是改装过的。任何一个自行改装的仪器，在使用前都应进行校准，特别是在进行精密测量之前，因此校准方法也是大学物理实验技术中一项非常重要的技术。

本实验为设计性实验，要求将一个量程为 100 μA 的表头，扩程为一个量程为 15 mA 的电流表和改装为一个量程为 7.5 V 电压表，最后对扩程或改装的电表进行校准。

实验目的

1. 学习电路图连接方法。
2. 掌握改装电流表、电压表的原理和基本方法。
3. 学会校准改装表的基本方法及电表准确度等级的计算方法。

实验仪器

直流稳压电源、微安表头、标准电流表、标准电压表、滑动变阻器、电阻箱、开关、导线等。

实验原理

1. 电表的扩程与改装原理

（1）改装电流表。表头的指针偏转到满刻度所对应的电流值 I_g 称为表头的量程，线圈的电阻 R_g 称为表头内阻。表头的量程一般都很小，实验室给出的微安表头的量程为 100 μA，如果要用它来测大一些的电流就必须先将它进行扩程改装。

微安表头扩程的原理如图 4-1 所示，即在微安表表头两端并联一个分流电阻 R_P，使超过微安表表头量程的那部分电流从 R_P 流过，而表头仍保持原来容许通过的最大电流。经过如图 4-1 所示的改装，尽管微安表中可流过的最大电流仍然为 100 μA，但是整个改装表的实际量程扩大了。

设需要将改装表的量程扩大到 I，由 $I_g R_g = (I - I_g)R_P$ 可得

$$R_P = \frac{I_g R_g}{I - I_g} = \frac{R_g}{n - 1} \tag{4-1}$$

式中，$n = I/I_g$，为扩大的倍数。

可见要使表头电流量程扩大 n 倍，只需给该表头并联一个阻值为 $\dfrac{R_g}{n-1}$ 的分流电阻即可。

（2）改装电压表。微安表表头的内阻一般是数百到数千欧，例如实验室给出的微安表表头内阻一般为 $1\sim2~\mathrm{k\Omega}$，这样加在微安表表头两端的最大允许电压也就不到 $1~\mathrm{V}$。所以表头测量电压的量程很小，常常不能满足实际测量的需要。为了能测量较高的电压，同样需要对表头进行改装。

如果要将微安表表头当作电压表使用并能测得较大的电压，其原理如图 4-2 所示，将一高值电阻 R_s 与微安表表头串联在一起，使超过微安表表头最大允许电压的那部分电压分在 R_s 上，这样就使被测电压大部分降落到串联的分压电阻上，而表头上的电压将很小，仍保持原来的量值，但实际量程扩大了。

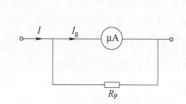

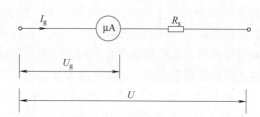

图 4-1　电流表扩程　　　　　　　　图 4-2　电压表改装原理图

若需改装成量程为 U 的电压表，则

$$I_g(R_g + R_s) = U \tag{4-2}$$

分压电阻 R_s 为

$$R_s = \frac{U}{I_g} - R_g \tag{4-3}$$

由此可见，若要将量程为 I_g 的表头改装成量程为 U 的电压表，只要在表头上串联一个阻值为 R_s 的分压电阻即可。

2. 电表的校准原理

改装后的电表必须经过校准确定其准确度等级后方可使用。电表的校准通常用比较法，即用标准表和改装表同时测量同一个物理量，将标准表的读数和改装表的读数进行比较。

从式（4-1）、式（4-3）可以看出，如果想要得到准确的 R_P 或 R_s 就必须知道准确的 R_g。较为准确地测出 R_g 的方法有很多，如半偏法、替代法、电桥法等。

我们采用如下方法来对 R_P 或 R_s 进行校准：利用已知的 R_g，通过式（4-1）或式（4-3）得到 R_P 或 R_s 的估算值，然后将扩程表或改装表分别与高精度的标准电流表或标准电压表同时接入电路，实际调节 R_P 或 R_s，当扩程表或改装表与标准表同时达到满偏时即可得到准确的 R_P 或 R_s 值。

上述方法只对改装表的满刻度（或满量程）进行了校准，但电表的误差并不是固定的一个数，它往往与被测电流或电压的大小有关，因此对于零刻度与满刻度之间的数据通常采用绘制校准曲线的方法来进行校准。

校准曲线的做法：以扩程表为例，将扩程表与标准电流表同时接入校准电路（**校准电**

路图自行设计），在扩程表的零刻度与满刻度之间选取若干个
测量点，分别读出扩程表的读数 I_x 与标准表的读数 I_s，其差值
视为误差，即 $\Delta I = I_x - I_s$，在坐标纸上以 I_x 为横坐标、ΔI 为纵
坐标做出的折线就称为校准曲线，如图 4-3 所示。

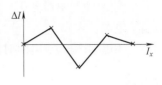

图 4-3　电表的校准

实验内容（扫右侧二维码观看）

1. 将量程为 100 μA 的表头扩程为 15 mA 的电流表

根据实验室给出的表头的内阻 R_g、量程 I_g 以及扩大后的电流量程 I，
依据式（4-1）求出分流电阻 R_P 的计算值，记录在书后所附原始数据记录
表 4-1 相应位置。将电阻箱调到该值后并联到表头两端，即改装为 15 mA
的电流表了。

如视频中的方法对改装表的满刻度（或满量程）进行校准，将此时 R_P 的值记录在书后
附录原始数据记录表 4-1 相应的位置。然后在扩程表的零刻度与满刻度之间选取 15 个测量
点，分别读出扩程表的读数 I_x 与标准表的读数 I_s，将数据记录在书后附录原始数据记录
表 4-2 中。在坐标纸上以 I_x 为横坐标、ΔI 为纵坐标做出扩程表的校准曲线。

2. 将表头改装成量程为 7.5 V 的电压表

根据表头的内阻 R_g、量程 I_g 以及需要改装成的电压表的量程 U，依据式（4-3）求出串
联电阻 R_s 的计算值，记录在书后附录原始数据记录表 4-1 相应的位置。取电阻箱读数为 R_s，
将电阻箱与表头串联即改装成量程为 7.5 V 的电压表了。

保持 R_s 的值不变，调节滑动变阻器，使改装电压表指示值均匀指向 10 个点，分别记录
此时的 U_x 和 U_s 的值于书后附录原始数据记录表 4-3，具体操作可见视频。将改装表的读数
用校准曲线进行修正，画出校准曲线。

3. 扩程表或改装表的准确度等级

按国家标准（GB/T 13283—2008），电流表和电压表应推荐使用下列等级指数表示的准
确度等级分级：0.01，0.02，0.05，0.1，0.2，0.5，1.0，1.5，2.5，4.0，5.0，共十一个
等级，其值越小表明测度精度越高。下面以扩程表为例来说明如何确定改装表的准确度
等级。

从校准曲线数据中取出最大的误差（绝对值）ΔI_{max} 再除以扩程表的量程 I_{max} 即可得到标
称误差，在标准表的误差不能忽略的情况下，

$$标称误差 = \frac{|\Delta I_{max}|}{I_{max}} \times 100\% + a\%$$

其中 a 为标准电流表的准确度等级，可由标准电流表的表盘中直接读出。

将改装表与标准电流表（或电压表）一同接入电路中，对同一电流（或电压）进行测
量，然后分析两者之间的误差并计算出标称误差，再根据取大的原则即可得到改装表相应的
准确度等级。例如，计算出的标称误差为 1.2%，则相应的准确度等级为 1.5 级。

实验注意

1. 为防止表头过载，使用电源电压不宜过高。

2. 用滑动变阻器分压，两个底脚接线柱接电源，滑动端和一个底脚接电路，不可将滑动端接电源。

3. 用电阻箱调节电阻时要注意使阻值均匀变化。

思考题

1. 校正电流表时，如果发现改装表的读数高于标准表，请问要达到标准表的数值，此时改装表的分流电阻要调大还是调小？为什么？

2. 校正电压表时，如果发现改装表的读数相对于标准表都偏低，请问要达到标准表的数值，此时改装表的分压电阻要调大还是调小？为什么？

3. 如何准确地测量出表头的内阻？

实验参考资料

[1]　　　　　　　　[2]　　　　　　　　[3]

[4]　　　　　　　　[5]　　　　　　　　[6]

[1] 颜辉，黄树清．"电表改装"的体验式教学设计［J］．物理教师，2018，39（06）：18-19．

[2] 王爱红，陶苗苗．浅谈电表改装与校准实验要求及注意事项［J］．廊坊师范学院学报（自然科学版），2015，15（02）：51-52．

[3] 刘春清，刘宪举．电表改装实验的设计与校准［J］．科技资讯，2015，13（09）：45．

[4] 钱钧，惠王伟，陈靖，等．电表改装实验中校准曲线的应用［J］．物理与工程，2018，28（S1）：70-75．

[5] 黄皓，马宇澄．在"综合实践"中向物理学科素养深处漫溯——以"电表的改装"为例［J］．物理教师，2017，38（10）：2-6．

[6] 杨肇宸．"电表的改装与校准"实验的改进［J］．数字通信世界，2018（12）：217．

实验5 十一线电势差计测量未知电池电动势及内阻

实验背景

电势差计是利用比较法和补偿法原理精确测量电压或电动势的测量仪器。所谓比较法是指将被测电压和一标准电压（例如标准电池提供的电动势值）进行比较；所谓补偿法是指通过补偿一定的电路参数，使测量电路在工作时能达到平衡状态（即无电流通过回路）。利用电势差计测量未知电压，由于具有在电路平衡时无电流通过测量电路的优点，因此测量过程中并不会改变或干扰待测电路的状态或者负载特性，进而测量结果的准确度将仅依赖准确度很高的标准电压和所用检流计的灵敏度。

用电势差计测电压，具有使用方便、测量结果稳定可靠和准确度非常高的特点，因此其被广泛地应用于电动势、电压、电阻等电学量的高精度测量及电学仪表的校正研究领域。同时，在现代精密测量中，通过非电学量和电学量的转换，电势差计在非电学量（温度、压力、位移速度等）的电测法中也有广泛的应用。

本实验利用十一线电势差计，结合比较法和补偿法原理，精确测量一未知电池的电动势和内阻值。

实验目的

1. 掌握用补偿法和比较法测量未知电池电动势和内阻的原理和方法。
2. 了解标准电池的工作原理及使用方法。
3. 掌握检流计的使用方法。

实验仪器

十一线电势差计、未知电池、标准电池、检流计、保护电键、电阻箱（标准电阻）、工作电源、开关、万用表、导线等。

实验原理

十一线电势差计，实际为一粗细均匀、电阻率处处相同，总长度为 11 m 的电阻丝，通过往复绕制在间距为 1 m 的若干接线柱上制成。在第 10 ~ 11 m 之间，附加一最小分度值为 1 mm 的刻度尺。

1. 补偿法原理

当利用一电压表接至未知电池的两端时，由于电池的内电阻不为零，流经电压表的电流在电池内产生了内压降，因此电压表所显示的是电池的端电压而不是电池的电动势。只有当电池内部电流为零时，电池两端的电压才等于电动势值。但是，当无电流流经电池时，电压表的示值也为零。因此，从原理上讲，不可能用电压表测量得到未知电池的电动势值。

利用补偿法测量电动势的基本原理可用图 5-1a 所示电路说明：

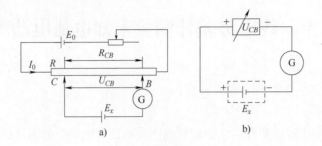

图 5-1　补偿法图示

a）原理图　b）等效电路图

在图 5-1 中，E_0 是可调节输出电压的电源，G 是高灵敏度检流计，R 是分压电阻，E_x 是未知电池的电动势。在图 5-1a 中，由电源 E_0、分压电阻 R 组成的电流回路叫工作电流回路，其主要目的是在分压电阻 R 上产生一稳定的、均匀分布并可标定的电压分布。由未知电池 E_x、检流计 G 和分压电阻的部分电阻 R_{CB} 组成的电路回路叫测量电流回路，在测量电流回路中，未知电池的极性与分压电阻 R 上的输出电压 U_{CB} 的极性相对而接，其等效电路如图 5-1b 所示，移动分压电阻上的滑动头 C，当测量回路的电流为零时（可由检流计的显示值为零而得知），则有

$$E_x = U_{CB} = I_0 R_{CB} \tag{5-1}$$

式中，U_{CB} 为分压电阻 R_{CB} 上的压降；R_{CB} 为分压电阻 R 上 B 到 C 段的阻值；I_0 为工作电流回路中的电流值。若分压电阻 CB 段的电压 V_{CB} 已知，则可得到电池电动势 E_x 的值，这种测量方法叫补偿法，V_{CB} 叫补偿电压。

2. 比较法原理

从补偿法原理得知，要精确地测出 E_x，则必须要求分压电阻 R 上的电压标度稳定而且准确。所以，为了获得准确的补偿电压值，实际的电势差计除采用补偿法外，还要采用比较法去获得准确的测量结果，其原理如图 5-2 所示。

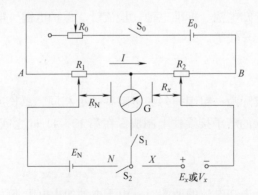

图 5-2　比较法测量电动势原理图

在图 5-2 中，E_0 为输出电压可调的电源，R_0 为工作电流调节电阻，R_1、R_2 为分压电阻，由 E_0、S_0、R_1、R_2、R_0 组成的电流回路叫工作电流回路，在电势差计的使用过程中，

若 E_0 发生了变化则可通过调节 R_0 使 R_1、R_2 两端的电压保持不变，即维持整个工作电流回路中的电流 I_0 不变，若分压电阻 R_1 和 R_2 上的电压已事先被标定，则可维持其标度值的稳定和准确。由标准电池 E_N、检流计 G 和 R_1 的部分电阻 R_N 加上开关 S_1、S_2 组成的电流回路叫标准化电路回路，该回路的主要任务是精确确定分压电阻上的电压标度值。由 R_2 的部分电阻 R_x、未知电池电动势 E_x、检流计 G 和开关 S_1、S_2 组成的电流回路叫测量电流回路。由于在电势差计的使用中，R_1、R_2 两端的电压始终保持不变，即工作回路电流 I_0 始终保持不变，且分别对 E_N 和 E_x 的两次补偿法测量中，$I_g = 0$，因此我们有

$$E_N = I_0 R_N \tag{5-2}$$

$$E_x = I_0 R_x \tag{5-3}$$

以上两式相除并消去 I_0，则得到

$$E_x = \frac{E_N}{R_N} R_x \tag{5-4}$$

由式（5-4）可得知，待测电动势的测量值取决于电阻比和标准电池的电动势 E_N。式（5-4）还意味着，如果永远保持 I_0 为定值，则可把 R_x 之值直接标定为被测电压或电动势之值，I_0 是否为定值可用标准化工作电流回路中对 E_N 的补偿结果来检验。以上即为比较法的工作原理。

综上所述，电势差计是一个精密的电阻分压装置，用来产生一个有一定调节范围且标度值准确稳定的电压，并用它来与被测电压或电动势相补偿，以得到被测电压或电动势的量值。电势差计的基本电路由三部分组成，它们是：工作电路回路、标准化电路回路和测量电流回路。在电势差计的测量过程中，其标准化电流回路和测量电流回路中的电流均为零，表明测量时，既不从标准电池 E_N 或未知电池 E_x 中产生电流，也不从电势差计工作电流回路中分出电流，因而是一种不改变被测对象状态的测量方法，从而避免了测量回路的导线电阻、标准电池内阻、未知电池内阻等对测量结果的影响，使得测量结果的准确度仅取决于电阻比和标准电池的电动势，因而可以达到很高的测量准确度。

3. 十一线电势差计测量未知电池电动势的原理

十一线电势差计测量未知电池电动势的电路原理如图 5-3 所示。

由输出电压可调的工作电源 E_0、可变电阻 R_0、控制开关 S_0 及一电阻率均匀的电阻丝 AB 组成工作电流回路，R_0 用于调节电阻丝 AB 两端的端电压。由标准电池 E_N、检流计 G、开关 S_2 及 $C'D'$ 段电阻丝组成标准化电流回路，由未知电池 E_x、电阻丝 CD、检流计 G、开关 S_3 组成测量电流回路。

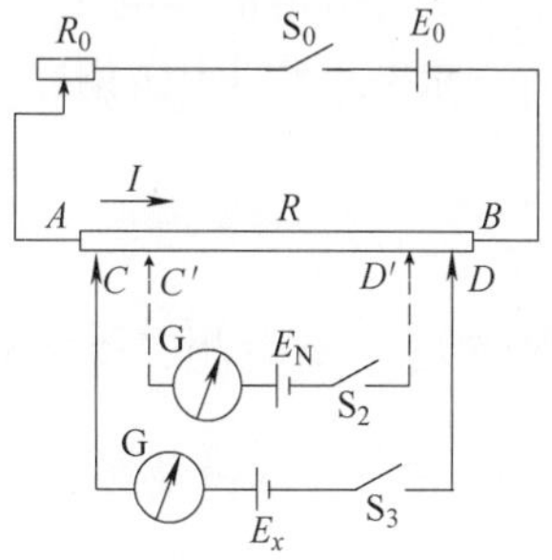

当标准化电流回路中的标准电池 E_N 在分压电阻 R 的 $C'D'$ 段得到补偿，测量电流回路中的待测电动势 E_x，在分压电阻 R 的 CD 段得到补偿，设 $C'D'$ 的电阻丝和 CD 段阻丝的长度分别为 L_N 和 L_x，则有

$$E_N = I_0 \gamma_0 L_N \tag{5-5}$$

$$E_x = I_0 \gamma_0 L_x \tag{5-6}$$

图 5-3 十一线电势差计测量
未知电池电动势原理图

式中，I_0 为工作电流回路中的电流，在两次补偿过程中保持不变；γ_0 为电阻丝 AB 单位长度

的电阻值，从式（5-5）、式（5-6）中消去 $I_0\gamma_0$ 可得

$$E_x = \frac{L_x}{L_N}E_N \tag{5-7}$$

即未知电池电动势的值仅取决于电阻丝的长度比和标准电动势的值。

4. 十一线电势差计测量未知电池内阻的原理

十一线电势差计测量未知电池内阻的电路原理如图 5-4 所示。其中，E_0、R_0、S_0 和电阻丝 AB 组成工作电流回路，测量回路中 R_x 为电池内阻，R_1 为标准电阻。

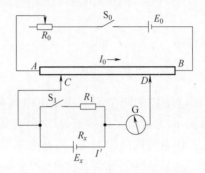

图 5-4　十一线电位差计测量未知电池内阻原理图

当 S_1 开关断开时，调节 CD 使电路达到补偿状态，有

$$E_x = I_0\gamma_0 L_x \tag{5-8}$$

式中，I_0 为工作电流回路中的电流；γ_0 为电阻丝 AB 单位长度的电阻值；L_x 是 E_x 被补偿后 CD 两点间电阻丝的长度。

闭合开关 S_1，改变 CD 的位置，使电路再达到补偿状态，此时检流计中的电流虽然为零，但由 E_x、R_x、S_1、R_1 所组成的闭合回路中却有电流 I_1 存在，根据全电路欧姆定律

$$E_x = I_1R_1 + I_1R_x \tag{5-9}$$

再根据部分电路欧姆定律和电路被补偿的条件有

$$U = I_1R_1 = I_0\gamma_0 L_U \tag{5-10}$$

式中，U 为电池的端电压；L_U 为电池的端电压被补偿后 CD 两点间电阻丝的长度。将以上各式联立求解可得电池内阻为

$$R_x = \frac{L_x - L_U}{L_U}R_1 \tag{5-11}$$

实验内容（扫右侧二维码观看）

1. 用十一线电势差计测量未知电池的电动势

十一线电势差计测电池电动势的电路如图 5-5 所示，电阻丝 AB 长 11 m，往复绕在木板上的十一插孔 B，0，1，2，…，10 之间，每两个连续标号的插孔间电阻丝的长为 1 m，插头 C 可置于任一插孔内，电阻丝 $B0$ 段有一最小分度为 1 mm 的刻度尺，压触键 D 可在上连续滑动，因此插头 CD 间的电阻丝长度可在 0~11 m 间连续变化，压触键 D 压下时电路接通，松开后电路断开。

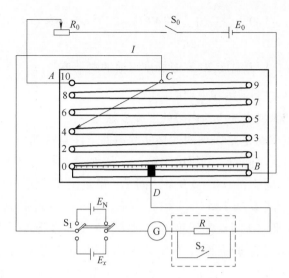

图 5-5　十一线电势差计测量未知电池电动势电路图

保护电键（图中虚线框表示）为将一较大阻值的电阻并接到一普通开关两端而成，在本实验中其作用是保护检流计等，当电路未得到精确补偿时，可能有较大电流流经检流计 G，此时应断开开关，让电流流经大电阻，使电阻起到限流作用，当电路接近或得到补偿时应闭合开关，使开关间的电阻为零，以便充分利用检流计的高灵敏度，使待测电动势或待测电压得到准确度很高的补偿。

实验步骤如下：

（1）按图 5-5 连接好实验线路，特别要注意电源、标准电池和未知电池的极性不能接错，错接极性不但不能找到补偿点，而且还可能损坏标准电池和检流计。

（2）确定电阻丝 AB 两端点的电压值 U_{AB}，由于未知电池电动势一般在 1.5 V 以上，为充分利用电阻丝的长度以提高测量精度，U_{AB} 必须大于 E_x，一般 U_{AB} 选为 $1.6 \sim 2.0$ V。调 R_0 将电阻丝 AB 端电压调到所选值，并作记录，在整个测量过程中保持该值不变。

（3）测量 L_N。根据 U_{AB} 估计 L_N 的近似值 $L'_N = E_N/U_{AB} \times 11$（m），打开保护电键 S_2，把 S_1 开关倒向 E_N 一侧后，将 $C'D'$ 间电阻的长度置 L'_N 附近，压下 D 键，在 OB 段电阻丝上滑动使检流计的通过电流为零，然后再闭合 S_2 保护开关，继续滑动 D 键，找到使检流计中流过的电流为零的补偿点，记录此时 $C'D'$ 两点电阻丝的长度即 L_N（为了进一步提高测量值的准确度可采用左右逼近法求 L_N）。

（4）测量 L_x。先用公式 $L'_x = 1.5/U_{AB} \times 11$（m）求得 L_x 的近似值，把开关 S_1 倒向 E_x，将保护电键 S_2 打开，然后将 CD 间电阻丝的长度调整为 L'_x，压下 D 键并在 OB 段滑动至检流计通过的电流为零，再闭合 S_2 保护电键开关，继续移动 D 至检流计通过的电流为零，记录下此时 CD 间电阻丝的长度 L_x（为提高测量的准确度，同样可以采用左右逼近法求 L_x）。

（5）计算得出未知电池的电动势为

$$E_x = \frac{L_x}{L_N} E_N(t) \tag{5-12}$$

式中，$E_N(t)$ 为标准电池在温度为 t 时的电动势输出，其值与温度的关系为

$$E_N(t) = E_N(20) - [39.9(t-20) + 0.49(t-20)^2 + 0.009(t-20)^3] \times 10^{-6}(V)$$

$$(5-13)$$

式中，$E_N(20) = 1.018\ 6\ V$ 为温度 20 ℃时标准电池的电动势。

2. 用十一线电势差计测量未知电池的内阻

用十一线电势差计测量未知电池内阻的实验步骤如下：

（1）根据图 5-4 的测量电路原理图连接实验电路，注意待测内阻的电池的极性和电源的极性要对接，不能接反。同时，利用电阻箱，将 R_1 的值选择为 100 Ω。

（2）通过 R_0 将 U_{AB} 调节到 1.6 ~ 2.0 V 之间某一确定值并作记录。

（3）测量 L_x，用公式 $L'_x = 1.5/U_{AB} \times 11$（m）估算 L_x 的近似值，把检流计保护开关打开，打开 S_1 开关，把 CD 两点间长度放置于 L'_x 位置，然后压下 D 键待检流计示值电流为零后，再闭合检流计保护电键开关 S_2，继续移动 D 至检流计通过的电流为零，此时 CD 间的电阻丝长度即为 L_x，记录之（为提高测量的准确度，同样可以采用左右逼近法求 L_x）。

（4）测量 L_U，闭合 S_1 开关，重复步骤（3）使电路得到补偿后，CD 间电阻丝的长度即为 L_U，并记录之（为提高测量的准确度，同样可以采用左右逼近法求 L_U）。

（5）用式（5-11）计算得出未知电池的内阻值。

实验注意

1. 标准电池是提供标准电压的装置，不能作为电源使用，不许通过大的电流，不允许将两端短接，不许用电压表去测其端电压，不许振动和倒置。

2. 检流计是一种高灵敏度的电流检测仪表，实验室所用的检流计的灵敏度一般可达 10^{-9} A 或更高，使用中严禁通过较大电流以免损坏仪表。同时，应正确使用保护电键。

3. 闭合开关前，必须再次检查电源的极性方向和未知电池、标准电池的极性方向是否一致。

思考题

1. 实验过程中，为何要保证 I_0 始终为一个恒定值？如何才能使 I_0 的值在整个测量过程中保持不变？

2. 实验过程中，将 CD 间电阻丝的长度调整到估算值处，按压下 D 键，发现检流计指针偏转很大（即电路不在平衡点附近），可能的故障原因有哪些？这些原因会造成哪些损害？

3. 试通过理论计算分析，为什么 U_{AB} 一般选为 1.6 ~ 2.0 V？选择小于 1.6 V，或者大于 2.0 V，将会导致什么样的结果？

4. 试提出一种利用十一线电势差计来校正电表的实验方案，可阅读实验参考资料 6。

5. 利用十一线电势差计测量未知电池内阻时，R_1 的值选取过大，或者过小，会对测量结果造成什么样的影响？可阅读实验参考资料 [4]。

6. 可尝试计算未知电池电动势及内阻的不确定度值。

实验参考资料

[1]　　　　[2]　　　　[3]　　　　[4]　　　　[5]

[1] 付江楠，姬更新，赵新明，等. 基于数字电压表的直流电位差计自动检定装置的讨论 [J]. 中国计量，2018 (09)：111-112.

[2] 李伟，刘超，宋利伟，等. 电位差计实验用模拟标准电池的研制 [J]. 吉林化工学院学报，2016，33 (09)：78-80.

[3] 赵新明，付江楠，赵青，等. 关于数字电压表在直流电位差计检定中实际问题的探讨 [J]. 工业计量，2017，27 (03)：43-44.

[4] 赵辉. 串联电阻 R 的合适值研究——基于板式电位差计测量电池内阻时 [J]. 物理通报，2016 (S1)：83-85.

[5] 蒋晓英. 用电位差计校正电表实验的仪器故障判断与排除 [J]. 大学物理实验，2010，23 (04)：42-43.

实验6 稳恒电流场模拟静电场

实验背景

在人类的科研生产和工程实践中，常常需要确定带电体在空间产生的静电场分布。同时，研究带电粒子与带电体之间的相互作用或关系，也广泛地应用于如示波管的加速聚焦、电子显微镜等仪器设备中。随着计算机软件技术的发展和运用，用程序计算方法，如利用 Matlab、Origin 软件等获得带电体的静电场分布变得越来越容易。但是计算方法的缺点是程序编制亦较为复杂，且准确度还很难保证。另一方面，当碰到一些特殊情况，如被研究对象的尺度巨大或者非常微小、研究环境较为危险、研究对象的时间变化过程过快或过慢、带电体的形状和边界条件等较复杂时，用计算方法来获得静电场的分布就不再适用了。此时，人们就可以利用模拟法来获得带电体在空间产生的静电场分布。进一步，模拟法还可用来研究结构的保温性能、水坝渗透规律、地下矿物勘探、电真空器件内电场分布等。

一般说来，模拟法可分为物理模拟和数学模拟两部分。所谓的物理模拟即保持模拟对象物理本质相同的模拟，如把缩小的飞机模型放在风洞（一种人工高速气流装置）中模拟飞机在大气中的飞行。数学模拟是指两个不同性质的现象或物理过程，如果它们遵从的规律在形式上相似，有相同的数学方程式和相同的边界条件，就可以利用二者的数学规律相似性，用对容易测量和研究的现象或过程的研究来代替对不容易测量和研究的现象或过程的研究。

本实验采用数学模拟的方法，研究稳恒电流场模拟静电场的电场分布。

实验目的

1. 了解模拟法测静电场分布的原理和方法。
2. 测绘实验室所给各种形状带电体在空间的静电场分布。
3. 测自己设置的带电体在空间的静电场分布。
4. 学会画等势线和电场线并确定空间任一点电场强度。

实验仪器

静电场模拟实验仪、若干不同结构的电极。

实验原理

用一种现象去模拟另一种现象，在理论和实验上都有一定的要求。从理论上看，用稳恒电流场模拟静电场的基础是二者必须遵从相同的数学方程和边界条件。例如，在均匀介质中，无源处静电场的电位分布服从拉普拉斯方程和安培环路定理；而在均匀导电介质中，无源区电流场的电位分布亦服从拉普拉斯方程和安培环路定理。从实验上看，为满足稳恒电流场与被模拟的静电场边界条件等相似或相同的要求，设计实验时就应该满足下列条件：

1）静电场中的带电体与电流场中的电极必须相同或相似，而且在场中的位置也要一致。

2）被模拟的静电场中带电导体如果表面是等位面，则电流场中的电极也必须是等位面，如果带电体表面附近的电场强度或电场线处处与表面垂直，则要求电流场中的电极要用良导体，电流场中导电介质的电导率要远小于电极导体的电导率，这样电流场中电极附近的电场强度和电场线才处处垂直于电极表面，因此一般用电流场模拟静电场时导电介质均采用电导率较小的导电纸或水。

3）电流场中导电介质的分布必须相对应于静电场中介质的分布。如果模拟的是空气（或真空）中的静电场分布，则电流场中的导电介质也必须均匀分布；如果被模拟的静电场中介质是非均匀分布的，电流场中导电介质的电导率亦要作相应的非均匀分布。

下面我们以无限长同轴圆柱面形带电体为例来说明数学模拟的原理。设有一圆柱面形带电体如图 6-1 所示。两同轴圆柱面带有异号电荷，内圆柱面带正电荷，每单位长圆柱面带电量为 λ，内外圆柱面半径分别为 a 和 b，外圆柱面接地，内圆柱面电位为 V_0，两圆柱面间充满均匀介质，根据电磁理论可知，两圆柱面间的静电场与 z 轴无关，为二维平面场，在两柱面间与 z 轴垂直的截面内，电场具有轴对称性，电场线与圆柱面垂直，呈辐射状。根据高斯定理，在截面内距轴为 $r(a \leqslant r \leqslant b)$ 的一点 P，其静电场强度为

$$E_r = \frac{\lambda}{2\pi\varepsilon_0} \cdot \frac{1}{r} \tag{6-1}$$

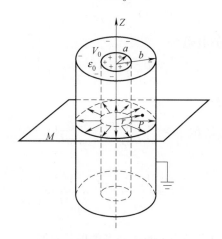

图 6-1 同轴圆柱面的电场分布

该点的电位为

$$V_r = \int_r^b E \cdot dr = \frac{\lambda}{2\pi\varepsilon_0} \int_r^b \frac{dr}{r} = \frac{\lambda}{2\pi\varepsilon_0} \ln \frac{b}{r} \tag{6-2}$$

两柱面间的电位差为

$$V_0 = \int_a^b E \cdot dr = \frac{\lambda}{2\pi\varepsilon_0} \ln \frac{b}{a} \tag{6-3}$$

由式（6-2）、式（6-3）可得两柱面间任一点的电位为

$$V_r = V_0 \frac{\ln \dfrac{b}{r}}{\ln \dfrac{b}{a}} \tag{6-4}$$

下面考虑稳恒电流场的分布。由于静电场的分布与 z 轴无关，且具有轴对称性，因此我们只需对垂直于 z 轴的一个截面的静电场分布予以模拟即可，模拟电流场的电极为两带电圆柱面截面相同形状的同轴金属圆环。

如图 6-2 所示，由于静电场中的介质为真空（或空气），所以我们可以把两金属电极间的导电介质取作电导率均匀的导电纸或水即可。将外环接地，在内环电极上加电压 V_0。为了计算电流场的电位分布，先计算两极间的电阻，然后计算电流，最后得出两电极间任意两点的电位差。

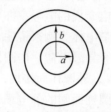

图 6-2 同轴圆柱的截面

设两电极间导电介质为水，厚度为 L，电阻率为 ρ，则 $r \sim r + \mathrm{d}r$ 间的总电阻为

$$\mathrm{d}R = \rho \frac{\mathrm{d}r}{s} = \frac{\rho}{2\pi L} \cdot \frac{\mathrm{d}r}{r} \tag{6-5}$$

外环电极到两电极间任一点的电阻为

$$R_{r-b} = \frac{\rho}{2\pi L} \int_r^b \frac{\mathrm{d}r}{r} = \frac{\rho}{2\pi L} \ln \frac{b}{r} \tag{6-6}$$

外环电极到内环电极间电阻为

$$R_{a-b} = \frac{\rho}{2\pi L} \int_a^b \frac{\mathrm{d}r}{r} = \frac{\rho}{2\pi L} \ln \frac{b}{a} \tag{6-7}$$

两电极间总电流可写为

$$I = \frac{V_0}{R_{a-b}} = \frac{2\pi L}{\rho} \cdot \frac{V_0}{\ln \dfrac{b}{a}} \tag{6-8}$$

由于外环接地，因此两电极间半径为 r 处任一点的电位可写为

$$V_r = I R_{r-b} = \frac{U_0}{R_{a-b}} \cdot R_{r-b} \tag{6-9}$$

将式（6-6）、式（6-7）代入式（6-9）可得到

$$V_r = U_0 \frac{\ln \dfrac{b}{r}}{\ln \dfrac{b}{a}} \tag{6-10}$$

将式（6-10）与式（6-4）相比较，可见稳恒电流场和静电场的电位分布都遵从相同的

数学形式和边界条件。

　　下面，我们给出几种常见的带电体的静电场分布和模拟电极形状，如图 6-3 所示。其中图 6-3a 是同轴电缆状带电体的模拟电极和电场分布；图 6-3b 是两平行无限长输电线状带电体的模拟电极和电场分布图；图 6-3c 是两无限长平行板带电体的模拟电极及电场分布。

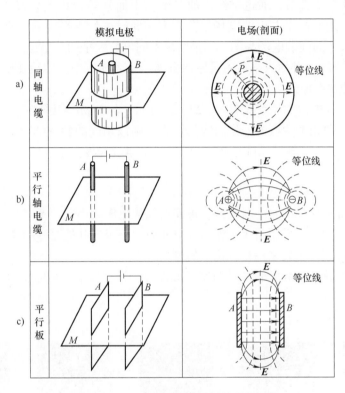

图 6-3　几种常见的带电体的静电场分布

实验内容（扫右侧二维码观看）

　　模拟给定电极间的电场的分布，导电介质使用自来水。实验步骤如下：

　　1. 选定测量电极，将其放入水槽中。

　　2. 连接线路。先把电表指示拨到"极间"，调节电源输出，使两电极间电压为设定电压，一般设定两电极间电压为 10 V 左右。

　　3. 在载纸盘上放上白纸，把测量仪的电压输出一端与稳恒电流场的一个电极相接，另一端与下探针相连接，注意表的接入极性，不要错接。

　　4. 用探针把电极的形状点在纸上。

　　5. 打点描迹。将电表指示拨向"探测"移动探针，在两电极间分别找出电位为 2 V、4 V、6 V、8 V 的等电位点，并用上探针在纸上将这些等电位点打出相对应的小孔。注意根据等位线的形状确定等位点的多少和分布，不可太疏。

　　6. 完成所有给定电极的电场分布描迹。

7. 自己设计带电体的形状和边界条件，并设计和它相应的电流场去模拟带电体的空间静电场分布。

实验提示：根据实验室提供的电极和电极盘，设计电极位置和电极间电压，找出其等位线和电场线分布，并指出所模拟的静电场分布及带电体的形状和静电场空间介质的分布状态。

当完成上述实验步骤后，通过描绘出的二维（平面）等位线点分布图，利用等电位线和电场线的关系，进而得出电极的电场线分布图，同时可计算平面内某点的电场强度的大小。以同轴导体圆柱面间静电场为例，当描绘出不同电位大小的等电位点后，可利用直尺测量出各等位线的半径 r，并填入书后附录原始数据记录表 6-1 中，然后在坐标纸上做出电位 V_r 随半径 r 的变化关系曲线。

由电场强度 E 与电位的关系式 $E = -\Delta V/\Delta r$ 可知，若求场中距圆心为 r 处一点的电场强度，即可通过 $V_r\text{-}r$ 曲线上该点处，作曲线的切线，则该切线的斜率 $\Delta V/\Delta r$ 即为该点处的电场强度。试用此法求出同轴导体圆柱面 $r = 4$ cm 处的电场强度大小。

思考题

1. 两电极间等位线的分布形状与两电极间所加的电压大小有关吗？
2. 本实验中，如果不采用自来水作为导电介质，是否有其他更好的导电介质？
3. 是否可以使用万用表来进行等位点的测量？
4. 试利用你所熟悉的数学软件，例如 Matlab 等，计算模拟一种电极的静电场分布。

实验参考资料

[1]　[2]　[3]　[4]　[5]

［1］章明，衡星，董爱国，等. Origin 软件在静电场模拟描迹实验中的应用［J］. 实验技术与管理，2018，35（07）：163-164 + 168.

［2］石明吉，郭新峰，刘斌，等. 模拟法描绘静电场实验的主要误差来源分析［J］. 南阳理工学院学报，2018，10（04）：22-25.

［3］修亚男. 用电阻式触摸屏模拟二维静电场［J］. 物理教学，2015，37（02）：19-20.

［4］石明吉，叶俊明. 用于静电场描绘的二维运动系统设计［J］. 自动化仪表，2018，39（05）：18-19 + 24.

［5］林春丹，李强，唐炼，等. 基于 Matlab 的静电场可视化教学示例［J］. 大学物理实验，2018，31（03）：97-100.

[6]   [7]

［6］张岩，王素红，常凯歌. 角度测量装置在模拟法描绘静电场中的应用［J］. 物理与工程，2018，28（02）：68-71.

［7］牛英煜，王荣. 格点法模拟静电场电势分布［J］. 大学物理实验，2016，29（04）：42-45.

［8］孙晶华，张杨，张晓峻. 大学物理实验教程［M］. 哈尔滨：哈尔滨工程大学出版社，2018.

实验 7 自组直流电桥

实验背景

电桥是将电阻、电容、电感等电参数变化量变换成电压或电流值的一种电路。根据激励电源性质的不同，可把电桥分为直流电桥和交流电桥两种；根据电桥工作时是否平衡来区分，可分为平衡电桥和非平衡电桥两种。

电阻按其阻值可分为高、中、低三类，$R > 10^6$ Ω 的电阻叫高值电阻，$1 < R < 10^6$ Ω 的电阻叫中值电阻，$R < 1$ Ω 的电阻叫低值电阻。对于上述三类阻值的电阻，为了提高测量的准确度，一般需采用不同的方法和仪器进行测量。

在现代测量技术中常常需要将非电学量（温度、力、压力、加速度、位移等）利用传感器转变成电学量后再进行测量。由于电桥的灵敏度和准确度都很高，并且具有很大的灵活性，传感器可以放在桥路四个臂中的任何一个臂内，测量时桥路平衡被破坏，桥路对角线会有电压（电流）输出，因此电桥线路在检测技术中应用非常广泛。

实验目的

1. 掌握直流电桥测电阻的原理及其测量方法。
2. 了解直流电桥的灵敏度及其影响因素。
3. 掌握非平衡电桥测量压力的原理。

实验仪器

自组电桥实验装置仪、附件箱。

实验原理

1. 单臂电桥法测量中值电阻

（1）单臂电桥工作原理。单臂电桥（即惠斯通电桥）是一种利用比较法测量电阻的仪器，适用于 $1 < R < 10^6$ Ω 的中值电阻的测量。惠斯通电桥线路如图 7-1 所示，R_1、R_2、R_3、R_4（或 R_x）为四个电阻，连成一个四边形，每条边称为电桥的一个臂。A、C 与电源相连，B、D 间跨接检流计 G，当 B、D 两点电势相等时，检流计中无电流通过，称电桥平衡。这时，AB 间电势差等于 AD 间电势差，即

$$I_{12}R_1 = I_{34}R_4 \tag{7-1}$$

同理

$$I_{12}R_2 = I_{34}R_3 \tag{7-2}$$

两式相除，可得

$$\frac{R_1}{R_2} = \frac{R_4}{R_3} \tag{7-3}$$

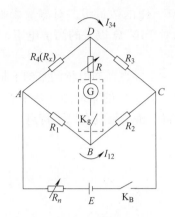

图 7-1　单臂电桥

或

$$R_x = R_4 = \frac{R_1}{R_2} R_3 \tag{7-4}$$

这就是电桥的平衡方程。通常称 R_1/R_2 为比例臂（或倍率）、R_3 为比较臂、R_x 为测量臂。根据平衡方程（7-4），当电桥平衡时，若测得 R_1/R_2 和 R_3 的值，可以算出 R_x 值。

（2）电桥灵敏度。在电桥处于平衡时，改变任一臂电阻，都将破坏电桥的平衡，使得检流计有电流通过，它将引起检流计指针发生偏转，为了表征电阻的改变量与检流计指针偏转程度的关系，可以引进一个称为电桥灵敏度的物理量，定义电桥的相对灵敏度 S 为

$$S = \frac{\Delta n}{\Delta R_3 / R_3} \tag{7-5}$$

S 越大，说明电桥灵敏度越高，带来的误差越小。式（7-5）中，Δn 为检流计指针发生偏转的格数（一般取偏转 1 格左右）；ΔR_3 表示此时比较臂电阻相对于平衡状态时的改变量。

（3）减小电桥测量误差的方法。

1）减小由电桥灵敏度引入的测量误差。

① 选择合适的比例臂 R_1/R_2，如果条件许可，R_x 值恰好在 R_3 调节范围内，可采用 $R_1/R_2 = 1$ 的比例臂，因这时 $\Delta R_3/R_3$ 最小。

② 增大电源电压（本实验中是增大 AC 间电压，即减小 R_n 值），但要注意各元件的允许功率。

③ 选择灵敏度稍高的检流计，但不要太高，否则操作起来不太方便。

2）减小由桥臂元件及 R_1、R_2 及 R_3 的准确度等级而引起的测量误差。

可在比例臂 R_1/R_2 保持不变的情况下，将测量臂 R_x 与比较臂 R_3 互换位置，分别测出互换前后电桥平衡时比较臂的指示值 R_3 和 R'_3。由式（7-4），可得

$$R_x = \sqrt{R_3 R'_3} \tag{7-6}$$

这样，就可消除由于电阻元件值的偏差引入的系统误差。

2. 双臂电桥法测量低值电阻

对于 1 Ω 以下的低值电阻，不能用惠斯通电桥进行准确测量，其主要原因是在电桥的接

触处存在着接触电阻，大小在10^{-2} Ω 的数量级，对测量影响较大。因此，对于低值电阻，一般用双臂电桥来进行测量。而对于10^6 Ω 以上的高值电阻，一般用专测高阻抗电阻的设备或兆欧表进行测量。

　　双臂电桥又叫开尔文电桥，它是在惠斯通电桥的基础上加以改进而成，其主要特点是消除了接触电阻的影响。图 7-2 是双臂电桥的原理图，其中 R_x 是待测低电阻，r_1、r_2、r_3、r_4 和 r 是接触电阻，其值很小。双臂电桥电路具有以下特点。

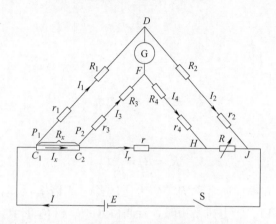

图 7-2　双臂电桥

　　1）在检流计的下端增加了由 R_3、r_3、R_4、r_4 组成的附加电路。

　　2）点 C_1 和 C_2 之间接入待测样品（低电阻），连接时用了四个接头，C_1、C_2 叫电流接头，P_1、P_2 叫电压接头。被测电阻 R_x 是点 P_1、P_2 之间的电阻。R_1、R_2、R_3、R_4 远大于被测低值电阻 R_x 和标准低值电阻 R，后两者均加工成四端连接方式，如图 7-3 所示。

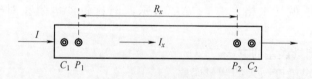

图 7-3　四端连接方式

　　3）经过桥路连线上的电压降和流经触点电阻 r_1、r_2、r_3、r_4 上的电压降远远小于电阻 R_1、R_2、R_3 和 R_4 上的电压降，因此由它们所引起的误差可忽略不计。

　　当双臂电桥电路中通过检流计的电流 I_g 为零时，电桥达到平衡，此时忽略接触点电阻及其上的电压降，则有

$$\begin{cases} I_x R_x + I_3 R_3 = I_1 R_1 \\ I_x R + I_3 R_4 = I_1 R_2 \\ I_3(R_3 + R_4) = (I_x - I_3)r \end{cases}$$

解得

$$R_x = \frac{R_1}{R_2}R + \frac{R_4 r}{R_3 + R_4 + Rr}\left(\frac{R_1}{R_2} - \frac{R_3}{R_4}\right) \tag{7-7}$$

　　式（7-7）中第一项与惠斯通电桥相同，第二项为修正项。为了测量方便，一般选取测

量参量时，若能做到

$$\frac{R_1}{R_2} - \frac{R_3}{R_4} = 0 \tag{7-8}$$

则式（7-7）可简化为

$$R_x = \frac{R_1}{R_2}R \tag{7-9}$$

此时，双臂电桥的测量方法就等同于单臂电桥。要达到这点，在实验中，R_1、R_2、R_3、R_4 几个变阻器一般使用联动开关来调节，并且尽量采用粗导线以减小导线电阻和触点电阻，使修正项尽量地小。

3. 非平衡电桥测压力

（1）电阻应变片。金属导体的电阻 R 与其电阻率 ρ、长度 L、截面 A 的大小有关，有

$$R = \rho \frac{L}{A} \tag{7-10}$$

导体在承受机械形变过程中，电阻率、长度、截面都要发生变化，从而导致其电阻变化，有

$$\frac{\Delta R}{R} = \frac{\Delta \rho}{\rho} + \frac{\Delta L}{L} - \frac{\Delta A}{A} \tag{7-11}$$

这样就把所承受的应力转变成应变，进而转换成电阻的变化。因此电阻应变片能将弹性体上应力的变化转换为电阻的变化。

（2）压力传感器。压力传感器是把一种非电学量转换成电信号的传感器。压力传感器将四片电阻应变片分别粘贴在弹性平行梁 A 的上下两表面适当的位置，如图 7-4 所示。R_1、R_2、R_3、R_4 是四片电阻应变片，梁的一端固定，另一端自由，用于加载荷（如外力 **F**）。

弹性梁受载荷作用而弯曲，梁的上表面受拉，电阻片 R_1、R_3 亦受拉伸作用使电阻增大，梁的下表面受压，R_2、R_4 电阻减小。外力的作用通过梁的形变而使四个电阻值发生变化。应变片可以把应变的变化转换为电阻的变化，为了显示和记录应变的大小，还需把电阻的变化再转换为电压或电流的变化。最常用的测量电路为电桥电路。

4. 利用惠斯通电桥测压力

将压力传感器上的电阻 R_1、R_2、R_3、R_4 接成如图 7-5 所示的直流桥路，cd 两端接稳压电源 E，ab 两端为电桥电压输出端，输出电压为 U_0。

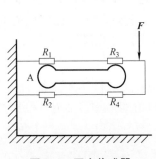

图 7-4 压力传感器

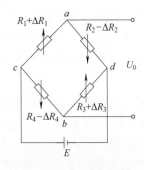

图 7-5 全桥差动电路

当无压力作用时，由于四个电阻片完全相同，即各个电阻值相等：

$$R_1 = R_2 = R_3 = R_4 = R \tag{7-12}$$

所以此时电桥平衡，即输出电压为0。

当梁受到载荷 F 的作用时，R_1 和 R_3 增大，R_2 和 R_4 减小，电阻的增大和减小量在图7-5中有表示。此时，四个臂均为可变电阻，且相邻桥臂内两个电阻值变化量符号相反，相对桥臂内两个电阻值变化量符号相同，这样构成的电桥电路称为全桥差动电路。

这时电桥不平衡，并有输出电压为

$$U_0 = E\left(\frac{R_1 + \Delta R_1}{R_1 + \Delta R_1 + R_2 - \Delta R_2} - \frac{R_4 - \Delta R_4}{R_3 + \Delta R_3 + R_4 - \Delta R_4}\right) \tag{7-13}$$

设

$$\Delta R_1 = \Delta R_2 = \Delta R_3 = \Delta R_4 = \Delta R \tag{7-14}$$

代入式（7-13）计算可得

$$U_0 = E \frac{\Delta R}{R} \tag{7-15}$$

由式（7-15）可知，电桥输出的不平衡电压 U_0 与电阻的变化 ΔR 成正比，如果能测出 U_0 的大小，即可反映外力 F 的大小。由式（7-15）还可看出，若电源电压不稳定，将给测量结果带来误差，因此电源电压一定要稳定。

实验内容（扫右侧二维码观看）

本实验主要是采用平衡电桥法测量电阻值和非平衡电桥法测量压力。（见操作视频）

1. 用单臂直流电桥测量3个未知电阻（几十欧、几百欧和几千欧各一个）的阻值及其相应的电桥灵敏度。

按照面板上右下角的直流单臂电桥电路连接实验线路，"R_s" 是比较臂上的电阻，"R_x" 为被测电阻。将被测电阻接在 "R_x" 接线端钮之间，连接接线端钮，接好实验线路。改变电源电压（R_n 最大或最小），选取比例臂 R_1/R_2 为1、0.1、0.001，分别测量待测电阻 R_x 的阻值和电桥灵敏度 S。

（1）测量待测电阻 R_{x1}。先用万用表等粗略确定 R_{x1} 的值，根据比例臂的选择，调节好比较臂 R_s 达到相应数值。先合 K_B 开关，然后用跃接法试接一下 K_g 开关，在合上 K_g 的瞬间观察检流计偏转情况，适当调节 R_s 使偏转减小，反复跃接 K_g 和调节 R_s，使检流计指针趋向零位。减小保护电阻 R 的阻值以提高电桥灵敏度，进一步调节 R_s，使检流计无偏转，然后反复断合开关 K_g（跃接法），直到检流计指针无微小颤动为止，记录下 R_s 值。互易比较臂 R_s 和测量臂 R_x，用同样的方法测出 R'_s，可用式（7-6）计算得

$$R_x = \sqrt{R_s R'_s} \tag{7-16}$$

（2）在三种比例臂下，分别测量电桥灵敏度 S。在电桥达到平衡后，调节比较臂 R_s，使检流计指针偏1格（即 $\Delta n = 1$），记录比较臂电阻值的增加量 ΔR_s。根据式（7-5），计算电桥的灵敏度 S：

$$S = \frac{\Delta n}{\Delta R_s / R_s} \tag{7-17}$$

（3）选择比例臂为 $1:1$，对 R_{x2} 和 R_{x3} 进行上述相同的测量。

2. 用自组双臂电桥测量低值电阻。

（1）按照面板上"自组双臂电桥"电路连接好接线端钮，注意尽量减小导线电阻和接触点电阻。

（2）调节电阻 R_1、R_2、R_4 的阻值使流经检流计的电流为零。自拟表格记录 R_1、R_2 和 R 值。

（3）将电源反向连接测电桥平衡时的 R_1、R_2 和 R 的值。

（4）计算金属棒的电阻值。

3. 测定压力传感器输出特性。

（1）测定压力传感器灵敏度。按照实验装置面板上的线路连接好电路。先将仪器电源打开，预热 5 min 以上，调节电源电压为 4.0 V。再旋转调零旋钮，使压力电压显示值为 0.000 V。

1）按顺序增加砝码的数量（每次 1 个，共 8 次），记录每次加载时的输出电压值 U_0。

2）再按相反次序将砝码逐一取下，记录输出电压值 U_0'。

3）用逐差法求出传感器的灵敏度 S：

$$S = \frac{\Delta U_0}{\Delta F}(\text{V/N}) \tag{7-18}$$

（2）用压力传感器测量任意物体的重量。

1）将一个未知重量的物体放置于加载平台上，测出电压 U_0'，同一物体测量三次求出平均值 $\overline{U_0'}$。

2）物体的重量为

$$W = U_0' \frac{1}{S} \tag{7-19}$$

3）测量传感器电源电压 E 与电桥输出电压 U_0 的关系。

① 保持加载砝码的质量不变，改变压力传感特性测试仪的电源电压，使其由 2.0 V 变至 10.0 V，每隔 1.0 V 记录一个输出电压值 U_0。

② 在坐标纸上作 E-U_0 关系曲线，分析是否为线性关系。

实验注意

1. 正确连接电路。

2. 调节电桥平衡前，检流计应调零。

3. 测量电桥灵敏度时，需要在电桥平衡后，再使检流计偏转 1 格。

思考题

1. 电桥电源电压的大小与稳定性对测量会产生什么影响？

2. 使用双臂电桥测量时，如果 P_1、P_2 两点的电线又细又长，对测量结果有何影响？

3. 什么条件下，双臂电桥的测量方法等同于单臂电桥？

实验参考资料

［1］刘凤智. 惠斯登电桥比例臂的选取［J］. 科技风，2018（23），210-213.

［2］任惠娟，姚展. 惠斯登电桥的灵敏度及换臂测量的数据处理［J］. 咸阳师范学院学报，2010（02），25-27.

［3］宫明欣，吴冲. 自组惠斯登电桥测电阻中的误差及分析［J］. 大学物理实验，2011（02），96-98.

［4］刘先慧. 自组双臂电桥的调节方法［J］. 大学物理实验，2002（02），30-31.

实验8　恒力矩法测定刚体转动惯量

实验背景

转动惯量是刚体转动时惯性大小的量度，是表明刚体特性的一个物理量，其量值的大小与物体的形状、质量分布及转轴的位置有关。

对于几何形状简单，且质量分布均匀的刚体，可以直接用公式计算出它相对于某一确定转轴的转动惯量。但对于形状比较复杂，或质量分布不均匀的刚体，用数学方法计算其转动惯量是非常困难的，因而大多采用实验方法来测定。测定转动惯量常采用恒力矩法、复摆法、双线摆法、落体法、扭摆法（三线摆法、单悬丝扭摆法、涡簧扭摆法）等等。

转动惯量具有重要的物理意义，在科学实验、工程技术、航天、电力、机械、仪表等工业领域也是一个重要参量。本实验采用恒力矩定轴转动法（简称恒力矩法）对刚体的转动惯量的进行测定。

实验目的

1. 通过实验掌握恒力矩法测定刚体转动惯量的原理和方法。
2. 观测刚体的转动惯量随其质量、质量分布及转轴不同而改变的情况，验证平行轴定理。
3. 学会使用通用电脑计数计时器来测量时间。

实验仪器

转动惯量实验仪及滑轮、测试件、通用电脑计数计时器、砝码组及细线挂钩。

1. 转动惯量实验仪及滑轮

转动惯量实验仪的组成如图8-1所示，由转动架、载物台、光电门、砝码、吊线支架及滑轮组等组成。载物台用螺钉与塔轮连接在一起，随塔轮转动。

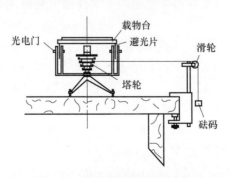

图8-1　转动惯量实验仪结构图

绕线塔轮通过特制的轴承安装在主轴上，使转动时的摩擦力矩很小。塔轮半径为 15 mm、20 mm、25 mm、30 mm、35 mm，共 5 档，可与 6 g 的砝码托及一个 5 g、四个 10 g 的砝码组合，产生大小不同的力矩。

测试件有一个圆环，两个圆柱；试件上标有几何尺寸及质量，便于将其转动惯量的测试值与理论计算值比较。圆柱试件配重块可插入载物台上的不同孔，这些孔与载物台中心的距离依次为 50 mm、75 mm 和 100 mm。

铝制小滑轮的转动惯量与实验转台相比可忽略不计。实验仪上的两个光电门，只使用其中一个，另一个作备用，可通过通用电脑计数计时器上的按钮进行切换。

2. 通用电脑计数计时器

通用电脑计数计时器测量物体转动周次和对应的时间，它由主机和光电门两部分组成；通用电脑计数计时器记录挡光次数和对应时间，载物台每转动一周挡光两次。

接通电源后，通用电脑计数计时器进入自检状态。8 位数码管显示器同时点亮，数码显示器显示"P＿＿＿＿０１６４"为系统默认值。按"OK"确认键后数码显示"00　000000"，系统进入计数计时工作状态。

通用电脑计数计时器数据查询方法：在仪器计数计时工作时，按任意键（复位键除外）均可中断工作进程，面板显示停留在最近记录的数据状态并进入数据查询；若键入两个数字，则面板显示由此组数字代表的遮光次数及对应的转动时间；每按一次"OK"确认键，则面板显示的记录组数递增一位，每按下"↵"回车键一次则递减一位。

系统复位：任何时候按"复位"键，机器回到自检状态，并清除所有时间记录数据。

实验原理

1. 恒力矩法测定转动惯量

根据刚体的定轴转动定律，有

$$M = J\beta \tag{8-1}$$

式中，M 为刚体所受的合外力矩；J 为刚体对转动轴的转动惯量；β 为角加速度。

实验中转动系统受的外力矩有：挂有砝码的绳子给予的力矩 T_r 和转动轴受到的摩擦力矩 M_μ。假设以某初始角速度转动的实验台转动惯量为 J_1；塔轮上没有绕线，即未加砝码时，在摩擦阻力矩 M_μ 的作用下，实验台将以角加速度 β_1 做匀减速运动，即

$$-M_\mu = J_1\beta_1 \tag{8-2}$$

将质量为 m 的砝码和砝码托，用细线绕在半径为 R 的实验台塔轮上。它们在重力作用下开始下落，并带动实验台开始转动，认为系统在恒外力作用下做匀加速运动。若砝码的加速度为 a，则细线所受张力为 $T = m(g - a)$。若此时实验台的角加速度为 β_2，则有 $a = R\beta_2$。则细线施加给实验台的力矩为 $TR = m(g - R\beta_2)R$，此时有

$$m(g - R\beta_2)R - M_\mu = J_1\beta_2 \tag{8-3}$$

将式（8-2）、式（8-3）联立消去 M_μ 后，可得

$$J_1 = \frac{mR(g - R\beta_2)}{\beta_2 - \beta_1} \tag{8-4}$$

同理，若在实验台上加上被测物件后系统的转动惯量为 J_2，加砝码前后的角加速度分

别为 β_3 与 β_4，则有

$$J_2 = \frac{mR(g - R\beta_4)}{\beta_4 - \beta_3} \tag{8-5}$$

由转动惯量的叠加原理可知，测试件的转动惯量 J_3 为

$$J_3 = J_2 - J_1 \tag{8-6}$$

测得相应的塔轮半径 R、砝码和砝码托的质量 m 及 β_1、β_2、β_3、β_4，由式（8-4）、式（8-5）和式（8-6）即可计算被测试件的转动惯量。

2. 刚体转动的角加速度 β 的测量

实验中，固定在载物台圆盘下方的边缘上有两遮光细棒，载物台每转动半圈遮挡一次固定在底座上的光电门，产生一个计数光电脉冲。通用电脑计数计时器可以存储遮挡光电门的遮挡次数 k 和对应的转动时间 t。若从第一次遮挡光（$k = 0$，$t = 0$）开始匀变速转动，初始角速度为 ω_0，测量得到任意两组数据（k_m，t_m）、（k_n，t_n），则相应的角位移 θ_m、θ_n 分别为

$$\theta_m = k_m\pi = \omega_0 t_m + \frac{1}{2}\beta t_m^2 \tag{8-7}$$

$$\theta_n = k_n\pi = \omega_0 t_n + \frac{1}{2}\beta t_n^2 \tag{8-8}$$

从式（8-7）、式（8-8）中消去 ω_0，可得

$$\beta = \frac{2\pi(k_n t_m - k_m t_n)}{t_n^2 t_m - t_m^2 t_n} \tag{8-9}$$

k_m、k_n 分别为 t_m、t_n 时间内转动的半圈数，由式（8-9）即可计算角加速度 β。

3. 平行轴定理

质量为 m 的物体围绕通过质心转轴转动时，其转动惯量 J_0 最小。当转轴平行移动距离 d 后，围绕新转轴转动的转动惯量为

$$J = J_0 + md^2 \tag{8-10}$$

当刚体距离转轴的距离 d 改变时，系统的转动惯量也有相应的变化。

实验内容（扫右侧二维码观看）

1. 实验准备

利用转动惯量实验仪基座上的三颗调平螺钉，将仪器调水平。将滑轮支架固定在实验台面边缘，调整滑轮高度、位置及方位，使滑轮槽与选取的绕线塔轮槽等高度，方位相互垂直，如图 8-2 所示。

将通用电脑计数计时器接通光电门并设置于一路（另一路断开备用）。由于砝码下落的距离是有限的，注意光电门最多纪录（有砝码时）的个数及对应时间。

2. 测量并计算实验台的转动惯量 J_1

（1）测量 β_1。接通通用电脑计数计时器电源开关后，进入设置状态，不用改变默认值；用手拨动载物台，使实验台有一初始转速并在摩擦阻力矩的作用下做匀减速运动；按"OK"键，仪器开始测量光电脉冲次数（正比于角位移）及相应的时间；待显示 8 组测量数据后，停下实验台的转动，再次按"↵"或"OK"键，仪器进入查阅状态并

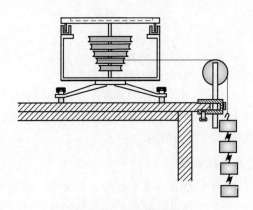

图 8-2　仪器调节示意图

可记录数据。

（2）测量 β_2。选择塔轮半径 R 及砝码质量，将一端打结的细线沿塔轮上开的细缝塞入，不重叠交叉地密绕于所选定半径的轮上，细线另一端通过滑轮后连接砝码托上的挂钩，用手将载物台稳住；按"复位"键，进入设置状态后再按"↵"键，使通用电脑计数计时器进入工作等待状态；释放载物台，砝码重力产生的恒力矩使实验台产生匀加速转动，进行相关数据的测量。

3. 测定圆环的转动惯量

将待测试样圆环放于载物台上，并使试样几何中心轴与转轴中心重合，按测量 J_1 的同样方法，分别测量并记录计算未加砝码的角加速度 β_3（减速）和加砝码后的角加速度 β_4（加速）所需的相关数据。

圆盘、圆柱绕几何中心轴转动的转动惯量理论值公式为：$J = \dfrac{1}{2}mR^2$。

圆环绕几何中心轴的转动惯量理论值公式为：$J = \dfrac{m}{2}(R_{内}^2 + R_{外}^2)$。

根据被测试样铭牌上的参数，计算它的理论值，并与试样的转动惯量的测量值进行比较。

4. 验证平行轴定理

将两圆柱体（即配重块）对称地插入载物台上与中心距离为 d_1（如 50 mm）的小孔中，测量两圆柱体在此位置的转动惯量所需的实验参数。再将两圆柱体对称地插入载物台上与中心距离为 d_2（如 100 mm）的小孔中，测量两圆柱体在这一位置的转动惯量。

5. 用作图法测定样品的转动惯量

将待测试样（圆环）放在载物台上，保持塔轮半径 R 不变，分别加载不同质量的砝码，改变外力的大小，进行测量，根据所测得的数据，计算可得到不同的 β 值。根据 $M = J\beta$，得 $m(g-a)R = J\beta$。因 $g \gg a$，有 $mgR = J\beta$，在 m-β 坐标系上作图，其斜率为 $k = \dfrac{J}{gR}$，根据斜率可计算得到转动惯量，并且可证明转动惯量与外力矩无关。

实验注意

1. 仔细检查光电门与遮光片有无摩擦，保证细线水平并与滑轮平行。
2. 实验转台转速要合理，不要太快或太慢。

思考题

1. 本实验中采用逐差法进行加速度的计算时，应该注意什么问题？
2. 验证平行轴定理时，为什么使用 2 个配重块对称放置？
3. 试分析本实验误差产生的主要因素。
4. 本装置中在砝码（含砝码托）的质量一定时，采用不同半径的塔轮进行实验，也可以改变外力矩的大小，从而对刚体的转动惯量进行测定。

实验参考资料

[1]　　　　　　　　[2]　　　　　　　　[3]

[4]　　　　　　　　[5]　　　　　　　　[6]

[1] 潘葳，王瑗. 刚体转动惯量实验的改进 [J]. 物理实验，2018，38（10）：17-20.

[2] 杨达晓，张家伟，杨耀辉，等. 改进恒力矩法测定刚体转动惯量 [J]. 重庆科技学院学报（自然科学版），2017，19（06）：103-107.

[3] 王亮，欧阳锡城，汤剑锋. 浅析如何减少刚体转动惯量的测量实验中的误差 [J]. 大学物理实验，2018，31（04）：97-99.

[4] 王锦辉，贺莉蓉，杨文明，等. 利用恒力矩转动法验证刚体转动惯量正交轴定理 [J]. 物理实验，2017，37（03）：11-14.

[5] 刘五祥. 新型转动惯量实验装置的研制与应用 [J]. 实验室研究与探索，2015，34（05）：63-66.

[6] 庞学霞，邓泽超，李霞，等. 恒力矩转动法测刚体转动惯量实验中细线直径的选择 [J]. 实验室科学，2008（06）：82-83.

实验 9　分光计的调整与使用

实验背景

　　分光计又称测角仪，是精确测量角度的一种光学仪器。它可测量光线经光学元件反射、折射、衍射后的角度，许多物理量如折射率、波长、色散率和衍射角等，都可用分光计来测定。因此，正确地调整分光计，对减小测量误差、提高测量的准确度是十分重要的。分光计的原理构造和调整方法与技巧在一般光学仪器中具有重要的代表性。

实验目的

1. 了解分光计的结构以及双游标读数消除偏心差的方法。
2. 掌握分光计的调整、使用方法与技巧。
3. 推导分光束法测量三棱镜顶角的公式。
4. 掌握用分光束法测量三棱镜的顶角。

实验仪器

　　分光计、三棱镜、汞灯、半透镜。

　　分光计主要由望远镜、平行光管、载物台、读数装置、底座及中心转轴五部分组成。分光计的结构如图 9-1 所示。

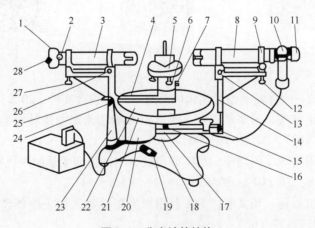

图 9-1　分光计的结构

1—狭缝装置　2—狭缝装置锁紧螺钉　3—平行光管　4—制动架　5—载物台　6—载物台调平螺钉（三个）

7—载物台锁紧螺钉　8—望远镜　9—目镜筒锁紧螺钉　10—阿贝式自准直目镜　11—目镜调焦轮

12—望远镜光轴俯仰调节螺钉　13—望远镜光轴水平调节螺钉　14—支臂　15—望远镜微调螺钉

16—转座与刻度盘止动螺钉　17—望远镜止动螺钉（后面）　18—制动架　19—底座　20—转座

21—刻度盘　22—游标盘　23—立柱　24—游标盘微调螺钉　25—游标盘止动螺钉

26—平行光管光轴水平调节螺钉　27—平行光管光轴仰角调节螺钉　28—狭缝宽度调节手轮

1. 望远镜

望远镜由物镜、目镜和分划板组成，其结构如图 9-2 所示。

本实验所使用分光计的目镜是阿贝目镜，物镜是一消色差的复合正透镜，分划板位于目镜和物镜之间（板上有刻线呈"丰"字形，见图 9-3）。分划板的刻线有上中下三个交点，取最下方交点为 P，最上方交点为 P'，二者关于中心交点 O 对称。分划板上紧贴一个直角三棱镜，在棱镜的直角面上分划板刻度线下交点 P 处紧贴一个小十字（"+"字透光，其余部分不透光），位于 P 处的发光的小十字由载物台上的反射镜反射后，通过调节望远镜和载物台之上的反射镜之间的垂直关系，可以在分划板上观察到一个小十字像。P' 是 P 关于分划板水平长线的镜面对称像。当望远镜的光轴与反射镜垂直时，反射的小十字像位于 P' 点，这是便于用自准直法对望远镜的调节。

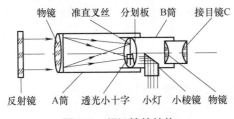

图 9-2　望远镜的结构

图 9-3　分划板示意图

分划板固定在 B 筒上，目镜 C 筒装在 B 筒内，如图 9-2 所示，C 筒沿 B 筒前后滑动可以改变目镜和分划板的距离，使分划板能调到目镜的焦平面上。

物镜固定在 A 筒的另一端，当 B 筒沿 A 筒滑动时，可以改变分划板到物镜的距离，使分划板既能调到目镜的焦平面上，又同时能调到物镜的焦平面上。

望远镜筒的支架与转座连在一起，望远镜的目镜调焦、倾斜水平调节、光轴位置调节、旋转（旋转微调）、松紧调节见图 9-1 中的 11、12、13、14、15、16、17 旋钮或螺钉。

2. 平行光管

平行光管的作用是产生平行光，被固定在底座的立柱上。

平行光管由两个可相对移动的套筒组成，外套筒的一端装有一个消色差的复合正透镜，另一端是装有可调节宽度狭缝的内套筒，调节手轮旋钮见图 9-1 中的 28 手轮。

若狭缝被光源照亮，松开旋钮 2 可使内筒前后移动，使狭缝处于焦平面上，即产生平行光。图 9-1 中的 26、27 螺钉是用来调节平行光管的光轴水平和倾斜度的。

3. 读数装置

读数装置由游标（内）盘和刻度（外）盘组成。游标盘、刻度盘可分别绕中心转轴转动。刻度盘分为 0 ~ 360°，最小刻度为 30′；游标盘刻有 30 小格，其对应角度与刻度盘 29 小格对应角度相等，即游标分度值为 1′，如图 9-4 所示。

图 9-4　游标刻度盘

由于望远镜、刻度盘的旋转轴线与分光计中心轴不可能完全重合，会造成因偏心而引起的误差，因此在游标盘同一条直径上的两端各安装了一个角游标。测量时两个角游标均应同时读数，取其平均值，即用双游标来消除偏心误差。

刻度盘对应有止动螺钉25、微调螺钉24、转座与刻度盘止动螺钉16、望远镜止动螺钉17。

4. 载物台

载物台是双层结构，可绕中心轴转动。其上层放置待测对象或分光元件。它的下方有三个螺钉（见图9-1中的螺钉6）调节载物盘的水平状态，载物台可以绕轴转动和沿轴升降（见图9-1中的螺钉7）。

5. 分光计底座及中心转轴

分光计底座位于分光计的下部，其上装有一竖直的轴，称为中心转轴。望远镜、载物台、游标刻度盘皆可绕底座的中心转轴转动。

实验原理

1. 分光束法测三棱镜的顶角 α

将三棱镜一个顶角正对平行光管，使顶角位于载物台中心（否则经三棱镜反射光线不能进入望远镜），从平行光管出来的平行光同时照在棱镜的两个反射面上，如图9-5所示。左、右两边反射光线的夹角 φ 为

$$\varphi = |\varphi_R - \varphi_L| \tag{9-1}$$

式中，φ_L、φ_R 分别是左、右侧反射光线的角位置。

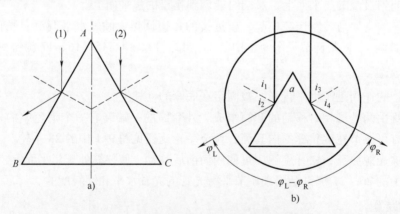

图9-5 分光束法测三棱镜的顶角原理图

为了消除分光计刻度盘的偏心误差，测量左、右两边反射光线的位置时，在刻度盘的两个角游标 I、II 上均要同时读数，然后对两个游标分别测得的左右反射光线的夹角取平均值，即

$$\varphi = \frac{1}{2}\left[\,|\varphi_{R_I} - \varphi_{L_I}| + |\varphi_{R_{II}} - \varphi_{L_{II}}|\,\right] \tag{9-2}$$

式中，φ_{L_I}、$\varphi_{L_{II}}$ 分别是望远镜对准左侧反射光线时游标 I 与 II 的读数；φ_{R_I}、$\varphi_{R_{II}}$ 分别是望

远镜对准右侧反射光线时游标Ⅰ与Ⅱ的读数。

可以证明，三棱镜的顶角 α 为

$$\alpha = \frac{\varphi}{2} \tag{9-3}$$

2. 自准直法测三棱镜的顶角 α

如图 9-6 所示使其光轴垂直三棱镜的一个光学平面，找到光学平面返回的"＋"字像，并使它的竖线与分划板竖线重合，记录游标读数，可得

$$\alpha = 180° - \frac{1}{2}\left[\,|\varphi_{R_{I}} - \varphi_{L_{I}}| + |\varphi_{R_{II}} - \varphi_{L_{II}}|\,\right] \tag{9-4}$$

式中，$\varphi_{L_{I}}$、$\varphi_{L_{II}}$ 分别是望远镜对准左侧反射光线时游标Ⅰ与Ⅱ的读数；$\varphi_{R_{I}}$、$\varphi_{R_{II}}$ 分别是望远镜对准右侧反射光线时游标Ⅰ与Ⅱ的读数。

3. 最小偏向角 θ_{min} 的测定及折射率计算

如图 9-7 所示为一束单色平行光入射三棱镜时的主截面图。光线通过棱镜时，将连续发生两次折射，出射光线和入射光线之间的交角为偏向角 θ 。i_1 为入射角，i_1' 为出射角，α 为棱镜的顶角。可以证明，当 $i_1 = i_1'$ 时，偏向角 θ 有最小值 θ_{min}，此时入射角 $i_1 = (\theta_{min} + \alpha)/2$，折射角 $i_2 = \alpha/2$，由折射定律 $n\sin i_2 = \sin i_1$，可得三棱镜的折射率为

$$\bar{n} = \frac{\sin\dfrac{\overline{\theta}_{min} + \overline{\alpha}}{2}}{\sin\dfrac{\overline{\alpha}}{2}} \tag{9-5}$$

式中，字母上方横线表示多次测量得到的平均值。

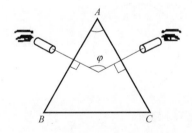

图 9-6　自准直法测三棱镜顶角

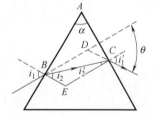

图 9-7　单色光入射三棱镜

如图 9-8 所示，转动载物台寻找最小偏向角。这时用望远镜精确地测定这个光线偏折方向发生改变时的临界角位置 θ，此角位置与光线无偏折（无棱镜）时的角位置 θ_0 之差即为棱镜的最小偏向角 θ_{min}。

实验内容（扫右侧二维码观看）

1. 调节仪器

分光计调节基本要求是：

1）望远镜接收平行光，且其光轴垂直于中心

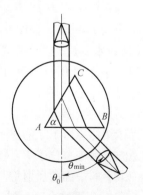

图 9-8　寻找最小偏向角

转轴。

2）平行光管发出平行光，且其光轴垂直于中心转轴。

3）载物台面垂直于中心转轴。

调节的顺序是：先粗调后细调，调节完部分不再调节。

（1）粗调。让载物台高度适中。从侧方目测望远镜、载物台、平行光管是否大致水平（若望远镜不水平调节螺钉12，平行光管不水平调节螺钉27，载物台不水平调节螺钉6）。从上方俯视目测望远镜光轴、载物台中心、平行光管的光轴是否在一条直线上。

（2）调节望远镜。

1）使望远镜聚焦于无穷远。转动目镜手轮使分划板上刻度线位于目镜的焦面上，即看清楚刻度线（后面不能再调节目镜）。如图9-9所示，将半透镜放置于载物盘中心位置上（建议平行于以水平螺钉为顶点的三角形的某条边），图中 B_1、B_2、B_3 是调节螺钉对应载物盘的位置，M 是半透镜，这种放置的优点是只动一个螺钉 B_3 可以改变载物盘上半透镜的仰角。慢慢地转动载物台（游标盘应与载物盘一起转动），从望远镜找到从镜面反射回来的小十字像。如果把平面镜转过 $180°$（通过水平旋转黑色的游标盘来带动载物台旋转，进而带动平面镜旋转），前后的两面均找不到反射像，则主要是目视粗调没有达到要求，应重新粗调。若重新粗调后仍然两面均找不到十字像，或只有一面找不到反射像，则找不到的十字像位于 P' 上方的概率很高，只是超出了分划板的视野看不到了。此时应根据两面反射像的情况调整载物台或者望远镜的俯仰，直到两面均能看到反射的十字像。找到十字像以后，松开螺钉9调节望远镜筒，改变分划板到物镜的距离直到观察到清晰的十字像，且看十字像与刻线板上的叉丝无视差为止。

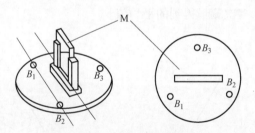

图9-9　半透镜放置示意图

2）使望远镜的光轴垂直于中心转轴。在上一步调好基础上，看反射回来的十字像和分划板的上交点 P' 是否重合，若不重合调节望远镜下面的螺钉12，使得反射回来的小十字像与 P' 重合。如图9-10所示，这时镜面和望远镜的光轴正好垂直。把平面镜转过 $180°$（通过水平旋转黑色的游标盘来带动载物台旋转，进而带动平面镜旋转），如果反射回来的十字像和 P' 点仍重合，说明镜面平行于分光计中心转轴，所以望远镜的光轴也垂直于分光计中心转轴了。如果不重合，调节过程将分为两步。第一步应判断平面镜旋转 $180°$ 前后反射的十字像的位置，如果两个反射像均位于 P' 的上方或下方（双像同侧），则应调节望远镜俯仰螺钉12，使平面镜旋转前或后的一面的反射像与 P 重合；如果两个像一个位于 P' 上方，另一个位于 P' 下方（双像异侧），那么就应该调节载物台调平螺钉6，使平面镜旋转前或后的一面的反射像与 P 重合；当平面镜旋转 $180°$ 前后反射的十字像一个与 P' 重合，另一个与 P' 不重合时，进入第二步调节，即在反射像与 P' 不重合的那一面，分别调节望远镜俯仰螺钉 12 和载物台调平螺钉 6，先后使十字像与上交点 P' 的垂直距离减少一半（这种方法也叫各半调节法），此时另一侧的反射像将仍然与 P' 重合，望远镜的光轴垂直于中心转轴调整完毕。

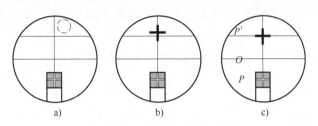

图 9-10　分划板反射像示意图

以上调好后将载物台连同平面镜一起转动，通过望远镜观察反射回的"＋"字像是否沿分划板水平刻度线水平移动，若不是，微微转动目镜使之水平移动（注意转动目镜时不要破坏望远镜的调焦）。

（3）调节平行光管。

1）调节平行光管使之产生平行光。

将已聚焦于无穷远的望远镜作为基准，让望远镜与平行光管基本在一条直线上，点燃钠光灯，将狭缝均匀照亮。拧松螺钉 2，前后移动平行光管的内筒，使狭缝位于物镜焦平面上，从望远镜中能看到清晰的狭缝像（调狭缝宽度调节手轮 28，使狭缝宽度适中），即平行光管发出的光为平行光。

2）使平行光管光轴与分光计中心转轴垂直。

将已调好的望远镜光轴作为基准，只要平行光管光轴与望远镜光轴平行，则平行光管光轴与分光计中心转轴就一定垂直。先将狭缝垂直放置，调节螺钉 26 使狭缝的像与分划板竖直刻度线重合；然后使狭缝转过 90°，调节螺钉 27 使狭缝像与分划板水平中间刻度线重合，即表示平行光管光轴与望远镜光轴平行，如图 9-11 所示。

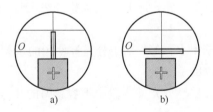

图 9-11　平行光管调节示意图

2. 数据测量（见视频，数据记录到书后附录的原始数据记录表中）

用分光束法测三棱镜的顶角

将三棱镜待测顶角的顶点置于载物台中心，并对准平行光管（见图 9-5a），以分光束法测量三棱镜的顶角，重复测量 5 次。

3. 数据处理

根据原始数据记录表中的测量结果，结合式（9-2），可以计算三棱镜的顶角。

实验注意

1. 不得用手触摸仪器的光学表面。
2. 转动望远镜时，应该手握望远镜下方的三角形支架，切勿直接推目镜筒。
3. 为了快速地在望远镜中找到反射的绿色十字像，一定注意先粗调，然后再细调。
4. 左右两个游标应分清，同一游标的读数不要前后混淆。

思考题

1. 分光束法测 α 时，
（1）狭缝宽度对结果是否有影响？试分析之。
（2）若被测顶角不放于载物台中心又会如何？
2. 为什么分光计设置两个游标？

实验参考资料

[1]   [2]   [3]   [4]   [5]

［1］陈煜. 分光计实验望远镜快速调节十二字诀［J］. 广西物理，2017（38）：1-2.

［2］江海燕，李国祥，宋逢泉. 基于分光计平台的若干光学实验原理讨论［J］. 物理通报，2019（03）：74-77.

［3］赵伟，张权，郑虹，等. 分光计上物理实验分级设计与教学实践［J］. 物理实验，2017，37（01）：33-38.

［4］王素红，罗远焱，于得水，等. 基于分光计使用的系列拓展实验研究［J］. 大学物理实验，2014，27（2）：46-48.

［5］陈美霞，张霆，刘成岳. 分光计实验中不容忽略的几个细节［J］. 物理通报，2018（S2）：103-106.

【附】

消除偏心差的原理

由于刻度盘中心与转盘中心并不一定重合，真正转过的角度同读出角度之间会稍有差别。这个差别叫"偏心差"。

如图 9-12 所示，O 与 O' 分别为刻度盘与转盘的中心。转盘转过的角度为 φ，但读出的角度在两个角游标上分别为 φ_1 和 φ_2。由几何原理可知

$$\alpha_1 = \frac{1}{2}\varphi_1, \qquad \alpha_2 = \frac{1}{2}\varphi_2$$

又因为

$$\varphi = \alpha_1 + \alpha_2$$

故

$$\varphi = \frac{1}{2}(\varphi_1 + \varphi_2) = \frac{1}{2}\left[\ |\theta'_1 - \theta_1| + |\theta'_2 - \theta_2|\ \right]$$

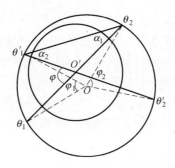

图 9-12　消除偏心差原理示意图

实验 10　薄凹凸透镜焦距的测量

实验背景

　　光学实验离不开光学仪器，透镜是组成各种光学仪器（如显微镜、望远镜、照相机等）的基本光学元件，掌握透镜成像的规律，学会光路的分析和调节，对于了解光学仪器的构造和正确使用是有益的；透镜及各种透镜的组合可形成放大和缩小的实像、虚像，选择焦距合适的透镜或透镜组，可在不同的场合使用。透镜是组成各种光学仪器（如显微镜、望远镜、照相机等）的基本光学元件，焦距是透镜的一个重要特性参量，在不同的使用场合需要选择焦距合适的透镜或透镜组，为此需要测定透镜的焦距。本实验要求用多种方法测量薄透镜的焦距。

实验目的

1. 了解薄凹透镜、薄凸透镜成像的基本成像规律。
2. 学会测量薄透镜焦距的几种方法。
3. 掌握光学系统的共轴调节。
4. 学习基本光路的调整和分析方法。

实验仪器

　　光具座、滑块、固定夹、物屏、像屏、光源、凸透镜、凹透镜、平面反射镜等。

实验原理

1. 薄透镜的成像规律

　　薄透镜是指透镜中央厚度比焦距小得多的透镜。透镜分为两大类：一类是凸透镜（也称为会聚透镜），对光线起会聚作用，焦距越短，会聚本领越大，比如放大镜；另一类是凹透镜（也称为发散透镜），对光线起发散作用，焦距越短，发散本领越大，比如近视眼镜。

　　在近轴光线（成像光线靠近光轴并且与光轴的夹角很小）条件下，薄透镜成像规律用下面的公式（常称为透镜成像公式）表示为

$$\frac{1}{f'} = \frac{1}{u} + \frac{1}{v} \tag{10-1}$$

式中各量的意义及它们的符号规则如下。f'：焦距（光心到像方焦点的距离），凸透镜为正，凹透镜为负；u：物距（光心到物的距离），实物为正，虚物为负；v：像距（光心到像的距离），实像为正，虚像为负。

　　薄透镜成像时的物像关系可从作图法得出，利用"三条光线"：1）平行于主光轴的光线，经过透镜后，该光线通过像方焦点；2）经过透镜光心的光线，方向不变；3）经过物方

焦点的光线，该光线通过透镜后与主光轴平行。除此之外，有必要时还应作辅助光线。利用这些光线，便可对实验中简单光路的物像关系用作图法画出。薄凸透镜（会聚透镜）成像规律如表 10-1 所示。

表 10-1　薄凸透镜成像规律

物　　距	成像范围	像的性质
$u > 2f'$	$2f' > v > f'$	倒立、缩小、实像
$u = 2f'$	$v = 2f'$	倒立、等大、实像
$2f' > u > f'$	$v > 2f'$	倒立、放大、实像
$u = f'$	∞	成平行光
$u < f'$	$-\infty < v < 0$	正立、放大、虚像

2. 凸透镜焦距的测定

（1）物距-像距法。根据表 10-1，当实物作为光源时，其发散的光经过凸透镜后，在物距大于 f' 时，可以用像屏接收实像，通过测量物距和像距，利用式（10-1）可算出透镜的焦距，光路如图 10-1 所示。

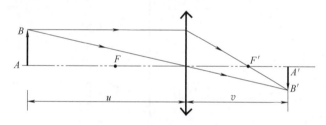

图 10-1　物距-像距法测凸透镜的焦距

（2）共轭法。调节物屏与像屏使其间的距离 $L > 4f'$（为什么？试证明之），如图 10-2 所示。固定物屏和像屏的位置，将凸透镜在物屏与像屏之间移动时，在像屏上能看到两次清晰的实像。当透镜在 O_1 位置时，像屏上出现倒立放大的实像 $A''B''$；当透镜在 O_2 位置时，像屏上出现倒立缩小的实像 $A'B'$；而且对比透镜在 O_1 位置时的物距 u_1 和像距 v_1，与透镜在 O_2 时的像距 v_2 和物距 u_2，A 和 A' 两个位置是对称（共轭）的，所以称为共轭法。运用物、像的共轭性质，由式（10-1）可得

$$f' = \frac{L^2 - e^2}{4L} \tag{10-2}$$

式中，L 为物屏与像屏之间的距离；e 为透镜第一中心位置 O_1 与透镜第二中心位置 O_2 之间的距离。只要测出 L 和 e，用式（10-2）可计算透镜的焦距。

（3）自准直法。如图 10-3 所示，当物放在透镜的物方焦平面上时，由物点 A 发出的光经透镜后将成为平行光；如果在透镜后面放一与透镜光轴垂直的平面反射镜（最好紧贴），则平行光经平面镜反射后，再次通过透镜，汇聚在物平面（焦平面）上的 A' 点。调节透镜位置，使像清晰，此时 A 与 A' 关于主光轴对称。测量透镜与物体之间的距离，得到透镜焦距 f' 的近似值。

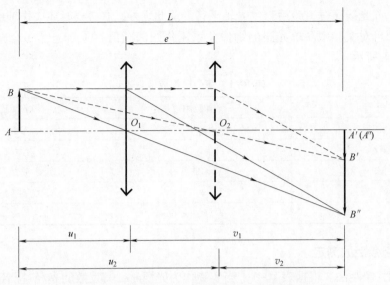

图 10-2 共轭法（二次成像法）测凸透镜的焦距

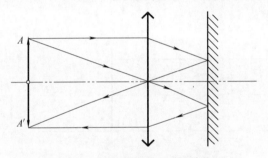

图 10-3 自准直法测凸透镜的焦距

3. 凹透镜焦距的测定

（1）辅助凸透镜应用物距-像距法测凹透镜的焦距。如图 10-4 所示，设物 AB 置于凸透镜 L_1 的一倍焦距以外，成实像于 $A'B'$，而在凸透镜和实像 $A'B'$ 之间加上待测焦距的凹透镜 L_2 后，像 $A'B'$ 便成为凹透镜 L_2 的虚物，经 L_2 后，成像于 $A''B''$。对于 L_2 来说，$A'B'$ 和 $A''B''$ 是虚物和实像。测出 L_2 到 $A'B'$ 和 $A''B''$ 的距离，分别是凹透镜的物距 u 和像距 v，根据式（10-1）可算出凹透镜焦距 f'_2：

$$\frac{1}{f'} = \frac{1}{u} + \frac{1}{v}$$

注意，由于 $A'B'$ 是凹透镜的虚物，故物距 u 为负值。

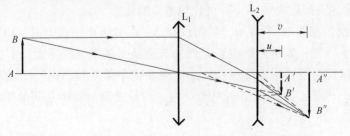

图 10-4 引入辅助凸透镜利用物距-像距法测凹透镜焦距

（2）自准直法（平面镜）求凹透镜的焦距。如图 10-5 所示，物 AB 发出的光经辅助透镜 L_1 后成实像于 $A'B'$，而加上待测焦距的凹透镜 L_2 后，若 $A'B'$ 恰好在凹透镜 L_2 的焦平面上，则从 L_2 出射的光成为平行光。在 L_2 后放一平面反射镜，该平行光经反射镜反射并再依次通过 L_2 和 L_1，最后在物屏上成等大的实像 $A''B''$。这时分别测出 L_2 的位置及 $A'B'$ 的位置，则二者之差就是凹透镜 L_2 的焦距。

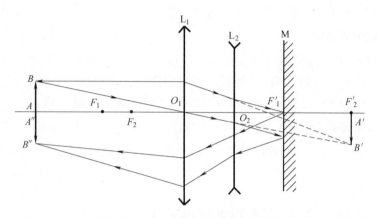

图 10-5　自准直法测凹透镜的焦距

4. 光学系统的共轴调节

薄透镜成像公式仅在近轴光线的条件下才成立。光学实验中经常用到一个或多个透镜成像，为了获得质量好的像，必须使各个透镜的主光轴重合（即共轴），并使物体位于透镜的主光轴附近，以便入射到透镜的光线与主光轴的夹角很小，这一步骤称为共轴调节。调节方法如下：

（1）粗调。利用目测判断。将安装在光具座上的光源、物和透镜沿导轨靠拢在一起，调节它们的取向和高低左右位置，用眼睛仔细观察，使各元件的中心等高，光学元件的方位取向一致，达到使各光学元件的光轴大致重合的目的。

（2）细调。不同的装置有不同的具体调节方法，下面介绍与单个凸透镜共轴的调节方法，即将物上的某一点调到透镜的主光轴上。利用共轭法使物屏与像屏之间的距离大于 4 倍焦距时，移动透镜，在像屏上会得到一个放大的实像和一个缩小的实像，改变透镜（或物）的高度，让物的某一点（建议是图像的特征点，比如尖锐处，不建议图像中点）在成大像和成小像时的像点在像屏上处于同一位置，此时该物点必定在透镜的主光轴上，而且光轴平行于导轨面。若开始时该大、小像点不在同一位置，则改变透镜的高度，使成大像时的该像点逐渐向成小像时的该像点靠近，如此反复调节几次，直到成大、小像时该像点位置都不改变，这就是常说的"大像追小像"。

若要调多个透镜组成的光学系统共轴，则应先将物上某点调到一个透镜的主光轴上，然后依次放上待调的其他光学元件，逐一调节这些元件的高度，使得选定的物点经每个光学元件后成的像点的位置在像屏上都不改变，这样可调好整个系统的共轴。

5. 光学系统的数据读取方法

在本实验测量过程中，为了减小读数误差，宜采用"左右逼近法"对透镜位置进行范围读数。左右逼近读数法是指透镜在导轨上从左向右移动，记录成清晰像时的透镜位置 $x_{左}$，然后，将透镜在导轨上从右向左移动（与上一次运动方向相反），记录成清晰像时的透镜位置 $x_右$。这两个位置就是能成清晰像的透镜范围。此读数法不仅适用于透镜，也适用于物屏和像屏。

实验内容（扫右侧二维码观看）

本实验用自准直法、共轭法、物距-像距法测量凸透镜的焦距，用辅助凸透镜的方法和自准直法（选做）测量凹透镜的焦距。

1. 光学系统的共轴调节

将光源、物屏、待测透镜和成像像屏依次放在光具座的导轨上，进行光学系统的共轴调节。先粗调（元件中心大致等高），后采用共轭法细调。建议物与像屏之间的距离尽可能大，能保持共轴的范围也就越大，成大小像时像的特征点重合度越高越好。

2. 薄凸透镜焦距的测量

（1）物距-像距法测量凸透镜的焦距。固定物屏不动，移动透镜和像屏，使之不但能成清晰实像，而且在三种不同情况（一次成放大像，一次成缩小像，一次成大小相等像）下测量，记录物、透镜、像的位置（读取滑块的同一侧），透镜位置用"左右逼近法"读取，将数据填入书后附录原始数据记录表 10-1，根据式（10-1）计算 f'。

（2）共轭法测量凸透镜的焦距。固定物屏不动，像屏与物屏之间距离大于 $4f'$，移动透镜和像屏，使之不但能成清晰实像，而且在三种不同情况（一次物像距离最近，一次物像距离最远，一次物像距离在最远和最近之间）下测量，记录物三次成像时透镜、像的位置（读取滑块的同一侧），透镜位置用"左右逼近法"读取，将数据填入书后附录原始数据记录表 10-2，根据式（10-2）计算 f'。

（3）用自准直法测量凸透镜的焦距。按图 10-3 移动透镜并适当调整平面镜的方位，平面镜最好紧贴凸透镜，沿光轴方向可看到在物屏上相对光轴对称的位置出现一倒立等大的实像（平面镜转动时该实像应跟随转动，或用手阻挡凸透镜与平面镜之间的光路，像应消失），记录物屏与透镜的位置（读取滑块的同一侧），透镜位置用"左右逼近法"读取，填入书后附录原始数据记录表 10-3，计算透镜焦距 f'。

3. 薄凹透镜焦距的测量

物距-像距法测量凹透镜的焦距：固定物屏不动，先放置凸透镜能成实像，在凸透镜和像屏之间加入待测凹透镜，适当调整凸透镜、凹透镜和像屏三者的位置，使之不但能成清晰实像，而且在三种不同情况（一次成放大像，一次成缩小像，一次成大小相等像）下测量，记录物、透镜、像的位置（读取滑块的同一侧），透镜位置用"左右逼近法"读取，将数据填入书后附录原始数据记录表 10-4，根据式（10-1）计算 f'。

实验注意

1. 本实验无论测凸透镜还是测凹透镜的焦距，都尽量确保是在共轴光学平台情况下完成的，否则会引入较大测量误差。

2. 物屏固定在光具座一端，移动透镜或别的光学元件，以便充分利用有限的光具座空间。

3. 物屏与光源之间尽量贴合，避免光照度降低。

4. 用手推滑块底座，而不是推测微杆或别的部位，否则会致使部件松懈。

5. 读取各个光学元件位置数据时，只需读滑块的同一侧（同左侧或同右侧），不需要两侧都读。

6. 读透镜位置数据时，要采用左右逼近法（非滑块的左侧、右侧）读取，这样更科学。

思考题

1. 在用物距-像距法测凸透镜焦距时，是选成放大的像还是选成缩小的像？依据何在？

2. 用自准直法测凸透镜焦距，移动透镜位置时会发现在物屏上先后两次成像（其中只有一个是透镜的自准直像），请问哪一个是透镜的自准直像？怎样判断？另一个是怎样形成的？根据此现象在进行共轴调节时应注意什么？

3. 如何根据视差判断物与像是否对齐？如果未对齐，应怎样调节？自准直法是否可用于进行共轴调节？若可以应注意什么？

实验参考资料

[1]　　　　　　　　[2]　　　　　　　　[3]

[4]　　　　　　　　[5]　　　　　　　　[6]

　[1] 梁锦安. 介绍一种光学系统共轴等高调节法 [J]. 实验室研究与探索，2000，19 (06)：101-103.

　[2] 韩修林，等. 同轴等高的快速调整方法改进 [J]. 重庆科技学院学报（自然科学版），2016，18 (04)：120-121.

　[3] 梁嘉豪，等. 基于望远镜原理测量薄透镜焦距 [J]. 大学物理实验，2019，32 (01)：66-67.

　[4] 彭金松，彭金庆，廖洁，等. 薄透镜焦距的测量研究 [J]. 河池学院学报，2016，36 (02)：106-110.

　[5] 刘竹琴. 利用组合透镜测量薄透镜的焦距 [J]. 延安大学学报（自然科学版），2015，(03)：26-27.

　[6] 许巧平. 双束激光法测薄透镜焦距的实验探究 [J]. 延安大学学报（自然科学版），2013，32 (03)：30-32.

[7] [8] [9] [10]

[7] 邱彩虹. 物距像距法在凹透镜焦距测量中的成像原理与数据分析 [J]. 大学物理实验, 2017, 30 (02): 123-124.

[8] 李伟, 等. 薄透镜焦距测量方法的研究 [J]. 大学物理实验, 2014, 27 (01): 34-36.

[9] 陈舟, 等. 平凸透镜焦距的测量与研究 [J]. 物理, 2018, 37 (04): 71-78.

[10] 王江华, 等. 凹透镜焦距测量方法的改进 [J]. 物理与工程, 2014, 24 (01): 31-34.

实验 11　硅太阳能电池特性的研究

实验背景

　　能源短缺和地球生态环境污染已经成为人类面临的最大问题，推广使用可再生能源是未来发展的必然趋势。太阳能取之不尽、用之不竭，而且是不会产生环境污染的绿色能源。本实验中的硅太阳能电池就是利用的太阳能转换成电能的原理。串联或并联很多硅太阳能电池，可以建成太阳能发电站。太阳能发电有两种方式：一是光-热-电转换方式，利用太阳辐射产生的热能发电，该方式的缺点是效率很低而成本很高；二是光-电直接转换方式，利用光生伏特效应而将太阳光能直接转化为电能。光-电转换的基本装置就是太阳能电池，根据所用材料的不同，太阳能电池可分为硅太阳能电池、化合物太阳能电池、聚合物太阳能电池和有机太阳能电池等。其中硅太阳能电池具有性能稳定、光谱范围宽、频率响应好、光电转换效率高、耐高温辐射、寿命长、价格便宜等，因而在光信号探测器、光电转换、自动控制、计算机输入和输出等方面发挥着重要作用。

　　本实验研究单晶硅、多晶硅和非晶硅（选做）3 种太阳能电池的暗伏安特性、光照特性和负载特性。

实验目的

　　1. 理解硅光电池的物理制备特性。

　　2. 了解硅光电池的应用意义。

　　3. 对硅光电池的暗伏安特性、光照特性和负载特性进行测量。

实验仪器

　　带光源的导轨、滑动支架，单晶硅片、多晶硅片、光探头、导线、遮光罩、可变负载（电阻箱）、太阳能电池特性实验仪（含输出电压源、电流表、电压/光强表）。

实验原理

　　太阳能电池利用半导体 PN 结受光照射时的光伏效应发电，图 11-1 为 PN 结示意图。在没有光照射时，由于多数载流子（P 型半导体中的多数载流子为空穴，N 型半导体中的多数载流子为电子）的扩散，在 P 型区与 N 型区半导体接触面形成阻挡层——一个由 N 区指向 P 区的电场，阻止多数载流子的扩散，但是这个电场却能帮助少数载流子（P 区的少数载流子为电子，N 区的少数载流子为空穴）通过阻挡层。当入射的光子能量大于一定值时，P 区和 N 区内均产生电子-空穴对，它们在运动中一部分重新复合，其余部分在到达 PN 结附近时受阻挡层电场的作用，空穴向 P 区迁移，使 P 区显示正电性，电子向 N 区迁移，使 N 区带负电，因此在光电池两端产生了电动势。如果以导线将光电池两端连接起来，导线内便有电流流过，电流的方向是由 P 区经导线流向 N 区。如果停止光照，因少数载流子没有了来源，电流就会停止。这就是光电池受光照射时产生电动势（光伏效应）和光电流的简单原理。

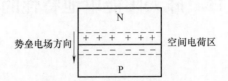

图 11-1　半导体 PN 结示意图

若将 PN 结两端接入外电路，就可向负载输出电能。在一定的光照条件下，改变太阳能电池负载电阻的大小，测量其输出电压与输出电流，得到输出伏安特性，如图 11-2 中实线所示。

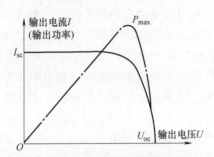

图 11-2　太阳能电池的输出特性

负载电阻为零时测得的最大电流 I_{sc} 称为短路电流。负载断开时测得的最大电压 U_{oc} 称为开路电压。

太阳能电池的输出功率为输出电压与输出电流的乘积。同样的电池及光照条件，负载电阻大小不一样时，输出的功率是不一样的。若以输出电压为横坐标、输出功率为纵坐标，绘出的 P-U 曲线如图 11-2 中虚线所示。

输出电压与输出电流的最大乘积值称为最大输出功率 P_{max}。

填充因子 $F.F$ 定义为

$$F.F = \frac{P_{max}}{U_{oc} \times I_{sc}} \tag{11-1}$$

填充因子是表征太阳能电池性能优劣的重要参数，其值越大，电池的光电转换效率越高，一般的硅光电池填充因子 $F.F$ 值为 $0.75 \sim 0.80$。

转换效率 η_s 定义为

$$\eta_s(\%) = \frac{P_{max}}{P_{in}} \times 100\% \tag{11-2}$$

式中，P_{in} 为入射到太阳能电池表面的光功率。

理论分析及实验表明，在不同的光照条件下，短路电流随入射光功率线性增长，而开路电压在入射光功率增加时只略微增加，如图 11-3 所示。

硅太阳能电池分为单晶硅太阳能电池、多晶硅薄膜太阳能电池和非晶硅薄膜太阳能电池三种。

单晶硅太阳能电池转换效率最高，技术也最为成熟。在实验室里最高的转换效率为

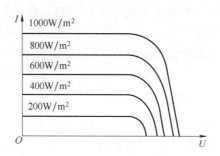

图 11-3　不同光照条件下的 *I- U* 曲线

24.7％，规模生产时的效率可达到 15％。在大规模应用和工业生产中仍占据主导地位。但由于单晶硅价格高，大幅度降低其成本很困难，为了节省硅材料，发展了多晶硅薄膜和非晶硅薄膜作为单晶硅太阳能电池的替代产品。

多晶硅薄膜太阳能电池与单晶硅太阳能电池相比，成本低廉，而效率高于非晶硅薄膜太阳能电池，其实验室最高转换效率为 18％，工业规模生产的转换效率可达到 10％。因此，多晶硅薄膜太阳能电池可能在未来的太阳能电池市场上占据主导地位。

非晶硅薄膜太阳能电池成本低，重量轻，便于大规模生产，有极大的潜力。如果能进一步解决稳定性及提高转换率，无疑是太阳能电池的主要发展方向之一。

实验内容（扫右侧二维码观看）

1. 硅太阳能电池的暗伏安特性测量

暗伏安特性是指无光照射时，流经太阳能电池的电流与外加电压之间的关系。

太阳能电池的基本结构是一个大面积平面 PN 结，单个太阳能电池单元的 PN 结面积已远大于普通的二极管。在实际应用中，为得到所需的输出电流，通常将若干电池单元并联。为得到所需输出电压，通常将若干已并联的电池组串联。因此，它的伏安特性虽类似于普通二极管，但取决于太阳能电池的材料、结构及组成组件时的串并联关系。本实验提供的组件是将若干单元并联。要求测试并画出单晶硅、多晶硅、非晶硅太阳能电池组件在无光照时的暗伏安特性曲线。

测量原理如图 11-4 所示。将待测的太阳能电池接到测试仪上的"电压输出"接口，电阻箱调至 50 Ω 后串联进电路起保护作用，用电压表测量太阳能电池两端电压，电流表测量回路中的电流。

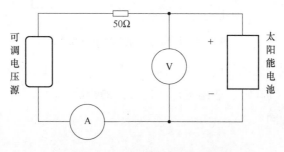

图 11-4　伏安特性测量接线原理图

用遮光罩罩住太阳能电池，将电压源调到 0 V，然后逐渐增大输出电压，按相应表格记录通过的电流值，将电压输入调到 0 V，然后将"电压输出"接口的两根连线互换，即给太阳能电池加上反向的电压，逐渐增大反向电压，记录电流随电压变换的数据于书后附录原始数据记录表 11-1 中。

2. 开路电压、短路电流与光强关系的测量

打开光源开关，预热 1 min。打开遮光罩；将光强探头装在太阳能电池板位置，探头输出线连接到太阳能电池特性测试仪的"光强输入"接口上；测试仪设置为"光强测量"；由近及远移动滑动支架，测量距光源一定距离的光强 I，将测量到的光强记入书后附录原始数据记录表 11-2。

将光强探头换成单晶硅太阳能电池，测试仪设置为"电压表"状态。按图 11-5a 接线，测量一定光强时的电压值，记录电压值于书后附录原始数据记录表 11-2 中；测试仪设置为"电流表"状态，按图 11-5b 接线，测量一定光强时的电流值，记录电流值于书后附录原始数据记录表 11-2 中；

将单晶硅太阳能电池更换为多（非）晶硅太阳能电池，重复测量步骤，并记录数据。

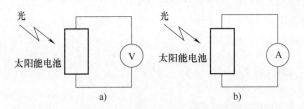

图 11-5　开路电压、短路电流与光强关系测量示意图

a）测量开路电压；b）测量短路电流

3. 硅太阳能电池输出特性实验

按图 11-6 接线，以电阻箱作为太阳能电池负载。在一定光照强度下（将滑动支架固定在导轨上某一个位置，40 cm 处），将太阳能电池板安装到支架上，改变电阻箱的电阻值，记录太阳能电池的输出电压 U 和电流 I，并计算输出功率 $P_0 = UI$，填于书后附录原始数据记录表 11-3 中。

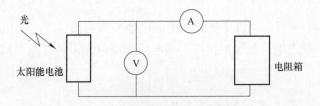

图 11-6　测量太阳能电池输出特性

若时间允许，可改变光照强度（改变滑动支架的位置），重复前面的实验。

4. 测量多晶硅片（选做）、非晶硅片（选做）的特性

内容与单晶硅片相同。

实验注意

1. 硅光电池受温度的影响较大，在有光照的情况下，不宜长时间等待读数据。
2. 连接线路时，注意器件的高低电势端的区分，更不要短路。
3. 手拿导线头进行导线的插拔，勿拽、扯。
4. 电学器件旋钮不要硬转。

思考题

1. 讨论太阳能电池的暗伏安特性与一般二极管的伏安特性有何异同？
2. 光电流与短路电流有什么关系？
3. 在研究硅光电池的光照特性时，能否将电压表和电流表同时连接在线路中？为什么不可以？
4. 如果添加滤色片，是否可以测量硅太阳能电池的相对光谱响应曲线。

实验参考资料

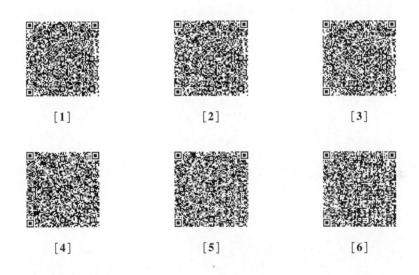

[1]   [2]   [3]

[4]   [5]   [6]

［1］周朕. 硅光电池特性研究［J］. 实验室研究与探索，2011，30（11）：36-39.

［2］戴皓斑，倪晨，方恺，等. 基于 LabVIEW 研究硅光电池特性［J］. 物理实验，2014（10）：18-20＋25.

［3］宋爱琴. 硅光电池特性的研究［J］. 实验室科学，2011，14（02）：102-104.

［4］杨桂霞，等. γ吸收剂量率在线探测用硅光电池的电学性能研究［J］. 原子能科学技术，2015（08）：1504-1508.

［5］金解云，邹继军. 一种新型硅光电池 I-U 特性测试系统［J］. 可再生能源，2012，30（2）：99-102.

［6］许劲松，周汉义，刘洪杰. 太阳能电池 I-V 特性测试系统实现［J］. 计算机与现代化，2010（03）：148-150.

［7］   ［8］

［7］金解云. 硅光电池的光谱响应测试技术［J］. 可再生能源，2014，32（05）：565-568.

［8］肖文波，卓儒盛，曹期军，等. 便携式太阳电池特性参数获取系统［J］. 北京航空航天大学学报，2014，40（06）：737-741.

实验 12　准稳态法测定不良导体导热系数

实验背景

热传导是热传递三种基本方式（热辐射、热传导、热对流）之一。导热系数定义为单位温度梯度下每单位时间内由单位面积传递的热量，单位为 W/(m·K)。材料物质的导热系数大小反映了该材料热传递的热学特征。

单位质量的某种物质，在温度升高（或降低）1 K 时所吸收（或放出）的热量，叫作这种物质的比热容，单位为 J/(kg·K)。

导热系数测量的方法常见有稳态法、闪光法和动态法测量等。准稳态法只要求温差恒定和温升速率恒定，使用准稳态法不必通过长时间的加热达到稳态，就可通过简单的计算得到导热系数和比热容。

实验目的

1. 理解准稳态测量不良导体的导热系数和比热容的原理和特点。
2. 掌握物体内热传导的过程和电热偶工作原理。
3. 理解温升速率和温度测量方式并作图处理数据。

实验仪器

准稳态法比热导热系数测定仪、两套实验样品（橡胶和有机玻璃，每套四块）、加热板两块、热电偶、保温杯、导线若干。

实验原理

1. 热传导与傅里叶定理

热传导是发生在温度降低方向的传输现象，其机理在气体、液体、固体中是不尽相同的。气体甚至液体的热传导可认为是分子间的碰撞结果，在固体中认为是分子围绕其晶格的振动并朝向固体晶格方向传递能量。

法国科学家傅里叶（Joseph Fourier, 1768—1830）在 1815 年提出，单位时间内垂直通过单位面积的能量为能流密度 J，经实验证明它正比于温度 $T(x, t)$ 沿着能流方向单位位移上的递减，即

$$J = -\lambda \frac{\partial T}{\partial x} \tag{12-1}$$

式中，λ 是材料特性的导热率系数，其单位为 J/(m·s·K) 或 cal/(m·s·K)；负号表示能流方向指向温度降低的方向。

由能流密度和比热的定义，可以推导出温度场 $T(x, t)$ 随时间的变化方程为

$$\frac{\partial T(x,t)}{\partial t} = a \frac{\partial^2 T(x,t)}{\partial x^2} \tag{12-2}$$

式中，系数 $a = \lambda/c\rho$，ρ 为材料的密度，c 为材料的比热容。

2. 准稳态法测量原理

（1）物理模型分析。根据实验得知，当试件的横向尺寸大于试件厚度的 6 倍以上时，可认为传热方向只在试件的厚度方向进行。同时要精确测量出加热面和中心面中心部位的温度，需分别放置两个热电偶来测量此两处的温度或温升速率。为了在加热面两侧得到相同的热阻，要对称配置样品，这样热流密度可认为是功率密度的一半（采用超薄型平面加热器使加热面均匀可控，加热器自身的热容可忽略不计）。

在此条件下，归纳为如图 12-1 所示的一维无限大导热模型：以试样中心面为坐标原点，无限大不良导体平板厚度为 d，探讨区间为两倍 d 区域，初始温度为 T_0；在中间两平板区间的两侧，同时施加均匀而指向中心面的加热过程，其热流密度为 J，则平板各处热传导的温度场 $T(x, t)$ 将随加热时间 t 而变化，满足式（12-2）。此模型的初始与边界条件为

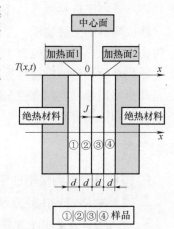

图 12-1　模型示意

$$\begin{cases} T(x,0) = T_0 \\ \dfrac{\partial T(d,t)}{\partial x} = \dfrac{J}{\lambda} \\ \dfrac{\partial T(0,t)}{\partial x} = 0 \end{cases} \tag{12-3}$$

方程（12-2）在此初始与边界条件下［方程（12-3）］的解为

$$T(x,t) = T_0 + \frac{J}{\lambda}\left(\frac{a}{d}t + \frac{1}{2d}x^2 - \frac{d}{6} + \frac{2d}{\pi^2}\sum_{n=1}^{\infty}\frac{(-1)^{n+1}}{n^2}\cos\frac{n\pi}{d}x \cdot e^{-\frac{an^2\pi^2}{d^2}t} \right)$$

式中的级数求和项由于指数衰减的原因，会随加热时间的增加而逐渐变小，当 $(at/d^2) > 0.5$ 时，级数求和项可以忽略不计。温度场表述为

$$T(x,t) = T_0 + \frac{J}{\lambda}\left(\frac{x^2}{2d} - \frac{d}{6} + \frac{at}{d} \right) \tag{12-4}$$

由式（12-4）可知，当加热时间满足 $t > 0.5(d^2/a)$ 条件时，在试件各点的温度与加热时间呈线性关系；对时间求导后各点的温升速率是相同的并同为 $aJ/\lambda d$，并表明此值是一个和材料导热性能和实验条件有关的常数；称满足式（12-4）对应的状态为准稳态。

（2）边界条件分析。在试件中心面处有 $x = 0$，由式（12-4）有

$$T(0,t) = T_0 + \frac{J}{\lambda}\left(\frac{at}{d} - \frac{d}{6} \right)$$

在试件加热面处有 $x = d$，由式（12-4）有

$$T(d, t) = T_0 + \frac{J}{\lambda}\left(\frac{at}{d} + \frac{d}{3} \right)$$

此时加热面和中心面间的温度差为

$$\Delta T = T(d, t) - T(0, t) = \frac{1}{2}\left(\frac{Jd}{\lambda} \right) \tag{12-5}$$

加热面和中心面间的温度差 ΔT 和加热时间 t 没有直接关系，保持恒定；系统各处的温度和时间是线性关系，温升速率也相同。由此有

$$\lambda = \frac{1}{2}\frac{Jd}{\Delta T} \tag{12-6}$$

只要测量出进入准稳态后加热面和中心面间的温度差 ΔT，并由实验条件确定相关参量 J 和 d，则可以得到待测材料的导热系数 λ。称此方法为准稳态测量法。

（3）热导率测量。当系统进入准稳态后，试件中心面处和加热面处温度上升的速率 $(\mathrm{d}T/\mathrm{d}t = aJ/\lambda d)$ 相同，这样有：$J = c\rho d\dfrac{\mathrm{d}T}{\mathrm{d}t}$；那么热导率由三部分组成：

$$\lambda = \left(\frac{1}{2}c\rho d^2\right)\left(\frac{1}{\Delta T}\right)\left(\frac{\mathrm{d}T}{\mathrm{d}t}\right) \tag{12-7}$$

式中，$\dfrac{1}{2}c\rho d^2$ 为样品材料参量；$\dfrac{\mathrm{d}T}{\mathrm{d}t}$ 为准稳态条件下试件的温升速率；$\dfrac{1}{\Delta T}$ 为准稳态下加热面和中心面间的温度差倒数。只要在上述模型中测量出系统加热面和中心面间的温度差以及试件温升速率，即可由式（12-7）得到待测材料的导热系数。

3. 热电偶温度传感器

由 A、B 两种不同的导体两端相互紧密连接在一起，组成一个闭合回路，如图 12-2 所示。当两接点温度不等时，回路中就会产生电动势，从而形成电流，这一现象称为热电效应，回路中产生的电动势称为热电势。这两种不同导体的组合称为热电偶，其结构简单且具有较高的测量准确度，测温范围为 $-50 \sim +1\,600\ ℃$，在温度测量中应用极为广泛。

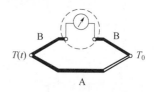

图 12-2　电热偶示意

热电偶的 A、B 两种导体称为热电极，有两个接点，一个为热端（T），测量时将它置于被测温度场中；另一个为冷端（T_0），一般要求测量过程中恒定在某一温度。实验在保温杯中进行，空气恒温。

理论分析和实践证明热电偶有如下规律：

1）热电偶的热电势仅取决于热电偶的材料和两个接点的温度，而与温度沿热电极的分布以及热电极的尺寸及形状无关（热电极的材质要求均匀）。

2）在 A、B 材料组成的热电偶回路中接入第三导体 C，只要引入的第三导体两端温度相同，则对回路的总热电势没有影响。在实际测温过程中，需要在回路中接入导线和测量仪表，相当于接入第三导体。

3）热电偶的输出电压与温度并非线性关系。对于常用的热电偶，其热电势与温度的关系由热电偶特性分度表给出。测量时，若冷端温度为 0 ℃，由测得的电压，通过对应分度表，即可查得所测的温度。若冷端温度不为 0 ℃，则通过一定的修正，也可得到温度值。在智能式测量仪表中，将有关参数输入计算程序，则可将测得的热电势直接转换为温度显示。

实验内容（扫右侧二维码观看）

实验采用准稳态法测定材料的导热系数。

1. 检查装置并连接各线路

注意事项：在保温杯中空气恒温。保证四个样品初始温度尽量一致，并旋动压紧样品旋钮，使加热面与样品间能良好接触。按实验要求连接、检查各部分连线（其中包括主机与样品架放大盒、放大盒与横梁、放大盒与保温杯、横梁与保温杯之间的连线）。

2. 设定加热电压

开机后，先让仪器预热 10 min 左右再进行实验。"加热控制"由加热计时指示灯的亮和不亮来确定，不亮表示加热控制开关关闭，此时处于关闭状态。

记录实验数据之前，应先设定加热电压（参考值：17 V 或 18 V），步骤为：先将"电压切换"钮按到"加热电压"档位，再由"加热电压调节"调到所需电压；然后把"电压切换"钮按回到"热电势"显示状态，并准备加热。

3. 测定样品的温度差和温升速率

将测量电压显示调到"热电势"的"温差"档位，若其绝对值显示小于 0.004 mV，就可以开始加热（在实验室环境，显示在 0.010 mV 左右也可）。

保证上述条件并做好记录准备和计时准备。打开"加热控制"开关并开始记数。建议每隔 1 min 分别记录一次中心面热电势和温差热电势，这样便于后面的计算（或以实验指导卡为准）。

实验完成后，冷却样品的操作顺序是：关闭加热控制开关 → 关闭电源开关 →旋转螺杆以松动实验样品主板。

实验注意

1. 了解准稳态法测量原理及对应的实验模型建立，分析有效的实验数据并计算材料导热系数。

2. 严禁取出热电偶和实验样品试件。

3. 准稳态的判定原则是温差热电势和温升热电势趋于恒定。实验中有机玻璃一般在 8 ~ 15 min，橡胶一般在 5 ~ 12 min 处于准稳态状态。

思考题

1. 试分析热导率测量的主要误差来源。为何要对称放置样品？

2. 试说明调整仪器时，为何要旋转螺杆推动隔热层压紧实验样品和热电偶保证良好接触。

3. 若铜-康铜热电偶的热电常数为 0.04 mV/K。实验中得到的温度差是多少摄氏度？温升速率是每秒多少摄氏度？

4. 若热流密度 $J = U^2/(2RS)$（W/m^2），其中 U 为两并联加热器的加热电压；每个加热器的电阻 $R = 110\ \Omega$；边缘修正后的加热面积 $S = A \times 0.09\ m \times 0.09\ m$，$A$ 为修正系数，对于有机玻璃和橡胶 $A = 0.85$。测量计算材料比热容的值。

实验参考资料

[1]　　[2]　　[3]　　[4]　　[5]

[1] 张欣蕊，唐晓虎. 准稳态测导热系数与比热实验教学的常见问题及策略［J］. 广西物理，2014，35（03）：43-45.

[2] 曾祥福，闵庆祝，战洪仁，等. 一种智能化的准稳态法导热系数测量装置［J］. 实验室科学，2008（03）：70-72.

[3] 骆敏，余观夏，林杨帆. 利用 Excel 处理稳态法测定导热系数的实验数据［J］. 大学物理实验，2019，32（03）：120-124.

[4] 吴以治，任大庆，宋振明，等. 测量导热系数实验的改进［J］. 物理实验，2017，37（10）：18-21.

[5] 吴以治，任大庆，宋振明，等. 基于不确定度处理的导热系数实验挖掘［J］. 大学物理实验，2017，30（04）：112-117.

【附】

1. 主机前、后面板说明

主机是控制整个实验操作并读取实验数据的装置，主机前、后面板如图 12-3 所示。

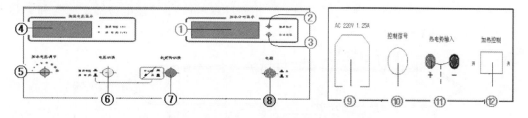

图 12-3　主机前、后面板及热电偶示意图

①—加热计时显示：显示加热的时间，前两位表示分，后两位表示秒，最大显示 99：59；

②—加热指示灯：指示加热控制开关的状态。亮时表示正在加热，灭时表示加热停止；

③—清零：当不需要当前计时显示数值而需要重新计时时，可按此键实现清零；

④—测量电压显示：显示两个电压，即"加热电压（V）"和"热电势（mV）"；

⑤—加热电压调节：调节加热电压的大小（范围：15.00 ~ 19.99 V）；

⑥—电压切换：在加热电压和热电势之间切换，同时测量电压显示表显示相应的电压数值；

⑦—热电势切换：在中心面热电势（实际为中心面－室温的温差热电势）和中心面－加热面的温差热电势之间切换，同时测量电压显示表显示相应的热电势数值；

⑧—电源开关：打开或关闭实验仪器；

⑨—电源插座：接220V，1.25A的交流电源；

⑩—控制信号：为放大盒及加热薄膜提供工作电压；

⑪—热电势输入：将传感器感应的热电势输入到主机；

⑫—加热控制：控制加热的开关。实验完成一定要关闭。

2. 实验装置

如图12-4所示，实验装置是安放实验样品和通过热电偶测量温度并放大感应电压信号的平台，实验装置采用了卧式插拔组合结构。

①—放大盒：将热电偶感应的电压信号放大并将此信号输入到主机；

②—中心面横梁：承载中心面的热电偶；

③—加热面横梁：承载加热面的热电偶；

④—加热器薄膜：给样品加热；

⑤—隔热层：防止加热样品时散热，从而保证实验精度；

⑥—螺杆旋钮：推动隔热层压紧或松动实验样品和热电偶；

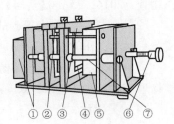

图12-4 模型示意

⑦—锁定杆：实验时锁定横梁，防止未松动螺杆取出热电偶导致热电偶损坏。

3. 接线原理图及接线说明

实验时，将两只热电偶的热端分别置于样品的加热面和中心面，冷端置于保温杯中，接线原理如图12-5所示。放大盒的两个"中心面热端＋"相互短接再与横梁的"中心面热端＋"相连（绿—绿—绿），"中心面冷端＋"与保温杯的"中心面冷端＋"相连（蓝—蓝），"加热面热端＋"与横梁的"加热面热端＋"相连（黄—黄），"热电势输出－"和"热电

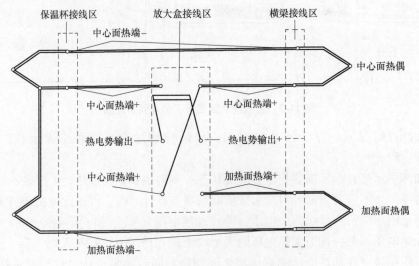

图12-5 接线方法及测量原理示意

势输出＋"则与主机后面板的"热电势输入－"和"热电势输出＋"相连（红—红，黑—黑）；横梁的两个"－"端分别与保温杯上相应的"－"端相连（黑—黑）。

后面板上的"控制信号"与放大盒侧面的七芯插座相连。

主机面板上的热电势切换开关相当于图 12-5 中的切换开关，开关合在上方时测量的是中心面热电势（中心面与室温的温差热电势），开关合在下方时测量的是加热面与中心面间的温差热电势。

实验 13　绝热膨胀法测定空气的比热容比

实验背景

通常情况下，同种物质可以有不同的比热容，物质的比热容不仅与温度有强烈的依赖关系，而且还取决于外界对物质本身所施加的约束。

当压强恒定时可得物质的定压摩尔热容 $C_{p,m}$，体积一定时可得物质的定容摩尔热容 $C_{V,m}$。当然，$C_{p,m}$ 及 $C_{V,m}$ 一般也是温度的函数，但在实际过程中，涉及的温度范围不大时二者均被视为常数。

气体的定压摩尔热容 $C_{p,m}$ 与定容摩尔热容 $C_{V,m}$ 之比称为比热容比，在热力学过程特别是绝热过程中是一个很重要的参数，测定的方法较多，这里介绍用绝热膨胀法测定空气的比热容比。

实验目的

1. 掌握用绝热膨胀法测定空气比热容比的方法。
2. 了解热力学过程中气体状态如压力、体积、温度的变化及其变化关系。
3. 观察热力学过程中气体吸热放热的过程。

实验仪器

储气瓶一套（瓶、阀门活塞两套、打气球）、压力传感器、AD590 温度传感器、数字毫伏表。

实验原理

1. 摩尔热容定义

物质的摩尔热容定义为 1 摩尔的物质其温度变化一个单位所吸收或释放的热量。因此，如果 n 摩尔的物质，温度变化 ΔT，而吸收热量为 ΔQ，其摩尔热容为

$$C = \frac{1}{n}\frac{\mathrm{d}Q}{\mathrm{d}T}$$

在国际制单位中，摩尔热容单位是（J/K·mol），或通常使用（cal/K·mol）（注意：1 cal = 4.184 0 J）。

摩尔热容是与过程有关的热学量。两个最常见的摩尔热容是定压摩尔热容（$C_{p,m}$）和定容摩尔热容（$C_{V,m}$），表达式为

$$C_{p,m} = \frac{1}{n}\left(\frac{\mathrm{d}Q}{\mathrm{d}T}\right)_{p=定值}, \qquad C_{V,m} = \frac{1}{n}\left(\frac{\mathrm{d}Q}{\mathrm{d}T}\right)_{V=定值}$$

注意：在任何情况下定压摩尔热容（$C_{p,m}$）要比定容摩尔热容（$C_{V,m}$）值大，因为定容情况下吸收的热量全部转换成系统的内能不对外做功（$\Delta V = 0$），而定压的情况下必须提供部分

热能转化为系统对外做功。

热力学系统通常分为开放系统、封闭系统和孤立系统，这里探讨热力学封闭系统。

2. 热力学第一定律

对于热力学系统，系统吸收的热量等于系统内能的增加与系统对外做功之和：

$$Q = \Delta U + W \tag{13-1}$$

系统吸收热量为 Q，同时系统对外做功为 W，那么两者的差值 $Q-W$ 就是储存在系统内的内能的变化增量 ΔU。

根据经典热力学理论，如果有 n 摩尔的理想气体，满足状态方程为

$$pV = nRT \tag{13-2}$$

同时根据分子热运动理论，理想气体的内能表达为

$$U = \frac{i}{2}nRT \tag{13-3}$$

式中，R 为摩尔气体常数，其值为 $R = 8.314\,4\ \mathrm{J/K \cdot mol}$；$i$ 是描述平动、转动、振动的独立坐标维数或称为自由度。

因此，针对理想气体这种系统而言，热力学第一定律可用积分或微分形式表达为

$$Q = \frac{i}{2}nR\Delta T + \int_{V_1}^{V_2}p\mathrm{d}V \quad 或 \quad \mathrm{d}Q = \frac{i}{2}nR\mathrm{d}T + p\mathrm{d}V \tag{13-4}$$

3. 理想气体的绝热过程

对于理想气体的等容过程，系统不对外做功。式（13-4）给出系统吸收的热量为 $(\mathrm{d}Q)_{V=定值} = \frac{i}{2}nR\mathrm{d}T$，因此得到

$$C_{V,\mathrm{m}} = \frac{1}{N}\left(\frac{\mathrm{d}Q}{\mathrm{d}T}\right)_{V=定值} = \frac{i}{2}R \tag{13-5}$$

那么式（13-3）也可改写为 $U = nC_{V,\mathrm{m}}T$。对于理想气体的等压过程，通过式（13-4）得

$$(\mathrm{d}Q)_{p=定值} = \frac{i}{2}nR\mathrm{d}T + (p\mathrm{d}V + V\mathrm{d}p)_{p=定值} = nC_{V,\mathrm{m}}\mathrm{d}T + nR\mathrm{d}T$$

$$C_{p,\mathrm{m}} = \frac{1}{n}\left(\frac{\mathrm{d}Q}{\mathrm{d}T}\right)_{p=定值} = C_{V,\mathrm{m}} + R \quad 或 \quad C_{p,\mathrm{m}} - C_{V,\mathrm{m}} = R \tag{13-6}$$

比热容比为

$$\gamma = \frac{C_{p,\mathrm{m}}}{C_{V,\mathrm{m}}} = \frac{i+2}{i} \tag{13-7}$$

对于理想气体比热容比（单原子理想气体 $i=3$，$\gamma = 1.67$；双原子理想气体 $i=5$，$\gamma = 1.40$；三原子理想气体 $i=7$，$\gamma = 1.29$）的理论值可以通过式（13-7）计算。

当理想气体系统经历一个绝热过程（$\mathrm{d}Q = 0$），由系统的内能表达式（13-3），有微分形式 $\mathrm{d}U = nC_{V,\mathrm{m}}\mathrm{d}T$，理想气体的绝热过程的热力学第一定律表达为

$$\mathrm{d}U = -p\mathrm{d}V \quad 或 \quad nC_{V,\mathrm{m}}\mathrm{d}T + p\mathrm{d}V = 0 \tag{13-8}$$

又由理想气体的状态方程 $pV = nRT$，取其微分形式不难得到

$$p\mathrm{d}V + V\mathrm{d}p = nR\mathrm{d}T \tag{13-9}$$

式（13-8）、式（13-9）联解，并消去变量 $\mathrm{d}T$，有

$$(C_{V,\mathrm{m}} + R)\, p\mathrm{d}V + C_{V,\mathrm{m}} V \mathrm{d}p = 0 \quad \text{或} \quad C_{p,\mathrm{m}} p\mathrm{d}V + C_{V,\mathrm{m}} V \mathrm{d}p = 0$$

代入定义式 $\gamma = C_{p,\mathrm{m}}/C_{V,\mathrm{m}}$，并化简得

$$\frac{\mathrm{d}p}{p} + \gamma \frac{\mathrm{d}V}{V} = 0$$

积分可得
$$\ln p + \gamma \ln V = c_1 \quad \text{或} \quad pV^{\gamma} = c_2 \tag{13-10}$$

式（13-10）就是理想气体绝热过程中压强与容积的关系式，又称绝热方程。

4. *p-V* 图

通过 *p-V* 平面图示，可以描述理想气体的热力学过程，如图 13-1 所示。图 13-1 中显示了热力学过程的绝热线和等容线；同时由理想气体的状态方程在 *p-V* 平面上的图示，也可知道理想气体的三状态（状态 I：$p_1 V_1 = nRT_0$；状态 II：$p_0 V_2 = nRT_1$；状态 III：$p_2 V_2 = nRT_0$）。

显然由式（13-2）和式（13-10）可以描述等容过程和绝热过程方程为

等容过程：
$$p_0/T_1 = p_2/T_0 \tag{13-11}$$

绝热过程：
$$p_1 V_1^{\gamma} = p_0 V_2^{\gamma} \tag{13-12}$$

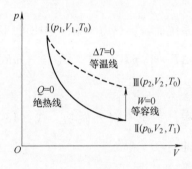

图　13-1

利用状态 I 和状态 III 的关系表达式，并对上面两式进行联解得到

$$\gamma = \frac{\lg p_0 - \lg p_1}{\lg p_2 - \lg p_1} \tag{13-13}$$

通过绝热膨胀和等容吸热过程的联合，可以由式（13-13）计算出理想气体的比热容比。从式（13-13）可知，只需测量各状态的压强值即可得到比热容比。

由此，如何在实验中实现绝热膨胀过程和等容吸热过程是问题的关键所在。

实验内容（扫右侧二维码观看）

实验采用等容吸热和绝热过程来研究封闭系统中空气的热学现象并测量其比热容比。

我们以储气瓶内的空气作为热学系统来进行探讨研究，如实验装置图 13-2所示。各部分说明如下：

1）C_1 为充气阀（活塞）。

2）C_2 为放气阀（活塞）。

3）（气体）压力传感器。它由同轴电缆线输出信号，与三位半数字电压表相接。当待测气体压强为 $p_0 + 10.00$ kPa 时，数字电压表显示为 200 mV，仪器测量气体压强灵敏度为

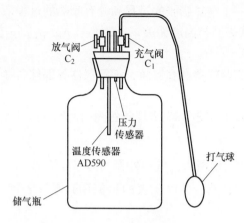

图 13-2　实验装置图

20 mV/kPa，测量精度为 5 Pa。

4）AD590 为电流型集成温度传感器。它是新型半导体温度传感器，温度测量灵敏度高，线性好，测温范围为 $-50 \sim 150$ ℃。AD590 接 6 V 直流电源后组成一个稳流源，它的测温灵敏度为 1 μA/℃。若串接 5 kΩ 电阻后，可产生 5 mV/℃ 的信号电压，用 $0 \sim 1.999$ V 量程四位半数字电压表，可检测到最小 0.02 ℃ 的温度变化。

1. 实验过程

（1）首先打开放气阀 C_2，储气瓶与大气相通，瓶内充满与周围空气同压强同温度（p_0，T_0）的气体后，当待测气体压强为环境大气压强 p_0 时，数字电压表（零点调节）显示为 0 mV，再关闭 C_2。

（2）打开充气阀 C_1（在关闭放气阀门 C_2 状态），用打气球从活塞 C_1 处向瓶内打气，充入一定量的气体，然后关闭充气阀 C_1。此时瓶内空气被压缩而压强增大，温度升高，等待瓶内气体温度稳定并达到环境温度（此过程为等容放热）。此时的气体处于状态 I（p_1，V_1，T_0）。

（3）迅速打开放气阀 C_2，使瓶内气体与外界大气相通而迅速放气，当听不见气体冲出的声音（约 1 s）时，立即关闭放气阀 C_2，由于放气过程较快，气体来不及与外界进行热交换，可认为是一个绝热膨胀的过程。关闭放气阀 C_2 后的瞬间，瓶内气体压强为 p_0，温度下降到 T_1（$T_1 < T_0$），其状态为 II（p_0，V_2，T_1）。

（4）由于瓶内气体温度 T_1 低于室温 T_0，所以瓶内气体慢慢从外界吸热，直至达到室温 T_0 为止，此时瓶内气体压强也随之增大为 p_2。稳定后的气体状态为 III（p_2，V_2，T_0），从状态 II 到状态 III 的过程可以看作是一个等容吸热的过程。

总之，由状态 I→II→III 的过程如图 13-3 所示，而图 13-1 是其 p-V 图描述。

图 13-3　状态 I→II→III 的过程图

空气的比热容比可以通过一个绝热膨胀的过程和等容吸热的过程来进行测量，其具体计算使用式（13-13）完成。公式表明与温度无关，通过测量 p_0、p_1 和 p_2 就可得到空气的比热容比的值。

理解实验原理，观察实验仪器和容器瓶，了解仪器各部件名称、使用方式和功能，以及仪器面板上旋钮和显示的功用。

开启电源（预热 15 min），按图 13-2 理解各阀门活塞并双手平衡用力掌控开关。

2. 实验数据获取

（1）打开活塞 C_2 和 C_1，使瓶内空气与外界气体充分流通，达到内外压强一致。调节零点，在测压窗口调节零点电位器，使电压表的示值调到零（若确不能调到零，以此数为零点误差并进行数据修正）。

（2）关闭放气阀 C_2，打开充气阀 C_1；用气囊把空气稳定缓慢地打进容器瓶内，使压强的显示值分别取约为 140、130、120、110（mV 显示）为一组进行测量，关闭充气阀 C_1，等待气压稳定 [此时为第 I 状态（p_1，V_1，T_0）] 后，记录此时瓶内压强 p_1（单位 mV）和温度 T_0。

（3）快速打开放气阀 C_2，放出气体；当容器瓶内的空气压强与外界压强一致 [放气声消失，此时为第 II 状态（p_0，V_2，T_1），完成第二放气过程]，及时关闭放气阀 C_2（动作要快，不要超过 1 s）。

注意：打开放气阀 C_2 与及时关闭放气阀 C_2，这两步一定要连贯做好，否则测量结果误差较大。

（4）当温度上升至室温，储气瓶内空气的气压稳定后，记下储气瓶内气体的压强 p_2。此时为第 III 状态（p_2，V_2，T_0）。

（5）记录完毕后，打开 C_2 放气，当压强显示降低到 "0" 时关闭 C_2。

（6）重复步骤（1）~（5）测量 2 次，记录所有的原始数据并计算出 γ。数据填入书后附录原始数据记录表 13-1 中。

实验注意

1. 在 I 和 III 状态时要求 "气压稳定"，通常指压强表变化一个最小读数值需要 5 s 或以上时间。

2. 在实验中体会开放系统、封闭系统和孤立系统；观察在封闭系统中空气的等容过程、绝热过程，通过这两个过程测量空气的比热容比。

3. 由第 I 状态转换到第 II 状态是瞬间过程，放气时间的长短需要多次测试体会并掌控其一致性。

思考题

1. 测试仪上显示的温度值是否是实际的温度值？由于数据处理公式中没有涉及温度，因此不需进行转换，就将其显示值作为实际温度值。这样做可以吗？

2. 判别是否到达第 I 状态的标准：压强值和温度值都稳定；判别是否到达第 III 状态的标准：压强值稳定，温度值回到室温。正确吗？

3. 绝热线比等温线陡的微观解释是什么？

4. 通过本实验理解热力学第一定律、理想气体状态方程、绝热和等容热力学过程；理解热力学开放系统、封闭系统和孤立系统；学习 p-V 图在实验中的具体应用。由比热容比值感知空气的多原子分子成分。

5. 空气中的绝热过程是我们常见的现象，例如声波在空气中的传播可认为是绝热过程。试通过空气中声速的测量，设计测量空气的平均分子量。

实验参考资料

[1]　　　　　[2]　　　　　[3]　　　　　[4]　　　　　[5]

［1］李宏康，孙国川，邱菊，等. 绝热膨胀法测量空气比热容比实验的探讨［J］. 物理实验，2018，38（08）：51-55.

［2］毕会英. 绝热膨胀法测量空气比热容比实验教学方法探讨［J］. 物理通报，2017（04）：85-89.

［3］于永江. 空气比热容比测定实验的系统误差分析及压强修正［J］. 实验室研究与探索，2005（12）：25-27.

［4］刘大卫，刘毅. 谐振动法测量空气比热容比的实验研究［J］. 大学物理实验，2014，27（02）：62-64.

［5］黄育红，王璐. "空气比热容比"教学中的物理思想与测定的关键问题分析［J］. 大学物理实验，2012，25（06）：45-48.

实验 14　示波器测超声波声速

实验背景

声波是在弹性介质中传播的一种机械波，根据其频率范围将它大致分为：次声波（$f <$ 20 Hz）、可听声波（20 Hz $\leq f \leq$ 20 kHz）和超声波（$f >$ 20 kHz）。由于超声波具有波长短、易于定向发射等优点，在实际中常常运用于定位、探伤、测距、测材料弹性模量等。本实验是通过压电陶瓷换能器，利用 $v = f\lambda$ 公式，采用驻波法和相位比较法，测量频率 f 和波长 λ，从而计算出波速 v。

实验目的

1. 了解换能器的原理及工作方式。
2. 了解声波的特点，加深对波动理论的理解。
3. 掌握用驻波法（共振干涉法）和相位比较法测量空气中的声速。
4. 掌握用逐差法进行数据处理并计算相对误差。
5. 进一步掌握示波器、信号发生器的使用，以及游标卡尺的正确读数。

实验仪器

超声波声速测定装置（包括一对压电陶瓷换能器和游标卡尺）、信号发生器、示波器、温度计和同轴电缆等。

1. 超声声速测定装置

该装置由换能器、游标卡尺及支架构成。换能器由压电陶瓷片和轻质、重质两种金属组成，压电陶瓷片是由具有多晶结构的压电材料做成的（如石英片、钛酸钡、锆钛酸铅陶瓷等），在一定的温度下经极化处理后而具有压电效应。

压电效应：有些材料受到沿极化方向的应力时，能使材料在该方向上产生与应力成正比的电场现象，称正压电效应。当沿极化方向的外加电压加在这些材料上时，也可使材料发生机械振动，其振幅与电压信号成正比，此现象称逆压电效应。具有压电效应的材料称为压电材料。

换能器结构：在两片压电陶瓷圆环片的前后两端用胶粘两块金属，组成夹心形（中心圆环片板子为电极抽头），头部用轻质金属做成喇叭形，尾部用重质金属做成锥形或柱形，中部为压电陶瓷圆环片（称压电陶瓷振子），紧固螺钉（也作为另一电极抽头）穿过环中心。由于振子是以纵向长度的伸缩直接影响前部轻质金属做同样的纵向长度伸缩（对尾部重质金属作用小），这种结构使发射的声波方向性强，平面性好。可以选用厚度较薄的压电陶瓷片制成谐振频率在 30 ~ 60 kHz 范围内的超声波发射器和接收器。换能器示意图如图 14-1所示。

换能器特点：设换能器的固有谐振频率为 f_0，当外加声波信号的频率等于此频率时，陶瓷片将发生机械谐振，得到最强的电压信号，此时换能器发射共振输出声波信号最强。因此测量时输入交变电压信号频率与换能器的固有谐振频率 f_0 一致。

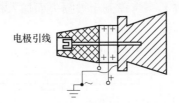

电极引线

图 14-1　换能器

2. 示波器及信号发生器

参见实验"示波器的调整与使用"。

实验原理

声波的传播是通过媒质各点间的弹性力来实现的，因此波速取决于媒质的状态和性质（密度和弹性模量）。液体与固体的密度和弹性模量的比值一般比气体大，因而其中的声速也较大。

理想气体中的声速：

声波在理想气体中的传播可认为是绝热过程，由热力学理论可以导出其速度为

$$v = \sqrt{\frac{\gamma R T_{\mathrm{K}}}{\mu}}$$

式中，R 为摩尔气体常数 $[R = 8.314 \mathrm{J}/(\mathrm{mol \cdot K})]$；$\gamma$ 为比热容比（理想气体定压摩尔热容与定容摩尔热容之比）；μ 为气体的摩尔质量；T_{K} 为气体的热力学温度。

考虑到热力学温度与摄氏温度的换算关系 $T_{\mathrm{K}} = T_0 + t$ 有

$$v = \sqrt{\frac{\gamma R (T_0 + t)}{\mu}} = \sqrt{\frac{\gamma R T_0}{\mu}\left(1 + \frac{t}{T_0}\right)} = v_0 \sqrt{1 + \frac{t}{T_0}}$$

在标准大气压下，$t = 0$ ℃时，$v_0 = 331.45$ m/s，因此

$$v = 331.45 \sqrt{1 + \frac{t}{T_0}} \tag{14-1}$$

式中，$T_0 = 273.14$ K。只要测量出温度 t，就能够算出理想气体中的声速值。

根据波动学理论，在波动传播过程中，波速 v、波长 λ 和频率 f 之间存在下列关系：

$$v = f\lambda \tag{14-2}$$

通过实验，若能同时测出媒体中声波传播的波长 λ 和频率 f，就可求出声速 v。常用方法有驻波法和相位比较法两种。

1. 驻波法测声速

实验装置如图 14-2 所示。图中两个超声换能器间的距离为 L，其中左边一个作为超声波源（发射头 S_1），信号源输出的正弦电压信号接到 S_1 上，使 S_1 发出超声波。则沿 S_1 平行于游标卡尺方向的波动方程 Y_1 为

$$Y_1 = A\cos(\omega t - 2\pi X/\lambda) \tag{14-3}$$

其中，S_1 发出超声波处 $X = 0$，X 为传播方向上某点的坐标值。右边一个作为超声波的接收器（接收头 S_2），把接收到的声压转变成电压信号并输入示波器中观察。S_2 在接收超声波的同时，还向 S_1 反射一部分超声波 Y_2，考虑到半波损失而加入相位因子 π，在理想情况下，声波反射形成同频率的反射波，其波动方程为

$$Y_2 = A\cos(\omega t + 2\pi X/\lambda + \pi) \tag{14-4}$$

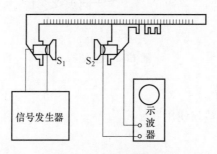

图 14-2 驻波法测声速

这样，由 S_1 发出的超声波和由 S_2 反射的超声波在 S_1 和 S_2 之间 L 的区域相干涉而形成驻波，其合成的结果为

$$Y_3 = Y_1 + Y_2 = A\cos(\omega t - 2\pi X/\lambda) + A\cos(\omega t + 2\pi X/\lambda + \pi)$$
$$= 2A\sin 2\pi X/\lambda \sin\omega t \tag{14-5}$$

式（14-5）表明，其间各点都在做同频率的振动，而各点振幅是位置 X 的正弦函数。振幅最大的点称为波腹，这些点上声压最小，示波器观察到的正弦信号最小；振幅最小的点称为波节，这些点上声压最大，示波器观察到的正弦信号最大。相邻两波腹（或波节）之间的距离为半波长。

改变 $X = L$ 时，在一系列特定的位置上，S_2 接收面接收到的声压达到极大值（或极小值）；相邻两极大值（或极小值）之间的距离皆为半波长，此时在示波器屏上所显示的波形幅值发生周期性的变化，即由一个极大值变到极小，再变到极大，而幅值每一次周期性的变化，就相当于 L 改变了半个波长。若从第 n 个极大值（或极小值）状态变化到第 $n+1$ 个极大值（或极小值）状态时，S_2 移动的距离为 ΔL，则

$$\Delta L = (n+1)\frac{\lambda}{2} - n\frac{\lambda}{2} = \frac{\lambda}{2}$$

即

$$\lambda = 2\Delta L$$

$$v = f\lambda = 2f\Delta L \tag{14-6}$$

由于声波是在空气中传播，随着 L 的增大振幅大小的总趋势将是衰减的，如图 14-3 所示。

2. 相位比较法测声速

实验装置如图 14-4 所示（忽略超声换能器本身的转换时间）。从发射头 S_1 发出的超声波为（$X = 0$ 处）

$$Y = A\cos(\omega t - 2\pi X/\lambda) = A\cos\omega t$$

通过媒质传到接收头 S_2，其接收到的超声波为（$X = L$ 处）

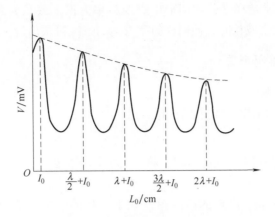

图 14-3   超声波振幅随 L 的衰减

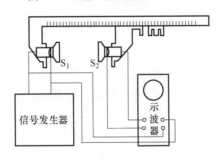

图 14-4   相位比较法测声速

$$X = A\cos(\omega t - 2\pi L/\lambda)$$

接收头和发射头之间便产生了相位差 φ，此相位差的大小与角频率 $\omega = 2\pi f$、传播时间 t、声速 v、波长 λ 以及 S_1 和 S_2 之间的距离 L 满足关系

$$\varphi = \omega t = 2\pi f \frac{L}{v} = 2\pi \frac{L}{\lambda} \qquad (14\text{-}7)$$

由此可推出，L 每改变一个波长 λ，相位差 φ 就变化 2π。反过来通过观察相位差的变化 $\Delta\varphi$，测量出对应的 L 变化量即可算出 λ。

具体做法是将发射头 S_1 和接收头 S_2 的正弦电压信号 Y 与 X 分别输入到示波器的 CH1 和 CH2 通道，在屏上显示出频率比为 1:1 的李萨如图形。

改变 L 时，每当相位改变 2π，李萨如图形变化一个周期，如图 14-5 所示。

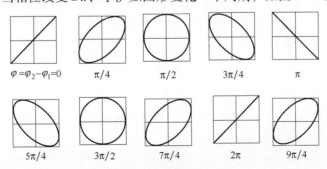

图 14-5   李萨如图形

为了便于判断，通常选择李萨如图形中直线斜率为正（或负）作为测量的起点，移动接收头 S_2，当 L 变化一个波长时，使同样斜率方向的直线再次出现。

实验内容（扫右侧二维码观看）

请参照"示波器的调整与使用"有关内容，熟悉信号发生器及示波器面板上各按钮和旋钮的作用以及它们的操作方法。

1. 驻波法

（1）调节准备。按图 14-2 接好线路，将两换能器间的距离调到 1～2 cm；打开示波器和信号发生器电源。

预调示波器，使屏幕上出现的信号图形处于屏幕的中央，选择 VOLTS/DIV、TIME/DIV 旋钮于恰当的档位，并确定所观察的信号是哪个通道，同时判断是 Y 信号还是 X 信号。

预设信号发生器输出频率为 30.000 kHz，并把增量变化位选在个位上。输出波形选正弦波（参见信号发生器说明）。

（2）测试换能器的谐振频率 f_0。调节信号源的输出频率，在将输出频率从 30.000 kHz 逐步增大到 45.000 kHz 的全过程中，仔细观察示波器屏幕上信号振幅在整个频率范围内的变化情况。

搜寻振幅变化趋近最大时的频率范围，再进一步细调。当最终确认振幅变化已达到最大时，这时信号源的输出频率就是换能器的谐振频率，即外加的激励电压信号的频率与换能器固有的谐振频率一致产生共振，振动最强。

在整个实验中，要保持此频率不变动。（在调整过程中，示波器的 VOLTS/DIV、TIME/DIV 旋钮要进一步调整，使整个波形全部完整地显示在屏幕上。）

（3）测量波长。逐步缓慢增加两换能器间的距离，记录下每次信号振幅变化到最大时接收头的位置 L_i，连续测 10 个点，将数据填入书后附录原始数据表 14-1 中。

2. 相位比较法

（1）调节准备。按图 14-4 连接好线路，将两换能器间的距离调整到 1～2 cm；由于换能器的谐振频率 f_0 已经测出，保持此频率不变动。逆时针将 TIME/DIV 旋钮旋到头使示波器处于李萨如工作状态，使屏幕上出现稳定的、大小适中的李萨如图形。

（2）测量波长。逐步缓慢增加两换能器间的距离，屏幕上的李萨如图形会做周期性的改变。选直线作初始状态，以后每当出现与初始直线斜率相同的斜线时，记录下接收头的位置 L_i，并连续测 10 个点。将数据记录到书后附录原始数据记录表 14-2 中。

3. 计算声速的理论值

测量出室内温度 t，按式（14-1）计算出理论值。

4. 用逐差法分别计算出驻波法和相位比较法的波长值

分别算出驻波法和相位比较法的声速值，计算出声速的理论值，同时计算出相对误差。

实验注意

1. 切勿使信号源输出端短路。

2. 禁止无目的地乱拧仪器旋钮。

3. 实验时要求信号源的输出频率与换能器的谐振频率一致。

4. 正确使用游标卡尺的微调。

思考题

1. 示波器处于双踪档位时，观察波形图，如果波形移动，试解释其原因并调整示波器使波形不移动。

2. 示波器处于相加档位时，调节测试换能器的谐振频率 f_0。此种方法对吗？请分析原因。

3. 若换能器表面不平行，会对实验产生什么样影响？

4. 试测量换能器谐振频率 f_0 处的频率-信号振幅关系曲线，并算出信号振幅下降70%处的频率宽度。

实验参考资料

[1]　[2]　[3]　[4]　[5]

［1］顾媛媛，符跃鸣，陆惠，等. 基于双踪示波器的超声波声速测量的研究［J］. 大学物理实验，2018，31（05）：39-42.

［2］朱道云，吴肖，庞玮，等. 超声波声速测量实验的拓展［J］. 实验科学与技术，2015，13（01）：15-16.

［3］李志杰，赵骞. 超声波声速测量方法的探讨［J］. 大学物理实验，2012，25（04）：26-28.

［4］胡斌，夏珣，熊畅，等. 纹影法在超声波可视化及声速测量中的应用［J］. 大学物理，2018，37（02）：64-67 +74.

［5］杨玉杰，李霞，刘铁军，等. 游标卡尺鉴相法超声波声速测量系统设计［J］. 仪器仪表学报，2014，35（S2）：163-166.

实验 15　调制波法测量光速

实验背景

16 世纪，伽利略（G. Galilei，1564—1642）首次尝试测量光速，但是没有成功。几百年来，人们不断尝试采用各种先进的技术和手段来测量光速。现在，光在一定时间中走过的距离已经成为一切长度测量的单位标准，即"米的长度等于真空中光在 1/299 792 458 s 的时间间隔中所传播的距离"。光速也已直接用于距离测量，在国民经济建设和国防事业上有着重要意义。光速不仅是物理学中一个重要的基本常数，许多其他常数都与它相关，例如光谱学中的里德伯常量，电子学中真空磁导率与真空电导率之间的关系常数，普朗克黑体辐射公式中的第一辐射常数、第二辐射常数，质子、中子、电子、μ 子等基本粒子的质量等常数也都与光速 c 相关。而且光速还与天文学等学科有着密切联系，正因为如此，科学工作者们不懈地努力，兢兢业业地埋头于提高光速测量精度的事业。

实验目的

1. 掌握一种光速测量方法。
2. 掌握光调制的一般原理和基本技术。

实验仪器

光速仪（含电器盒、收发透镜组、棱镜小车、带标尺导轨等）、示波器、频率计。

光速仪仪器结构如图 15-1 所示。

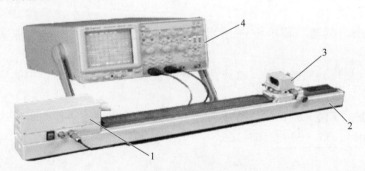

图 15-1　仪器结构

1—光学电路箱　2—带刻度尺燕尾导轨　3—带游标反射棱镜小车　4—示波器

1. 电器盒

电器盒采用整体结构，稳定可靠，端面安装有收发透镜组，内置收、发电子线路板。侧面有两排 Q9 插座，如图 15-2 所示。Q9 插座输出的是将收、发正弦波信号经整形后的方波信号，为的是便于用示波器来测量相位差。

134

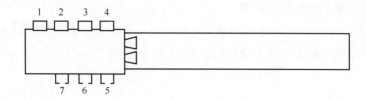

图 15-2　Q9 插座接线图

1，2—发送基准信号（5 V 方波）　3—调制信号输入（模拟通信用）　4—测频
5，6—接收测相信号（5 V 方波）　7—接收信号电平（0.4～0.6 V）

2. 棱镜小车

棱镜小车上有供调节棱镜左右转动和俯仰的两只微调螺钉。

3. 光源和光学发射系统

采用 GaAs 发光二极管作为光源，这是一种半导体光
源，当发光二极管上注入一定的电流时，在 PN 结两侧的
P 区和 N 区分别有电子和空穴的注入，这些非平衡载流
子在复合过程中将发射波长为 0.65 μm 的光，此即载波。
用机内主控振荡器产生的 100 MHz 正弦振荡电压信号控
制加在发光二极管上的注入电流。当信号电压升高时注
入电流增大，电子和空穴复合的机会增加而发出较强的
光；当信号电压下降时注入电流减小，复合过程减弱，
所发出的光强度也相应减弱。用这种方法实现对光强的
直接调制。图 15-3 是发射、接收光学系统的原理图，发
光管的发光点 S 位于物镜 L_1 的焦点上。

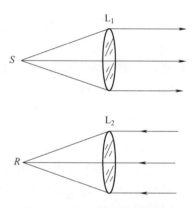

图 15-3　收、发光学系统原理

4. 光学接收系统

用硅光电二极管作为光电转换元件，该光电二极管的光敏面位于接收物镜 L_2 的焦点 R
上，如图 15-3 所示。光电二极管所产生的光电流的大小随载波的强度而变化，因此，在负
载上可以得到与调制波频率相同的电压信号，即被测信号。被测信号的相位对于基准信号落
后了 $\varphi = \omega t$（t 为往返一个测程所用的时间、ω 为角频率）。

实验原理

1. 利用波长和频率测速度

按照物理学定义，波长 λ 是一个周期内波传播的距离。波的频率 f 是 1 s 内发生了多少
次周期振动，用波长乘以频率得 1 s 内波传播的距离，即波速

$$c = \lambda f \tag{15-1}$$

利用这种方法，很容易测得声波的传播速度。但直接用来测量光波的传播速度，还
存在很多技术上的困难，主要是光的频率高达 10^{14} Hz，目前的光电接收器中无法响应
频率如此高的光强变化，迄今仅能响应频率在 10^8 Hz 左右的光强变化并产生相应的光
电流。

2. 利用调制波波长和频率测速度

如果直接测量河中水流的速度有困难，可以采用一种方法，即周期性地向河中投放小木块（f），再设法测量出相邻两小木块间的距离（λ），依据式（15-1）计算出木块的速度，而木块的移动速度就是水流流动的速度。

同上面类似，所谓"调制"就是在光波上做一些特殊标记。我们使调制波传播的速度等于光波传播的速度，调制波的频率可以比光波的频率低很多，这样就可以用频率计精确地测定，所以测量光速就转化为如何测量调制波的波长，然后利用式（15-1）即可得调制波传播的速度即光传播的速度。

3. 相位法测定调制波的波长

波长为 0.65 μm 的载波，其强度受频率为 f 的正弦型调制波的调制，表达式为

$$I = I_0 \left[1 + m\cos2\pi f\left(t - \frac{x}{c} \right) \right] \tag{15-2}$$

式中，m 为调制度；$I_0\cos2\pi f(t-x/c)$ 为光在测线上传播的过程中其强度的变化。

例如，一个频率为 f 的正弦波以光速 c 沿 x 方向传播，我们称这个波为调制波。调制波在传播过程中其相位是以 2π 为周期变化的。设测线上两点 A 和 B 的位置坐标分别为 x_1 和 x_2，当这两点之间的距离为调制波波长 λ 的整数倍时，该两点间的相位差为

$$\varphi_1 - \varphi_2 = \frac{2\pi}{\lambda}(x_2 - x_1) = 2n\pi \tag{15-3}$$

式中，n 为整数。

反过来，如果能在光的传播路径中找到调制波的等相位点，并准确测量它们之间的距离，那么这距离一定是波长的整数倍。

设调制波由 A 点出发，经时间 t 后传播到 A' 点，AA' 之间的距离为 $2D$，则 A' 点相对于 A 点的相移为 $\phi = \omega t = 2\pi ft$，如图 15-4a 所示。然而用一台测相系统对 AA' 间的这个相移量进行直接测量是不可能的，为了解决这个问题，较方便的办法是在 AA' 的中点 B 设置一个反射器，由 A 点发出的调制波经反射器反射返回 A 点，如图 15-4b 所示。由图显见，光线由 $A \rightarrow B \rightarrow A$ 所走过的光程亦为 $2D$，而且在 A 点，反射波的相位落后 $\phi = \omega t$。如果我们以发射波作为参考信号（以下称之为基准信号），将它与反射波（以下称之为被测信号）分别输入到相位计的两个输入端，则由相位计可以直接读出基准信号和被测信号之间的相位差。当反射镜相对于 B 点的位置前后移动半个波长时，这个相位差的数值改变 2π。因

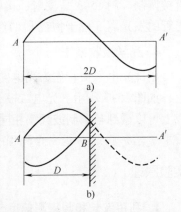

图 15-4 相位法测波长原理图

此，只要前后移动反射镜，相继找到在相位计中读数相同的两点，该两点之间的距离即为半个波长。

调制波的频率可由数字式频率计精确地测定，由 $c = \lambda f$ 可以获得光速值。

4. 差频法测相位

在实际测相位过程中，当信号频率很高时，测相系统的稳定性、工作速度以及电路分布

参量造成的附加相移等因素都会直接影响测相精度，对电路的制造工艺要求也较苛刻，因此高频下测相困难较大。例如，BX21 型数字式相位计中检相双稳电路的开关时间是 40 ns 左右，如果所输入的被测信号频率为 100 MHz，则信号周期 $T = 1/f = 10$ ns，比电路的开关时间要短。可以想象，此时电路根本来不及动作。为了避免高频下测相的困难，人们通常采用差频的办法，把待测高频信号转化为中、低频信号处理。因为两信号之间相位差的测量实际上被转化为两信号与发射端信号的时间差的测量，而降低信号频率 f 则意味着拉长了与待测的相位差 φ 相对应的时间差。下面证明差频前后两信号之间的相位差保持不变。

我们知道，将两频率不同的正弦波同时作用于一个非线性元件（如二极管、三极管）时，其输出端包含有两个信号的差频成分。非线性元件对输入信号 x 的响应可以表示为

$$y(x) = A_0 + A_1 x + A_2 x^2 + \cdots \tag{15-4}$$

忽略上式中的高次项，我们可以看到二次项产生混频效应。

设基准高频信号为

$$u_1 = U_{10}\cos(\omega t + \varphi_0) \tag{15-5}$$

被测高频信号为

$$u_2 = U_{20}\cos(\omega t + \varphi_0 + \varphi) \tag{15-6}$$

现在我们引入一个本振高频信号

$$u' = U_0'\cos(\omega' t + \varphi_0') \tag{15-7}$$

式（15-5）~（15-7）中，φ_0 为基准高频信号的初相位；φ_0' 为本振高频信号的初相位；φ 为调制波在测线上往返一次产生的相移量。将式（15-6）和式（15-7）代入式（15-4）有（略去高次项）

$$y(u_2 + u') \approx A_0 + A_1 u_2 + A_1 u' + A_2 u_2^2 + A_2 u'^2 + 2A_2 u_2 u'$$

展开交叉项

$$2A_2 u_2 u' \approx 2A_2 U_{20} U_0'\cos(\omega t + \varphi_0 + \varphi)\cos(\omega' t + \varphi_0')$$
$$= A_2 U_{20} U_0'\{\cos[(\omega + \omega')t + (\varphi_0 + \varphi_0') + \varphi] + \cos[(\omega - \omega')t + (\varphi_0 - \varphi_0') + \varphi]\}$$

由上面推导可以看出，当两个不同频率的正弦信号同时作用于一个非线性元件时，在其输出端除了可以得到原来两种频率的基波信号以及它们的二次和高次谐波之外，还可以得到差频以及和频信号，其中差频信号很容易和其他的高频成分或直流成分分开。同样的推导，基准高频信号 u_1 与本振高频信号 u' 混频，其差频项为 $A_2 U_{10} U_0'\cos[(\omega - \omega')t + (\varphi_0 - \varphi_0')]$。

为了便于比较，我们把这两个差频项写在一起：

基准信号与本振信号混频后所得差频信号为

$$A_2 U_{10} U_0'\cos[(\omega - \omega')t + (\varphi_0 - \varphi_0')] \tag{15-8}$$

被测信号与本振信号混频后所得差频信号为

$$A_2 U_{20} U_0'\cos[(\omega - \omega')t + (\varphi_0 - \varphi_0') + \varphi] \tag{15-9}$$

比较以上两式可见，当基准信号、被测信号分别与本振信号混频后，所得到的两个差频信号之间的相位差仍保持为 φ。

本实验就是利用差频检相的方法，将 $f = 100$ MHz 的高频基准信号和高频被测信号分别与本机振荡器产生的高频振荡信号混频，得到两个频率为 455 kHz、相位差依然为 φ 的低频信号，然后送到相位计中去比相。实验装置方框图如图 15-5 所示，图中的混频I用以获得低频基准信号，混频II用以获得低频被测信号。低频被测信号的幅度由示波器或电压表指示。

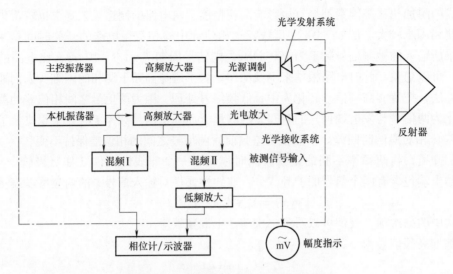

图 15-5　相位法测光速实验装置方框图

5. 示波器测相位

（1）单踪示波器法。将示波器的扫描同步方式选择在外触发同步，极性为＋或－，"参考"相位信号接至外触发同步输入端，"信号"相位信号接至 Y 轴的输入端，调节"触发"电平，使波形稳定；调节 Y 轴增益，使其有一个适合的波幅；调节"时基"，使其在屏上只显示一个完整的波形，并尽可能地展开。如一个波形在 X 方向展开为 10 大格，即 10 大格代表为 360°，每一大格为 36°，可以估读至 0.1 大格。

开始测量时，记住波形某特征点的起始位置，移动棱镜小车，波形移动，移动 1 大格即表示参考相位与信号相位之间的相位差变化了 36°。

有些示波器无法将一个完整的波形正好调至 10 大格，此时可以按式（15-10）求得参考相位与信号相位的变化量，如图 15-6 所示。

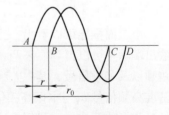

$$\Delta\varphi = \frac{r}{r_0} \cdot 360° \qquad (15\text{-}10)$$

式中，r_0 为测相波形在示波器水平方向上所占的总格数；r 为棱镜小车移动一段距离后，测相波形在示波器水平方向平移的格数。

图 15-6　示波器测相位

（2）双踪示波器法。将"参考"相位信号接至 Y_1 通道输入端，"信号"相位信号接至 Y_2 通道，并用 Y_1 通道触发扫描，显示方式为"断续"。（如采用"交替"方式时，会有附加相移，为什么？）

与单踪示波法操作一样，调节 Y 轴输入"增益"档，调节"时基"档，使其在屏幕上显示一个完整的大小适合的波形。

6. 影响测量准确度和精度的几个问题

用相位法测量光速的原理很简单，但是为了充分发挥仪器的性能，提高测量的准确度和精度，必须对各种可能的误差来源做到心中有数。下面就这个问题做一些讨论，由式

（15-1）可知

$$\frac{\Delta c}{c} = \sqrt{\left(\frac{\Delta\lambda}{\lambda}\right)^2 + \left(\frac{\Delta f}{f}\right)^2} \qquad (15\text{-}11)$$

式中，$\Delta f/f$ 为频率的测量误差；$\Delta\lambda/\lambda$ 为波长的测量误差。

由于电路中采用了石英晶体振荡器，其频率稳定度为 $10^{-6} \sim 10^{-7}$，故本实验中光速测量的误差主要来源于波长测量的误差。下面我们将看到，仪器中所选用的光源的相位一致性好坏、仪器电路部分的稳定性、信号强度的大小、米尺准确度以及噪声等诸因素都直接影响波长测量的准确度和精度。

（1）电路稳定性。我们以主控振荡器的输出端作为相位参考原点来说明电路稳定性对波长测量的影响。如图 15-7 所示，1、2 分别表示发射系统和接收系统产生的相移，3、4 分别表示混频电路 II 和 I 产生的相移，φ 为光在测线上往返传输产生的相移。由图 15-7 看出，基准信号 u_1 到达测相系统之前相位移动了 φ_4，而被测信号 u_2 在到达测相系统之前的相移为 $\varphi_1 + \varphi_2 + \varphi_3 + \varphi$。这样，被测信号 u_2 和基准信号 u_1 之间的相位差为 $\varphi_1 + \varphi_2 + \varphi_3 - \varphi_4 + \varphi = \varphi' + \varphi$，其中 φ' 与电路的稳定性及信号的强度有关。如果在测量过程中 φ' 的变化很小以致可以忽略，则反射镜在相距为半波长的两点间移动时，φ' 对波长测量的影响可以被抵消掉；但如果 φ' 的变化不可忽略，显然会给波长的测量带来误差。如图 15-8 所示，设反射镜处于位置 B_1 时，u_1 和 u_2 之间的相位差为 $\Delta\varphi_{B_1} = \varphi'_{B_1} + \varphi$；反射镜处于位置 B_2 时，u_2 与 u_1 之间的相位差为 $\Delta\varphi_{B_2} = \varphi'_{B_2} + \varphi + 2\pi$。那么，由于 $\varphi'_{B_1} \neq \varphi'_{B_2}$ 而给波长带来的测量误差为 $(\varphi'_{B_1} - \varphi'_{B_2})/2\pi$。若在测量过程中被测信号强度始终保持不变，则 φ 的变化主要来自电路的不稳定因素。

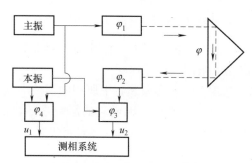

图 15-7　电路系统的附加相移

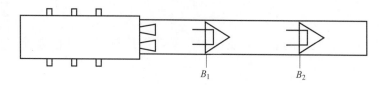

图 15-8　消除随时间作线性变化的系统误差

然而，电路不稳定造成的 φ' 变化是较缓慢的。在这种情况下，只要测量所用的时间足够短，就可以把 φ' 的缓慢变化作线性近似，按照图 15-8 中 B_1—B_2—B_1 的顺序读取相位值，以两次 B_1 点位置的平均值作为起点测量波长。用这种方法可以减小由于电路不稳定给波长测量带来的误差。（为什么？）

（2）幅度误差。上面谈到 φ' 与信号强度有关，这是因为被测信号强度不同时，电路系统产生的相移量 φ_1、φ_2、φ_3 可能不同，因而 φ' 发生变化。通常把被测信号强度不同给相位测量带来的误差称为幅度误差。

（3）照准误差。本仪器采用的 GaAs 发光二极管并非是点光源，而是成像在物镜焦面上的一个面光源。由于光源有一定的线度，故发光面上各点通过物镜而发出的平行光有一定的发散角 θ。图 15-9 示意地画出了光源有一定线度时的情形，其中 d 为面光源的直径，L 为物镜的直径，f 为物镜的焦距。由图 15-9 可以看出，$\theta = d/f$。经过距离 D 后，发射光斑的直径 $MN = L + \theta D$。比如，设反射器处于位置 B_1 时所截获的光束是由发光面上 a 点发出来的光，反射器处于位置 B_2 时所截获的光束是由 b 点发出的光；又设发光管上各点的相位不相同，在接通调制电流后，只要 b 点的发光时间相对于 a 点的发光时间有 67 ps 的延迟，就会给波长的测量带来接近 2 cm 的误差（$ct = 3 \times 10^{10} \times 67 \times 10^{-12}$ cm $\approx$ 2.0 cm）。我们把由于采用发射光束中不同的位置进行测量而给波长带来的误差称为照准误差。

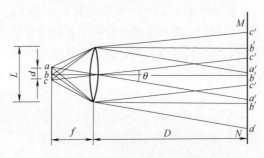

图 15-9　不正确照准引起的测相误差

为提高测量的准确度，应该在测量过程中进行细心"照准"，也就是说尽可能截取同一光束进行测量，从而把照准误差限制到最低程度。

（4）米尺的准确度和读数误差。本实验装置中所用的钢尺准确度为 0.01%。

（5）噪声。我们知道噪声是无规则的，因而它的影响是随机的。信噪比的随机变化会给相测量带来偶然误差，提高信噪比以及进行多次测量可以减小噪声的影响，从而提高测量精度。

实验内容（扫右侧二维码观看）

1. 预热

电子仪器都有一个温漂问题，光速仪和频率计需预热半小时再进行测量。

2. 光路调整

先把棱镜小车移近收发透镜处，移动小纸片挡在接收物镜管前，观察光斑位置是否居中。调节棱镜小车上的微调螺钉，使光斑尽可能居中，将小车移至最远端，观察光斑位置有无变化，并做相应调整，达到小车前后移动时，光斑位置变化最小。

3. 示波器定标

按前述的示波器测相方法将示波器调整至有一个适合的测相波形。

4. 测量光速

由频率、波长乘积来测定光速的原理和方法前面已经做了说明，在实际测量时主要任务是如何测得调制波的波长，其测量精度决定了光速值的测量精度。一般可采用等距测量法和等相位测量法来测量调制波的波长。在测量时要注意两点，一是实验值要取多次多点测量的平均值；二是我们所测得的是光在大气中的传播速度，为了得到光在真空中的传播速度，要精密地测定空气折射率后做相应修正。

（1）测调制频率。为了匹配好，要尽量用频率计附带的高频电缆线。调制波是用温补晶体振荡器产生的，频率稳定度很容易达到 10^{-6}，所以在预热后正式测量前测一次就可以了。

（2）等距测 λ 法。在导轨上任取若干个等间隔点，如图 15-10 所示，它们的坐标分别为 x_0，x_1，x_2，x_3，$\cdots$，x_i；$x_1 - x_0 = D_1$，$x_2 - x_0 = D_2$，$\cdots$，$x_i - x_0 = D_i$。

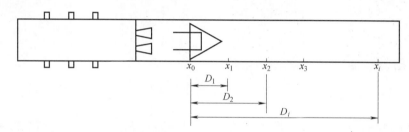

图 15-10　根据相移量与反射镜距离之间的关系测定光速

移动棱镜小车，由示波器或相位计依次读取与距离 D_1，D_2，$\cdots$相对应的相移量 φ_i。D_i 与 φ_i 间有

$$\frac{\varphi_i}{2\pi} = \frac{2D_i}{\lambda}, \qquad \lambda = \frac{2\pi}{\varphi_i} \cdot 2D_i$$

求得 λ 后，利用 $c = \lambda f$ 得到光速 c。

也可用作图法，以 φ 为横坐标、D 为纵坐标，作 D-φ 直线，则该直线斜率的 $4\pi f$ 倍即为光速 c。

为了减小由于电路系统附加相移量的变化给相位测量带来的误差，同样应采取 x_0—x_1—x_0 及 x_0—x_2—x_0 等顺序进行测量。

操作时移动棱镜小车要快、准，如果两次 x_0 位置时的读数值相差 0.1°以上，需重测。

（3）等相位测 λ 法。在示波器上或相位计上取若干个整度数的相位点，如 36°、72°、108°等；在导轨上任取一点为 x_0，并在示波器上找出信号相位波形上一特征点作为相位差 0°位，拉动棱镜，至某个整相位数时停，迅速读取此时的距离值作为 x_1，并尽快将棱镜返回至 0°处，再读取一次 x_0，并要求两次 0°时的距离读数误差不要超过 1 mm，否则需重测。

依次读取相移量 φ_i 对应的 D_i 值，由

$$\lambda = \frac{2\pi}{\varphi_i} \cdot 2D_i$$

计算出光速值 c。

可以看到，在测量光速实验中等相位测波长法比等距离测波长法有较高的测量精度。

实验注意

插拔 Q9 插座时注意规范操作，避免损坏接口。

思考题

1. 通过实验观察，波长测量的主要误差来源是什么？为提高测量精度需做哪些改进？

2. 本实验所测定的是 100 MHz 调制波的波长和频率，能否把实验装置改成直接发射频率为 100 MHz 的无线电波并对它的波长和频率进行绝对测量。为什么？

3. 如何将光速仪改成测距仪？

实验参考资料

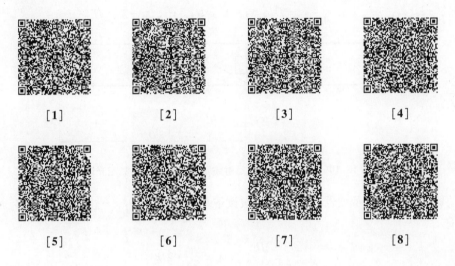

[1]　　　　　　[2]　　　　　　[3]　　　　　　[4]

[5]　　　　　　[6]　　　　　　[7]　　　　　　[8]

［1］黄义清，陈嘉颖. 光调制法测量光速不确定度的研究［J］. 大学物理实验，2018，31（02）：109-111＋119.

［2］陶家友，廖高华，梅孝安. 光调制法测量光速的研究［J］. 大学物理实验，2009，22（01）：47-51.

［3］韩讲周，刘建科，宁铎. 光速测定中激光调制频率选择性的研究［J］. 光学技术，2007（04）：537-538＋542.

［4］沈乃澂. 真空中光速的精密测量——长度单位米定义的基础［J］. 物理，2016，45（12）：790-797.

［5］陆秋夏，林祖杰，尹会昕. 光拍法测量光速实验精度影响因素的研究［J］. 大学物理实验，2016，29（01）：11-14.

［6］余大海. 光速测量的历史及意义［J］. 中学物理教学参考，2013，42（05）：47-48.

［7］张倩云，许灵静，芦立娟，等. 改进后的光拍法测量光速研究［J］. 物理与工程，2012，22（03）：26-30.

［8］王乐，吴震，芦立娟. 光拍法测量光速的扩展研究［J］. 物理通报，2012（02）：66-68.

实验 16　利用光电效应法测量普朗克常量

实验背景

1887 年，德国物理学家赫兹（H. R. Hertz，1857—1894）发现，电火花间隙受到紫外线照射时会产生更强的电火花，赫兹称之为"紫外线对放电现象的效应"，也就是光电效应。赫兹的发现吸引了许多人去深入研究光电效应的成因与规律。1905 年，爱因斯坦（A. Einstein，1879—1955）在普朗克量子假说的基础上提出了光子的概念，成功地解释了光电效应的基本规律。1915 年前后，一直对光量子假说持有保留态度的美国物理学家密立根，用他精心设计的实验装置，经过 10 年的试验证实了爱因斯坦光子理论的正确性并精确地测出了普朗克常量。在事实面前，密立根服从真理，宣布爱因斯坦的光量子假说得到证实。爱因斯坦和密立根因光电效应等方面的杰出贡献分别于 1921 年和 1923 年获诺贝尔物理学奖。

目前实验室测量普朗克常量的方法主要有：射线连续谱短波限法、光电效应法、X 射线原子游离法、电子衍射法、康普顿波长移位法和量子霍尔效应测量法等。本实验采用光电效应法测量普朗克常量。

实验目的

1. 观察光电效应现象，加深对光的波粒二象性的理解。
2. 通过光电管弱电流特性，测出不同频率下的截止电压，求出普朗克常量。
3. 探究光电管饱和光电流与入射光强的关系。

实验仪器

汞灯及电源、滤色片、光阑、光电管、光电效应实验仪。

实验原理

当一定频率的光照射到某一金属表面上时，会有电子从金属表面逸出，这种现象叫作光电效应。将逸出的电子称为光电子，光电子形成的电流称为光电流。

光电效应是光的经典理论所不能解释的，为了解释光电效应的规律，爱因斯坦提出了光量子假说：

1）认为光是由光子组成的粒子流。

2）对于频率为 ν 的单色光，每个光子具有的能量为

$$\varepsilon = h\nu \tag{16-1}$$

式中，h 称为普朗克常量，公认值 $h = 6.63 \times 10^{-34} \text{J} \cdot \text{s}$。

3）光强即为光子的能流密度 $I = Nh\nu$，其中 N 表示单位时间内通过垂直于光传播方向上单位面积的光子数。

当光照射金属时，金属中的电子全部吸收光子的能量，光电效应实质上是光子在和电子

143

碰撞时把全部能量 $h\nu$ 转给电子，电子获得能量后，一部分用来克服金属表面对它的束缚所需的功 W，另一部分转化为电子逸出金属表面后光电子的初动能，即

$$h\nu = \frac{1}{2}mv_0^2 + W \tag{16-2}$$

式（16-2）称为爱因斯坦方程。式中，W 为电子的逸出功，不同的金属表面具有不同的逸出功；v_0 为光电子的初速度。

根据爱因斯坦方程，可以圆满地解释以下光电效应的基本规律：

1）从粒子完全非弹性碰撞过程中能量转化考虑，金属中的电子可以瞬间全部吸收入射光子的能量，不需要能量累积的过程，光电效应是瞬时发生的。

2）根据光电效应方程，入射到金属表面的光频率越高，逸出的光电子的初动能就越大，光电子的初动能与入射光的频率成正比，与入射光的强度无关，如图 16-1 所示。

3）由于入射光强取决于单位时间内到达金属表面的光子数，光子数越多，形成的光电子数就越多，饱和光电流 I_S 就越大，所以饱和光电流的强度与入射光的强度成正比，如图 16-2 所示。

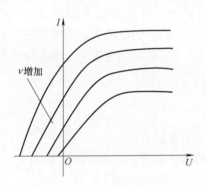

图 16-1　光电子的初动能与入
射光的频率关系曲线

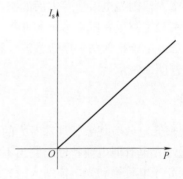

图 16-2　饱和光电流和
光照强度关系曲线

4）当光子的能量小于光电子的逸出功，即 $h\nu < W$ 时，电子不能逸出金属表面，因而没有光电效应产生，能产生光电效应的入射光的最低频率 $\nu_0 = \dfrac{W}{h}$，称为光电效应的截止频率，又称红限频率。小于红限频率时，无论光强是多少、光照射的时间多长都不能产生光电效应。

从金属的表面逸出的光电子具有初动能 $\dfrac{1}{2}mv_0^2$，所以即使阳极未加正向电压也会形成光电流，甚至当阳极电位低于阴极电位时，也会有光电子到达阳极形成光电流，直到阳极电压低于阴极电压到某一特定值 U_c 时，光电子的动能才为零，光电流也为零，这个使光电流为零的电压 U_c 称为截止电压，图 16-3 是光电流伏安特性曲线，图中曲线和横轴的交点电压即截止电压 U_c，U_S 为产生饱和光电流所需的光电管极间最小电压。图 16-4 是测反向截止电压的实验电路图。

根据动能定理可以得到电子初动能与截止电压的关系，即

$$eU_c = \frac{1}{2}mv_0^2 \tag{16-3}$$

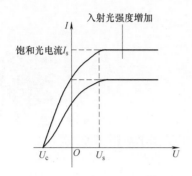

图 16-3　光电流伏安特性曲线

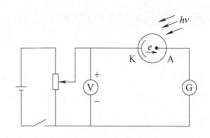

图 16-4　测反向截止电压的实验电路

又由于

$$W = h\nu_0 \tag{16-4}$$

将式（16-3）和式（16-4）代入光电效应方程，可得

$$U_c = \frac{h}{e}(\nu - \nu_0) \tag{16-5}$$

式（16-5）为一线性方程，即截止电压和入射光的频率呈线性关系，如图 16-5 所示。因此，要测定普朗克常量 h，只需测出不同频率的光照射光电管时的伏安特性曲线，得出相应的截止电压 U_c，做出 U_c-ν 关系曲线，由此曲线求斜率 K，则

$$h = eK \tag{16-6}$$

这种求普朗克常量的方法叫减速电位法。

实际上，由实验测出的光电管的伏安特性曲线比图 16-3 所示曲线复杂，这是因为存在以下附加电流：

1）暗电流：阴极在常温下的热电子发射以及光电管管壳漏电等原因，使光电管阴极未受光照时也能产生微弱的电流，其值随外加电压的变化而变化，其伏安特性曲线接近线性。

2）阳极光电流：在制作阴极时，阳极也会被溅上阴极材料，加上阳极本身在光照射下所产生的光电子，用减速法求截止电压时，外电场对这些电子却是一个加速场，因此它们很容易到达阴极，形成反向电流。

3）本底光电流：由杂散光射入光电管中所产生的电流。

因此，实验中测出的光电流是阴极光电流（包括暗电流、本底电流、光电子流）和阳极光电流的合成电流，如图 16-6 所示，如果想要准确地测出截止电压就必须尽量地消除或减少附加电流的影响。

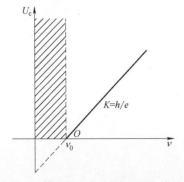

图 16-5　截止电压和入射光频率的关系

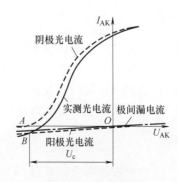

图 16-6　合成电流

实验内容（扫右侧二维码观看）

1. 测暗电流与电压的关系

盖上遮光盖，在光电管的两极间加 – 10 ~ 10 V 的不同电压，每隔 0.5 V 测量并记录相应的电流值即暗电流。将实验数据记录在书后附录原始数据记录表 16-1 中。

2. 用补偿法测出不同频率下的反向截止电压

具体操作见实验对应视频，实验数据记录在书后附录原始数据记录表 16-2 中。

补偿法是通过补偿暗电流和本底电流对测量结果的影响，以便测量出较为准确的截止电压 U_c。操作步骤如下：逐步增大反向电压 U 将电流刚好调为零，保持 U 不变，遮挡进光孔，记下此时的电流值 I。然后打开进光孔重新让汞灯照射光电管，调节电压 U 使电流值至 I，将此时对应的电压 U 的绝对值作为截止电压 U_c。

3. 测伏安特性曲线

具体操作见实验对应视频，将相应的实验数据记录在书后附录原始数据记录表 16-3 中。

在光电管上加反向截止电压并逐渐增大电压值，在电压的变化过程中观察光电流的变化规律，确定光电流变化快的区域，特别注意光电流反向饱和这一段变化快的区域。

用测得的光电管的相应暗电流对测得的不同频率的光电流进行修正，用修正后的光电流和极间电压作伏安特性曲线。

每一波长的光照射光电管，用经修正后的伏安特性曲线反向电流趋向饱和的拐点电位，作为该波长的光对应的截止电压 U_c，作 U_c-ν 曲线，求出曲线斜率 K。用公式 $h = eK$ 求普朗克常量。

常见的截止电压测量方法还有拐点法：由于附加电流的影响，因此在伏安特性曲线上，光电流并不在和电压轴交点处截止，而是在负值范围内趋向一个小的饱和值。

为了准确地得到各种频率的入射光所对应的截止电压 U_c，实验中要测出一定电压范围内的暗电流，特别是反向电压范围内的暗电流，再测不同频率的入射光照射下的光电流和极间电压，对反向电压范围内光电流变化快的地方多测一些数据。用测出的暗电流进行修正，再用修正后的光电流和电压作伏安特性曲线，并用修正后的伏安特性曲线的反向电流趋向饱和时的拐点电位作为截止电压。

实验注意

1. 实验过程中不允许触碰和随意拆卸接线。
2. 不能频繁开关电源，以免损坏光源，实验结束后关闭电源。
3. 注意测量数据的有效数字。
4. 尽快测量数据，避免热效应影响数据的稳定性。

思考题

1. 实验中有哪些误差来源？实验中是如何减小误差的？你有何建议？

2. 本实验中如果改变光电管上的照度，对 $I\text{-}U$ 曲线有何影响？

3. 光电流、暗电流、阳极光电流和本底电流相互间有何区别？

实验参考资料

[1]　　　　[2]　　　　[3]　　　　[4]　　　　[5]

［1］谭美华. 光电效应测普朗克常量实验数据的采集与处理［J］. 湖南科技学院学报，2018，39（10）：19-20.

［2］章佳伟，殷士龙. 在光电效应实验中用曲率法测普朗克常量［J］. 物理实验，2003（11）：42-44.

［3］张诚成. 光电效应法测量普朗克常量［J］. 科技创新与应用，2016（23）：42.

［4］黄安梁，徐平川，陈金晶."拐点法"测普朗克常量误差大的应对方法［J］. 大学物理实验，2016，29（01）：104-107.

［5］余磊，段火林，柳斌，等. 合理确定截止电压，测定普朗克常量［J］. 大学物理，2016，35（07）：28-30.

实验 17　用弗兰克-赫兹实验仪测氩原子第一激发电位

实验背景

1913 年，丹麦物理学家玻尔（N. Bohr，1885—1962）提出了一个氢原子模型，并指出原子存在能级。1914 年，德国物理学家弗兰克（J. Franck，1882—1964）和赫兹（G. Hertz，1887—1975）在研究气体放电中低能电子与原子相互作用时发现，透过汞蒸气的电子流随电子的能量呈现有规律的周期性变化。通过实验测量，电子和汞原子碰撞时会交换某一定值的能量，此能量可以使汞原子从低能级激发到高能级，直接证明了原子分立能级的存在。后来他们又观测了实验中被激发到高能级的原子回到低能级时所辐射的能量，测出辐射光的频率很好地满足了玻尔理论，从而也证明了玻尔理论的正确性。为此弗兰克和赫兹共同获得了1925 年的诺贝尔物理学奖。

弗兰克-赫兹实验至今仍是探索原子结构的重要手段之一，实验中用的"拒斥电压"筛去小能量电子的方法，已成为广泛应用的实验技术。

实验目的

1. 了解弗兰克-赫兹实验的设计思路和基本实验方法。
2. 通过测定氩原子的第一激发电位，证明原子能级的存在。
3. 学会这种将宏观碰撞模型应用到微观能量转换机制中的科研方法。

实验仪器

弗兰克-赫兹实验仪、示波器。

实验原理

1. 玻尔的原子理论

玻尔在卢瑟福原子结构行星模型、普朗克能量量子假说和爱因斯坦光子理论的基础上提出了三条基本假设：

（1）**定态假设**：原子只能较长久地停留在一些能量不连续的稳定状态，在这些状态中，电子绕核运动但不辐射能量，简称定态。每一定态对应一定的能量，各定态的能量是分立的。

（2）**轨道角动量量子化假设**：定态与电子绕核运动的一系列分立轨道相对应，在这些轨道上，电子轨道角动量只能是 $\frac{h}{2\pi}$ 的整数倍。

（3）**跃迁假设**：原子的能量不论通过什么方式发生改变，它只能从一个定态跃迁到另一个定态。发生跃迁时，要发射或吸收电磁波，其发射或吸收电磁波的频率由两个定态的能量差值决定，如果分别用 E_m 和 E_n 表示两个定态的能量，辐射频率 ν 与能量

的关系为

$$h\nu = E_m - E_n \tag{17-1}$$

式中，普朗克常数 $h = 6.63 \times 10^{-34} \text{J} \cdot \text{s}$。

　　为了使原子从低能级向高能级跃迁，可以通过具有一定能量的电子与原子相碰撞进行能量交换的办法来实现。

2. 弗兰克-赫兹实验原理

　　设初速度为零的电子在电位差为 U_0 的加速电场作用下，获得能量 eU_0。当具有这种能量的电子与稀薄气体的原子（比如十几个托[⊖]的氩原子）发生碰撞时，就会发生能量交换。

　　如果 E_1 表示氩原子的基态能量，E_2 表示氩原子的第一激发态能量，那么当氩原子吸收电子的能量恰好为

$$eU_0 = E_2 - E_1 \tag{17-2}$$

时，氩原子就会从基态跃迁到第一激发态，相应的电位差 U_0 即为氩原子的第一激发电位（或氩原子的中肯电位）。

　　弗兰克-赫兹实验原理如图 17-1 所示。在充满氩气的弗兰克-赫兹管中，电子由灯丝加热后从阴极发出，阴极 K 和第一栅极 G1 之间的电压 U_{G1K} 以及阴极 K 和第二栅极 G2 之间的可调电压 U_{G2K}，形成加速电场，使电子加速。在阳极 A 和第二栅极 G2 之间加有反向拒斥电压 U_{G2A}，阻碍能量较小的电子到达阳极。

　　弗兰克-赫兹管内空间电位分布如图 17-2 所示。当电子通过 KG2 空间进入 G2A 空间时，如果有较大的能量（$\geqslant eU_{G2A}$），就能冲过反向拒斥电场而到达板极形成板极电流，为微电流计微安表检出。如果电子在 KG2 空间与氩原子碰撞，把自己一部分能量传给氩原子而使后者激发，电子本身所剩余的能量就很小，以致在通过第二栅极时不足以克服拒斥电场而被折回到第二栅极，这时通过微电流计微安表的电流将明显减小。

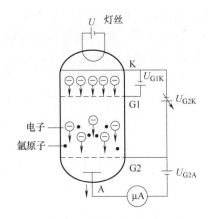

图 17-1　弗兰克-赫兹管原理图

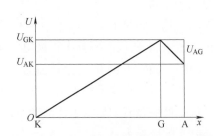

图 17-2　弗兰克-赫兹管管内电位分布

⊖　托，压强单位，1 Torr = 133.322 Pa。

实验时，使 U_{G2K} 可调电压逐渐增加并仔细观察电流计的电流示数，如果原子能级确实存在，而且基态和第一激发态之间有确定能量差的话，就能观察到图 17-3 所示的 I_A-U_{G2K} 曲线。

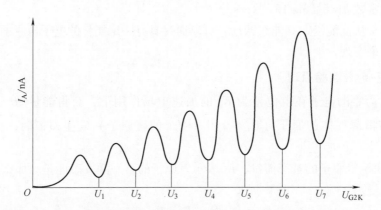

图 17-3 弗兰克-赫兹管的 I_A-U_{G2K} 曲线

图 17-3 所示的曲线反映了氩原子在 KG2 空间与电子进行能量交换的情况。当 KG2 空间电压逐渐增加时，电子在 KG2 空间被加速而取得越来越大的能量。开始时，由于 U_{G2K} 较低，电子的能量较小，即使在运动过程中它与氩原子相碰撞也只有微小的能量交换（为弹性碰撞），电子的动能可视为不变。随着 U_{G2K} 可调电压的增加，电子穿过拒斥电场到达阳极的概率增加，此时穿过第二栅极的电子所形成的板极电流 I_A 将随第二栅极电压 U_{G2K} 的增加而增大。

当 KG2 间的电压达到氩原子的第一激发电位 U_0 时，电子在第二栅极附近与氩原子相碰撞，将自己从加速电场中获得的全部能量交给氩原子，并且使氩原子从基态跃迁到第一激发态。而电子本身由于把全部能量给了氩原子，即使穿过了第二栅极也不能克服反向拒斥电场而被折回第二栅极（被筛选掉）。所以板极电流将显著减小。随着可调电压 U_{G2K} 的持续增加，电子的能量也随之增加，在与氩原子相碰撞后还留下足够的能量，可以克服反向拒斥电场而达到板极 A，这时电流又开始上升。直到 U_{G2K} 是二倍氩原子的第一激发电位时，电子在 KG2 间又会因与氩原子的二次碰撞而失去能量，因而又会造成第二次板极电流的下降。

因此，只要满足 $U_{G2K} = nU_0$（$n = 1，2，3，\cdots$），板极电流 I_A 都会相应降低，形成周期性变化的 I_A-U_{G2K} 曲线。而各次板极电流 I_A 下降相对应的阴、栅极电压差 $U_{n+1} - U_n$ 应该是氩原子的第一激发电位 U_0（公认值为 $U_0 = 13.1$ V）。

原子处于激发态是不稳定的，在实验中被慢电子轰击到第一激发态的原子要回到基态，在此过程中就应该有 eU_0 电子伏的能量以光子的形式辐射出来。

辐射光的波长为

$$eU_0 = h\nu = h\frac{c}{\lambda} \tag{17-3}$$

对于氩原子

$$\lambda = \frac{hc}{eU_0} = \frac{6.63 \times 10^{-34} \times 3.00 \times 10^8}{1.6 \times 10^{-19} \times 13.1} \text{ m} = 94.9 \text{ nm}$$

如果在弗兰克-赫兹管中充以其他元素，则可以得到它们的第一激发电位值（见本实验后附表1）。

实验内容（扫右侧二维码观看）

1. 实验准备

（1）熟悉弗兰克-赫兹实验仪面板及使用方法。

（2）按照实验注意中的要求检查弗兰克-赫兹管各组工作电源线，（注意：仪器连线已经接好，不允许重新连线，实验完成后也不要拆线！）检查无误后开机，将实验仪器预热20~30 min。

（3）开机后的初始状态如视频中所示。

2. 氩原子第一激发电位的测量

（1）手动测试。

1）设置仪器为"手动"工作状态，按"手动/自动"键，"手动"指示灯亮。

2）设定电流量程（电流量程可参考实验仪盖上的参数），按下相应电流量程键，对应的量程指示灯点亮。

3）设定电压源的电压值（设定值可参考实验仪盖上的参数），用↓、↑、←、→键完成，需设定的电压源电压值有：灯丝电压 U_F、第一加速电压 U_{G1K}、拒斥电压 U_{G2A}。

4）按下"启动"键，实验开始。用↓、↑、←、→键完成 U_{G2K} 电压值的调节，从0.0 V起，按步长1 V（或0.5 V）的电压值调节电压源 U_{G2K}，同步记录 U_{G2K} 值和对应的 I_A 值，同时仔细观察示波器中弗兰克-赫兹管的板极电流值 I_A 与电压的变化曲线。

切记：为保证实验数据的唯一性，U_{G2K} 电压必须从小到大单向调节，不可在过程中反复；记录完成最后一组数据后，立即将 U_{G2K} 电压快速归零。

在手动测试的过程中，如果测量错误，可按下启动按键，U_{G2K} 的电压值将被设置为零，内部存储的测试数据被清除，示波器上显示的波形被清除，但 U_F、U_{G1K}、U_{G2A}、电流档位等的状态不发生改变。这时，操作者可以在该状态下重新进行测试，或修改参数后再进行测试。

（2）自动测试。具体操作见视频。

请以实验仪面板上所示的 U_F、U_{G1K}、U_{G2A}、U_{G2K} 值为初始设置的电压参数值。

在自动测试过程中，只要按下"手动/自动"键，手动测试指示灯亮，实验仪就中断了自动测试过程，原设置的电压状态被清除，实验仪存储的测试数据也被清除，实验仪恢复到初始状态。

建议："自动测试"应变化两次 U_F 值，测量两组 I_A-U_{G2K} 数据，记录在书后附录原始数据记录表17-2中，将满足要求的 U_F、U_{G1K}、U_{G2A}、U_{G2K} 参数记录在书后附录原始数据记录表17-1。若实验时间允许，还可变化 U_{G1K}、U_{G2A} 进行多次 I_A-U_{G2K} 测试。

实验注意

1. 各工作电源已按要求连接，千万不能改动连线！实验完成后也不要拆线。

2. 灯丝电源具有输出端短路保护功能，并伴随报警声（长笛声）。当出现报警声时应立即关断主机电源并仔细检查面板连线。输出端短路时间不应超过 8 s，否则会损坏元器件。

3. 为了保护弗兰克-赫兹管，各组电压源电压有额定电压限制，灯丝电压最大不能超过 3.5 V，U_{G2K} 最高不能设置超过 85 V。

思考题

1. 灯丝电压对实验结果有何影响？是否影响激发第一电位？

2. 请问 I_A-U_{G2K} 周期性与能级之间是什么关系？如果出现差异是什么原因导致的？当温度较高时，I_A-U_{G2K} 曲线的第一波峰不易出现，为什么？

实验参考资料

[1]   [2]   [3]

[4]   [5]   [6]

[1] 钮婷婷，张志华，于婷婷，等. 影响弗兰克-赫兹实验激发电位的因素探究 ［J］. 物理实验，2018，38（S1）：11-15.

[2] 窦欣悦，司嵘嵘. 充氩弗兰克-赫兹实验波谷处加速电压及最佳实验参量 ［J］. 物理实验，2019，39（02）：19-23.

[3] 王杰，司嵘嵘. 确定弗兰克-赫兹实验最佳工作参数的方法改进 ［J］. 大学物理实验，2018，31（05）：87-91.

[4] 赵玉娜，马俊刚，丛红璐，等. 弗兰克-赫兹实验中两种测量模式及数据处理探讨 ［J］. 大学物理实验，2017，30（03）：121-124.

[5] 张容. 基于 MATLAB 的弗兰克-赫兹实验数据处理 ［J］. 大学物理实验，2015，28（02）：100-102.

[6] 王媛，顾强强. 弗兰克-赫兹实验曲线形状的定性分析 ［J］. 电子技术，2014，43（06）：30-34.

【附】

附表 1 几种元素的第一激发电位

元素	Na	K	Li	Mg	Hg	He	Ne
U_0/V	2.12	1.63	1.84	3.2	4.9	21.2	18.6
λ/nm	589.8 589.6	766.4 769.9	670.78	457.1	250.0	58.43	64.02

实验 18　霍尔元件基本参数及磁场分布的测量

实验背景

霍尔效应是电磁效应的一种，由美国物理学家霍尔（E. H. Hall，1855—1938）于 1879 年在研究金属的导电机制时发现并命名。值得注意的是，当霍尔发现霍尔效应时，电子尚未被发现（1897 年电子被发现）。霍尔在《美国数学杂志》上发表的，关于霍尔效应的题为"论磁铁对电流的新作用"论文，被科学界认为是"过去 50 年中电学方面最重要的发现"。英国著名物理学家开尔文曾评价说到，"霍尔的发现可和法拉第相比拟"。同时，由于在实验教学方面的突出贡献，霍尔也获得了美国物理教师学会授予的"物理教师杰出贡献"奖章，并成为该学会的第一位荣誉会员。

目前，在霍尔效应的相关科学研究领域，已产生多个诺贝尔物理学奖。例如，德国物理学家冯·克里津（Klaus von Klitzing）等人在研究极低温度和强磁场中的半导体时发现了量子霍尔效应，获得了 1985 年的诺贝尔物理学奖；美籍华裔物理学家崔琦等人在更强磁场下研究量子霍尔效应时发现了分数量子霍尔效应，获得了 1998 年的诺贝尔物理学奖。此外，美籍华裔科学家张首晟研究的量子自旋霍尔效应，被美国《科学》杂志评为 2007 年十大科学进展之一；2013 年，由中国科学家、清华大学薛其坤院士领衔的团队首次从实验中观测到量子反常霍尔效应，该工作被杨振宁教授评价为我国首个"诺贝尔奖级"的科研成果。

利用霍尔效应制作的霍尔元件传感器，由于具有体积小、寿命长、功耗小、频率响应宽（从直流到微波）等优点，因此在工程技术领域有着广泛的用途。例如，测量磁感应强度的高斯计、汽车里程表及车速表、无刷电机、高灵敏度无触点开关等仪器，都常利用霍尔元件制作而成。

本实验就是要通过测量霍尔元件的一些基本参数，来掌握其相关实验规律。

实验目的

1. 了解霍尔效应原理。
2. 掌握测量室温下霍尔元件基本参数的方法。
3. 学习霍尔元件参数测量中的若干副效应的产生原理，并掌握利用"对称交换测量法"消除副效应的方法。
4. 学习用霍尔元件测量磁场分布的方法。

实验仪器

霍尔效应实验仪、霍尔效应测试仪、数字万用表。

实验原理

1. 霍尔效应

霍尔效应从本质上讲，是半导体材料中带电粒子（电子或空穴）在磁场中受洛伦兹力的作用而引起带电粒子的偏转，最终产生霍尔电压的一种现象。

以 N 型半导体材料（图 18-1a，多数载流子为带负电的电子）为例，介绍霍尔效应的产生原理。如图 18-1 所示，当在半导体材料 x 正向通以电流 I_s（称为工作电流或控制电流）时，其中的多数载流子（电子）在 x 方向向左运动。同时给霍尔元件沿 Z 轴的正向加以磁场 $\boldsymbol{B}$。由于受到洛伦兹力 $\boldsymbol{F}_m$ 的作用，电子即向图中的 D 侧偏转，并使 D 侧形成电子积累，而相对的 C 侧形成正电荷积累。与此同时，运动的电子还受到由于两侧积累的异种电荷形成的反向电场力 $\boldsymbol{F}_e$ 的作用。随着电荷的积累，$\boldsymbol{F}_e$ 逐渐增大，当两力大小相等、方向相反时，电子积累便达到动态平衡（此平衡过程所用时间非常短）。这时在 C、D 两端面之间建立的电场称为霍尔电场 E_H，相应的电势差称为霍尔电压 U_H。

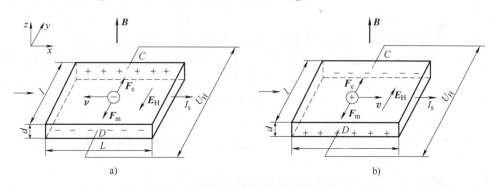

图 18-1　霍尔元件中载流子在外磁场下的运动情况

a）N 型半导体　b）P 型半导体

图 18-1a 中，假设电子按相同平均漂移速度 v 向 x 轴负方向运动，则在磁场 $\boldsymbol{B}$ 作用下，所受洛伦兹力大小为

$$\boldsymbol{F}_m = -e\boldsymbol{v} \times \boldsymbol{B} \tag{18-1}$$

式中，e 为电子电量，大小为 $1.6 \times 10^{-19}\mathrm{C}$；$v$ 为电子漂移平均速度；$\boldsymbol{B}$ 为磁感应强度。

同时，电场作用于电子的力可写为

$$F_e = -eE_H = -e\frac{U_H}{l} \tag{18-2}$$

式中，E_H 为霍尔电场强度；U_H 为霍尔电压；l 为霍尔元件宽度。

当达到动态平衡时，$\boldsymbol{F}_m = -\boldsymbol{F}_e$，从而得到

$$vB = \frac{U_H}{l} \tag{18-3}$$

假设霍尔元件宽度为 l，厚度为 d，载流子浓度为 n，则霍尔元件的工作电流 I_s 可写为

$$I_s = nevld \tag{18-4}$$

由式（18-3）、式（18-4）可得

$$U_{\mathrm{H}} = \frac{1}{ne} \frac{I_s B}{d} = R_{\mathrm{H}} \frac{I_s B}{d} = K_{\mathrm{H}} I_s B \tag{18-5}$$

即霍尔电压 U_{H}（此时为 C、D 间电压）与 I_s、B 成正比，与霍尔元件的厚度 d 成反比。其中：比例系数 $R_{\mathrm{H}} = 1/ne$ 称为霍尔系数，它是反映材料霍尔效应强弱的重要参数；比例系数 $K_{\mathrm{H}} = 1/ned$ 称为霍尔元件的灵敏度，它表示霍尔元件在单位磁感应强度和单位工作电流下的霍尔电势大小，一般要求 K_{H} 越大越好。

当霍尔元件的材料和厚度确定时，根据霍尔系数或灵敏度可以得到载流子的浓度为

$$n = \frac{1}{eR_{\mathrm{H}}} = \frac{1}{edK_{\mathrm{H}}} \tag{18-6}$$

以及霍尔元件中载流子迁移率 μ 和电导率 σ 分别为

$$\mu = K_{\mathrm{H}} \frac{L}{l} \frac{I_s}{U_s} \tag{18-7}$$

$$\sigma = \frac{L}{dl} \frac{I_s}{U_s} \tag{18-8}$$

式中，L 为霍尔元件的长度；l 为霍尔元件的宽度；U_s 为霍尔元件沿着 I_s 方向的工作电压。

由于金属的电子浓度 n 很高，所以它的 R_{H} 或 K_{H} 都不大，因此不适宜作霍尔元件。由于一般电子迁移率大于空穴迁移率，因此制作霍尔元件时大多采用 N 型半导体材料。此外，元件厚度 d 越小，则 K_{H} 越高。因此制作霍尔元件时，往往采用减少 d 的办法来提高灵敏度，但不能认为 d 越小越好，因为当 d 较小时，元件的输入和输出电阻将会增加。

由于霍尔效应建立时间很短（$10^{-14} \sim 10^{-12}\mathrm{s}$），因此，使用霍尔元件时既可用直流电，也可用交流电。使用交流电作为工作电流时，霍尔电压是交变的，I_s 和 U_{H} 应取有效值。

实验中应当注意，以上考虑的都是磁感应强度 B 的方向和元件平面法线严格平行时的情况。当磁感应强度 B 和元件平面法线成一角度时，作用在元件上的有效磁场大小为 $U_{\mathrm{H}} = K_{\mathrm{H}} I_s B \cos\theta$，其中 θ 表示是霍尔元件法线与磁感应强度 B 的夹角。

由式（18-5）可知，当工作电流 I_s 或磁感应强度 B 两者之一改变方向时，霍尔电压 U_{H} 的方向随之改变；若两者方向同时改变，则霍尔电压 U_{H} 极性不变。

2. 霍尔效应的副效应及其消除方法

测量霍尔电压 U_{H} 时，不可避免地会产生一些副效应，由此而产生的附加电势叠加在霍尔电势上，形成测量系统误差。这些副效应有：

（1）不等位电势 U_0。在制作霍尔元件时，由于两个霍尔电极不可能绝对对称地焊在霍尔元件两侧（见图 18-2a）、霍尔元件电阻率不均匀、工作电流极的端面接触不良（见图 18-2b）等，都可能造成 C、D 两极不处在同一等位面上，此时虽未加磁场，但 C、D 间存在电势差 U_0，此电势差称为霍尔效应中的不等位电势，其大小可写为 $U_0 = I_s R_0$，其中 R_0 是 C、D 两极间的不等位电阻。显然，在 R_0 确定的情况下，U_0 与 I_s 的大小成正比，且其正负随 I_s 的方向改变而改变。

（2）埃廷斯豪森（Ettingshausen）效应。如图 18-3 所示，当霍尔元件的 x 方向通以工作电流 I_s，z 方向加磁场 B 时，由于霍尔元件内的载流子速度服从一定的统计分布，有快有慢。在达到动态平衡时，在磁场的作用下慢速与快速的载流子将在洛伦兹力和霍尔电场的共

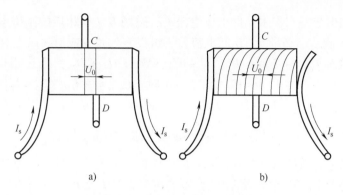

图 18-2　霍尔元件电极位置图示

同作用下，沿 y 轴分别向相反的两侧偏转，这些载流子的动能将转化为热能，使两侧的温度不同，因而造成 y 方向上两侧出现温差（$\Delta T = T_C - T_D$）。

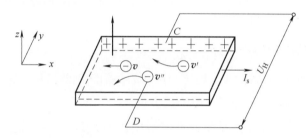

图 18-3　霍尔元件中电子实际运动情况（图中 $v' < v$，$v'' > v$）

因为霍尔电极和元件两者材料不同，电极和元件之间将形成温差电偶，这一温差在 C、D 间将产生温差电动势 U_E，其大小正比于 I_s 和 B 的乘积，即：$U_E \propto I_s B$。

此效应称埃廷斯豪森效应，U_E 的大小及正负号与 I_s、$\boldsymbol{B}$ 的大小和方向有关，由于和 U_H 与 I_s、$\boldsymbol{B}$ 的关系相同，所以不能在测量中消除。

（3）伦斯脱（Nernst）效应。由于工作电流的两个电极与霍尔元件的接触电阻不同，工作电流在两电极处将产生不同的焦耳热，进而引起工作电流两极间的温差电动势，此电动势又产生温差电流（称为热电流）I_Q，热电流在磁场作用下将发生偏转，结果在 y 方向上产生附加的电势差 U_N，且 $U_N \propto I_Q B$，这一效应称为伦斯脱效应，U_N 的符号只与 $\boldsymbol{B}$ 的方向有关。

（4）里纪-勒杜克（Righi-Leduc）效应。如（3）所述霍尔元件在 x 方向有温度梯度，引起载流子沿梯度方向扩散而有热电流 I_Q 通过霍尔元件，在此过程中载流子受 z 方向的磁场 $\boldsymbol{B}$ 作用，在 y 方向引起类似埃廷斯豪森效应的温差 $\Delta T = T_C - T_D$，由此产生的电势差 $U_R \propto I_Q B$，其符号与 $\boldsymbol{B}$ 的方向有关，与 I_s 的方向无关。

综上所述，在确定的磁场 $\boldsymbol{B}$ 和工作电流 I_s 下，C、D 两端实际测出的电压是 U_H、U_0、U_E、U_N 和 U_R 这 5 种电势差的代数和。上述 5 种电势差与 $\boldsymbol{B}$ 和 I_s 方向的关系见表 18-1。

表 18-1　5 种电势差与磁场工作电流的关系

U_H		U_0		U_E		U_N		U_R	
B	I_s	B	I_s	B	I_s	B	I_s	B	I_s
有关	有关	无关	有关	有关	有关	有关	无关	有关	无关

157

利用这些附加电势差与霍尔元件工作电流 I_s、磁场 $\boldsymbol{B}$（即相应的励磁电流 I_M）的关系，采用对称（交换）测量法测量 C、D 间电势差，可以有效减少或消除以上效应引起的附加电势差。例如，当取 $+I_M$、$+I_s$ 时，$U_{CD1} = +U_H + U_0 + U_E + U_N + U_R$；当取 $+I_M$、$-I_s$ 时，$U_{CD2} = -U_H - U_0 - U_E + U_N + U_R$，当取 $-I_M$、$-I_s$ 时，$U_{CD3} = +U_H - U_0 + U_E - U_N - U_R$，当取 $-I_M$、$+I_s$ 时，$U_{CD4} = -U_H + U_0 - U_E - U_N - U_R$。如果对以上四式做如下运算：

$$\frac{1}{4}(U_{CD1} - U_{CD2} + U_{CD3} - U_{CD4}) = U_H + U_E \tag{18-9}$$

则可见，除埃廷斯豪森效应以外的其他副效应产生的电势差将会被全部消除。因埃廷斯豪森效应所产生的电势差 U_E 的符号和霍尔电势 U_H 的符号，与 I_s 及 $\boldsymbol{B}$ 的方向关系相同，故无法消除。但在非大电流、非强磁场下，$U_H \gg U_E$，因而 U_E 可以忽略不计，故有

$$U_H \approx U_H + U_E = \frac{1}{4}(U_{CD1} - U_{CD2} + U_{CD3} - U_{CD4}) \tag{18-10}$$

一般情况下，当 U_H 较大时，U_{CD1} 与 U_{CD3} 同号，U_{CD2} 与 U_{CD4} 同号，而两组数据互相反号，因此，霍尔电压的大小可写为

$$U_H = \frac{1}{4}(U_{CD1} - U_{CD2} + U_{CD3} - U_{CD4}) = \frac{1}{4}\left(\,|U_{CD1}| + |U_{CD2}| + |U_{CD3}| + |U_{CD4}|\,\right) \tag{18-11}$$

即用四次测量值的绝对值，然后取平均值即可认为是消除副效应后的霍尔电压值。

3. 利用霍尔效应测量未知磁场强度的大小

当已知霍尔元件的参数（如霍尔元件灵敏度）时，其可用于测量磁感应强度的大小。测量时，可将霍尔元件置于待测磁场的相应位置，并使元件平面与磁感应强度 $\boldsymbol{B}$ 垂直，在其控制端输入恒定的工作电流 I_s，通过测量得到霍尔电压的大小，则根据式（18-5）反推出磁感应强度 $\boldsymbol{B}$ 的大小。

实验内容（扫右侧二维码观看）

1. 通过测量 U_H-I_s 关系，计算室温下霍尔元件霍尔系数 R_H、灵敏度 K_H 以及载流子浓度 n，并判断霍尔元件半导体类型（P 型或 N 型）。

（1）移动二维移动尺，使霍尔元件处于电磁铁气隙中心位置（其法线方向已调至平行于磁场方向），闭合励磁电流开关，调节励磁电流 $I_M = 600\ \text{mA}$，通过公式 $B = CI_M$ 求得并记录此时电磁铁气隙中的磁感应强度大小 B（C 为电磁铁的线圈常数，C 的值见面板标示牌）。

（2）调节工作电流 $I_s = 0.50,\ 1.00,\ \cdots,\ 5.00\ \text{mA}$（间隔 $0.50\ \text{mA}$），通过变换实验仪各换向开关，在 $(+I_M,\ +I_s)$、$(-I_M,\ +I_s)$、$(-I_M,\ -I_s)$、$(+I_M,\ -I_s)$ 四种测量条件下，分别测出对应的 C、D 间电压值 $U_i(i = 1、2、3、4)$。记录数据，绘制 $U_H - I_s$ 关系曲线，求得斜率 $K_1(K_1 = U_H/I_s)$。根据斜率的值即可计算出 R_H 和 K_H 的值；同时可计算得出载流子浓度 n（霍尔元件厚度 d 已知，见面板标示牌）。

（3）判定霍尔元件半导体的类型（P 型或 N 型）。由 $\boldsymbol{B}$ 的方向、I_s 流向以及 U_H 的正负并结合霍尔元件的引脚位置（见本章附录）即可判断得出。

注意：霍尔系数 R_H 的常用单位为 m^3/C，灵敏度 K_H 的常用单位为 $\text{mV}/\text{mA} \cdot \text{T}$，载流子浓度 n 的常用单位为 m^{-3}。

2. 研究霍尔电压 U_H 与励磁电流 I_M 之间的关系。

将霍尔元件移动于电磁铁气隙中心，固定 $I_s = 3.00$ mA，分别调节 $I_M = 100$，200，…，1 000 mA（间隔为 100 mA），同时测量 C、D 间电压值 U_i，记录数据，绘出 U_H-I_M 曲线，即可分析霍尔电压 U_H 与励磁电流 I_M 之间的关系。

3. 测量一定 I_M 条件下，电磁铁气隙水平方向磁感应强度 $\boldsymbol{B}$ 的大小及分布情况。

（1）调节 $I_M = 600$ mA、$I_s = 5.00$ mA，调节二维移动尺的垂直标尺，使霍尔元件处于电磁铁气隙垂直方向的中心位置。调节水平标尺至 0 刻度位置，测量相应的 U_i。

（2）改变水平标尺到不同位置，分别测量不同位置处的 U_i。

（3）根据以上测得的 U_i，计算霍尔电压 U_H 值，通过第 1 个实验中获得的霍尔元件灵敏度值，计算出各点的磁感应强度大小 B，并绘出 B-x 图，描述电磁铁气隙内 x 方向上 B 的分布状态。

4. 测量霍尔元件的载流子迁移率 μ 和电导率 σ。

将数字万用表调到直流电压档，并将档位选为"直流 10 V"，测量工作电压 U_s。电压表的正负极分别接测试仪上工作电流输出端的红、黑插孔。

（1）断开励磁电流开关，使 $I_M = 0$（电磁铁剩磁很小，约零点几毫特，可忽略不计）。调节 $I_s = 0.50$，1.00，…，5.00 mA（间隔 0.50 mA），记录对应的工作电压 U_s，填入书后附录原始数据记录表中，绘制 I_s-U_s 关系曲线，求得斜率 K_2（$K_2 = I_s/U_s$）。

（2）根据上面求得的 K_H，可以求得载流子迁移率 μ（霍尔元件长度 L、宽度 l 已知，见面板标示牌）。

注意：霍尔元件载流子迁移率 μ 的常用单位为 $m^2/V \cdot s$，霍尔元件电导率 σ 的常用单位为 $1/\Omega \cdot m$。

实验注意

1. 为了提高霍尔元件测量的准确性，实验前霍尔元件应至少预热 5 min。具体操作为：断开励磁电流开关，闭合工作电流开关，通入工作电流 5 mA，等待至少 5 min 可开始实验。

2. 工作电流 I_s 和励磁电流 I_M 均由恒流源输出，其输出范围分别为：0~5.00 mA 和 0~1 000 mA。只有在接通负载时，恒流源才能输出电流，数显表上才有相应显示。

3. 本实验中励磁电流 I_M 与电磁铁在气隙中心处产生的磁感应强度 B 成正比。故用电磁铁的线圈常数 C 可替代测量磁感应强度的特斯拉计。电磁铁线圈常数 C 指的是单位励磁电流作用下电磁铁在气隙中产生的磁感应强度，单位为 mT/A。若已知励磁电流大小，便能根据公式 $B = CI_M$ 得到此时电磁铁气隙中心处的磁感应强度。线圈常数 C 的值可从仪器铭牌中读取。

4. 最终的霍尔系数 R_H、灵敏度 K_H 以及载流子浓度 n 的结果请分别用常用单位 m^3/C、$mV/mA \cdot T$ 和 m^{-3} 表示。

5. 为了不使电磁铁因过热而受到损害，或影响测量精度，除在短时间内读取有关数据，通以励磁电流 I_M 外，其余时间最好断开励磁电流开关。

6. 最终载流子迁移率 μ 的结果请用常用单位 $m^2/V \cdot s$ 表示。

思考题

1. 试分析总结哪种副效应对霍尔元件参数测量的影响较大？可阅读实验参考资料 [3]。

2. 如果将工作电流由直流电变为交流电,将会得到什么实验现象及结果?

3. 是否可以用霍尔元件测量地磁场的大小及方向?

4. 试设计一种利用霍尔元件工作的传感器。可阅读实验参考资料 [6] ~ [8]。

实验参考资料

[1]   [2]   [3]   [4]

[5]   [6]   [7]   [8]

[1] 于景侠,霍中生,郭袁俊,等. 霍尔效应与磁阻效应的理论和实验融合教学研究 [J]. 大学物理,2018,37 (10):30-35.

[2] 倪忠楚. 霍尔效应的发现及其意义 [J]. 科技创新导报,2017,14 (02):85-87.

[3] 孙可芊,李智,廖慧敏,等. 霍尔效应测量磁场实验中副效应的研究 [J]. 物理实验,2016,36 (11):36-40 + 44.

[4] 邢红宏,张勇. 霍尔效应磁场测量仪器的改进 [J]. 实验技术与管理,2016,33 (05):78-81.

[5] 罗浩,向泽英,谢英英,等. 霍尔效应法测磁场实验误差研究 [J]. 大学物理实验,2015,28 (04):99-102.

[6] 章晓洋,宓佳辉,赵浩. 基于霍尔效应的扭矩测量系统开发 [J]. 传感器世界,2016,22 (12):29-32.

[7] 赵浩. 一种基于霍尔效应的无刷式测速发电机 [J]. 传感技术学报,2017,30 (03):467-470.

[8] 冯德华,何越,李硕. 基于霍尔效应的称重装置设计与研究 [J]. 大学物理实验,2018,31 (06):46-48.

【附】

霍尔元件上有 4 只引脚 (见图18-4),其中编号为 1、2 的两只为工作电流端,编号为 3、4 的两只为霍尔电压端 (图中的图形 "○" 仅标示霍尔元件正方向)。同时将这 4 只引脚焊接在印制板上,然后引到仪器双刀双掷开关上,接线柱旁标有 1、2、3、4 四个编号,按对应编号连线。霍尔元件在印制板上的朝向是正面背离印制板而朝向实验者,霍尔元件在印制板上的位置见图 18-4c。

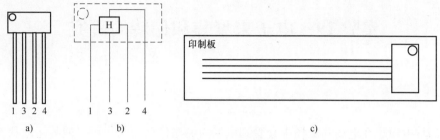

图 18-4　霍尔元件

a）封装外形图　b）内部示意图　c）霍尔元件在印制板上的位置

实验 19 电子束聚焦和偏转的研究

实验背景

运动的带电粒子在电场和磁场中会受到电场力和洛伦兹力的作用，使其运动状态发生改变。目前很多仪器就是依据带电粒子在电场和磁场中的运动规律设计而成的。例如，示波管、显像管、雷达指示管、粒子加速器和质谱仪等。此类仪器均需要控制带电粒子束在互相垂直的两个方向的偏转，而这些控制通常采用外加偏转电场或偏转磁场来实现。

本实验就是要研究运动的电子束在外电场和磁场中的聚焦和偏转规律。

实验目的

1. 了解示波管的基本结构和工作原理。
2. 研究电子束在电场中的偏转规律。
3. 研究运动电子束在磁场中的偏转规律。

实验仪器

电子束实验仪、直流稳压电源、万用表、直流毫安表、导线、开关。

实验原理

1. 示波管

实验中用到的主要仪器是示波管，图 19-1 是示波管的结构原理图。它包括有：

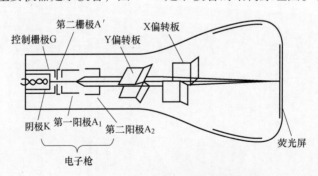

图 19-1 示波管的结构原理图

（1）电子枪：用于产生电子，并把电子加速到一定的速度，同时聚焦成电子束。

（2）由两对金属板（X 偏转板和 Y 偏转板）组成的偏转系统，使经过的电子束发生偏转。

（3）荧光屏：其上面涂有荧光粉，在电子的轰击下发出可见光，用来显示电子束的轰击点。

162

电子枪自左至右分别是灯丝、阴极 K、控制栅极 G、第二栅极 A′、第一阳极 A_1 和第二阳极 A_2。阴极表面涂有锶和钡的氧化物，灯丝加热阴极至 1 200 K 时，阴极表面逸出自由电子（热电子）。栅极 G 的工作电位低于阴极电位 5～30 V，只有那些能够克服这一电位差的较高能量电子才能穿过 G。因此，改变栅极电位，便可以限制通过栅极的电子数量，从而控制屏上光点的亮度。第二栅极 A′ 和第二阳极 A_2 相连，它们的电位用 U_2 表示，U_2 高于阴极电位约 1 kV，用于加速阴极发出的电子。第一阳极 A_1 位于 A′ 和 A_2 之间，A_1 的工作电位 U_1 低于 U_2，A_1 与 A′ 之间、A_1 与 A_2 之间的电场把从栅极 G 射出来的不同方向的电子聚焦，当 U_1、U_2 选取适当时，电子束能够聚焦成一个小点打在荧光屏上。通常将 U_2 固定，改变 U_1，实现聚焦，所以 A_1 被称为聚焦电极，总之电子枪内各电极电位的高低顺序为 $U_G < U_K < U_1 < U_2$。

电子枪的各电极均由金属镍材料制成，它既能屏蔽外电场，又能屏蔽外磁场。

2. 电致偏转

偏转板上所加的电压称偏转电压，当电子束经过两板间时便会在电场的作用下发生电偏转。如图 19-2 所示，从阴极发射出来的电子，由第二阳极 A_2 射出时，具有速度 v_z，v_z 的值取决于阴极 K 和第二阳极 A_2 之间的电位差 U_2。如果电子逸出阴极时的初始动能可以忽略不计，那么电子从第二阳极 A_2 射出时的动能由下式确定：

$$\frac{1}{2}mv_z^2 = eU_2 \tag{19-1}$$

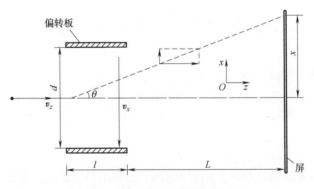

图 19-2　电子束的电致偏转原理图

进入偏转板的电子，在 x 方向做初速为零的匀加速运动。设偏转板上所加电压为 U_x，板长为 l，板间距为 d，板右端至屏的距离为 L，则有 $a_x = F_x/m$，$F_x = eU_x/d$，$v_x = a_x t$。其中 $t = l/v_z$ 表示电子通过偏转板的时间。

因此，电子在离开偏转板的时刻，x 方向的速度为

$$v_x = \frac{elU_x}{mdv_z} \tag{19-2}$$

此刻电子的运动方向与 z 方向的夹角正切值为 $\tan\theta = \dfrac{v_x}{v_z} = \dfrac{elU_x}{mdv_z^2}$。考虑到式（19-1），则有

$$\tan\theta = \frac{lU_x}{2dU_2} \tag{19-3}$$

电子到屏上时，在 x 方向偏移量为

$$x = L\tan\theta = \frac{Ll}{2dU_2}U_x \tag{19-4}$$

上述结果表明，光点在屏上的偏移量正比于偏转板上所加电压 U_x，反比于加速电压 U_2。这里要指出，如果仔细考虑偏转板的结构与电子的运动情况，可以证明，式（19-4）中的 L 取偏转板中心至屏的距离更为准确。

y 方向电偏转原理与 x 方向相同。

3. 磁致偏转

下面讨论运动的电子束在磁场中的偏转规律。图 19-3 示出了电子在磁场中及离开磁场后的运动情况。其中，l 是磁场 z 向范围，L 是磁场右边缘至荧光屏的距离。

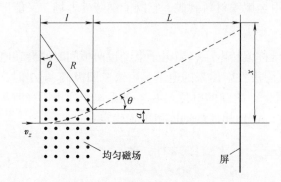

图 19-3 电子束的磁致偏转原理图

设电子以速度 v_z 垂直射入指向纸面外的均匀磁场中，由于电子运动的方向始终垂直于磁场，所以电子所受洛伦兹力的大小为

$$F = ev_z B \tag{19-5}$$

在此力作用下，电子做圆周运动，其半径 R 服从关系式

$$\frac{mv_z^2}{R} = ev_z B \tag{19-6}$$

假设整个磁场引起的偏转很小，则有 $\sin\theta \approx \theta$，$\cos\theta \approx 1 - \theta^2/2$。由图 19-3 可知，在电子离开磁场区的时刻，电子轨道的切线与原入射方向间的夹角为

$$\theta \approx \tan\theta = \frac{l}{R} = \frac{elB}{mv_z} \tag{19-7}$$

电子离开磁场时刻的偏移量为

$$a = R - R\cos\theta \approx \frac{mv_z\theta^2}{2eB} \tag{19-8}$$

电子到达屏上引起光点的偏移量为

$$x = L\tan\theta + a \approx L\theta + a \tag{19-9}$$

将式（19-7）、式（19-8）代入式（19-9），可得

$$x = \frac{elB}{mv_z}\left(L + \frac{l}{2}\right) \tag{19-10}$$

考虑到加速电压 U_2 和电子速度 v_z 的关系，结合式（19-1），可得

$$x = \frac{elB}{\sqrt{2emU_2}}\left(L + \frac{l}{2}\right) \tag{19-11}$$

式（19-11）表明，磁场引起的偏移量与磁感应强度成正比，与加速电压的平方根成反比。

实验内容（扫右侧二维码观看）

1. 测量偏转电压与电子束偏转量的关系

（1）把测低电压（量程 200 V）的表笔一端（黑插头）接地（实验仪中的任一黑色插孔），另一端（红插头）先后接 U_x 和 U_y 两点，然后将 U_x、U_y 偏转电压分别调为 0 V。再用 X 调零和 Y 调零旋钮把光点移到屏的中心。

（2）调节 U_G 电位器，使光点的亮度适中；调聚焦电压的旋钮 U_1 和 U_2，使光点在屏幕上聚焦良好；把高压（量程 2 kV）电表的两表笔分别接入 U_G 和 U_2 两点，调电位器 U_K 旋钮，改变加速电压 U_2，同时观察高压电表显示的 U_2 变化范围，在 U_2 变化范围内，取两个 U_2 值，该两值之间差值应大于 100 V。调电位器 U_K，把其中较低点置为第一次测量的加速电压，然后保持各旋钮不变，把高压表显示的 U_2 值记入书后附录原始数据记录表 19-1 中 U_2 栏的第一行中。

（3）调节 U_x 旋钮，把光点向左移到 x 轴端点（$x = -5$ 格），以此作为测量的起点，测出此时的偏转电压 $U'_x(-5)$；然后向右移动光点，每移动一大格记录一次偏转电压 $U'_x(x)$，直至达到右端点（$x = 5$ 格）。用低压表测量上述偏转电压 $U'_x(x)$，两支表笔分别接面板上的两个 X 偏转板引出端。若电表指针反转则需调换两表笔。

（4）调节 U_K 电位器，增加加速电压 U_2，超过第一次测量的加速电压 100 V 以上，并将此时高压表显示的 U_2 值记入书后附录原始数据记录表 19-1 中 U_2 栏的第二行中。

（5）调节 U_x 旋钮，重复步骤（3），测出第二组 $U'_x(x)$ 数据，记入书后附录原始数据记录表 19-1 中。

（6）用原始数据记录表中的数据，以 x 为纵坐标，作两条不同加速电压时 x-U_x 曲线，由各曲线可归纳出电子在横向电场中偏转所呈现的线性规律；另一方面，可得出随着加速电压的增大，x-U_x 曲线的斜率（灵敏度）也将增大的规律。

2. 测量励磁电流与电子束偏转量的关系

（1）重复实验内容 1 中的步骤（1）~（2）。

（2）在将稳压电源插入励磁线圈的两个输入孔之前，需在回路内串联一个毫安表，以便测量励磁电流的大小（此电流大小与产生的磁感应强度 B 的值成正比），经检查电路连接无误后，把稳压电源的电流调节旋钮向右旋到可旋转范围的 2/3，电压调节旋钮向左旋到头，然后接通稳压电源开关。

（3）记录光点在屏中心时的励磁电流（励磁电流即为产生磁场所用的电流）为0。然后把稳压电源的电压调节旋钮逐渐向右旋，光点向上或向下每移动一大格时，记录一次励磁电流 $I_M(y)$，直至该方向的端点（$y = 4$ 或 -4 格），将这些数据作为第一组数据填入书后附录原始数据记录表 19-2 中。其中，规定光点向上移动时，对应的励磁电流 I_M 的方向为正，如光点下移，I_M 应记负值。测量完毕，迅速将电压调节旋钮向左旋到头，使励磁电流回归为零。

（4）用仪器上的电流换向开关使 I_M 反向，再次逐渐增大 I_M，光点将反向移动，每移动一格记录一个 $I_M(y)$ 值，直至该方向的端点。然后迅速把电流 I_M 调为零。

（5）改变加速电压 U_2（差值大于 100 V），重测量一次，获得第二组实验数据，填入书后附录原始数据记录表 19-2 中。

（6）利用原始数据记录表中的数据，以 y 为纵坐标，作两条 y-I_M 曲线，由各曲线可归纳出磁场引起的偏移量与磁感应强度成正比、与加速电压的平方根成反比的规律。

实验注意

1. 本实验仪器有高压，切勿将高电压接至低压电极上。
2. 仪器通电之前，控制栅极、加速电极需设置低电位。
3. 接高压电路时需单手操作，不可触及高压电极。

思考题

1. 示波管的水平灵敏度（单位电压引起光点的偏移量）与垂直灵敏度是否相同，如何进行测量？
2. 示波管中的电子束聚焦功能是如何实现的？可参考"稳恒电流场模拟静电场"实验内容。
3. 磁致偏转实验中，地磁场对测量结果有影响吗？如果有，能否消除或减小其影响？
4. 本实验仪器还具有示波器功能，请结合"示波器的调整与使用"实验内容，尝试利用本实验仪器组装一台示波器。
5. 对本实验仪器进行何种改装，即可测量电子的荷质比？

实验参考资料

[1]   [2]   [3]   [4]   [5]

［1］陈杰，朱占武，张琴，等. 电子束电偏转实验中亮斑的线度研究［J］. 大学物理，2017，36（08）：38-40.

［2］曹猛，黄开智. 偏转电极的电压与示波管图像关系的计算及分析［J］. 物理通报，2017（04）：50-51.

［3］张冬阁，陈诚，苏仲达，等. 基于示波管的霍尔效应实验设计［J］. 中国科技信息，2015（08）：63-64.

［4］尹社会，田睿. 磁聚焦法测量电子荷质比实验现象分析［J］. 实验科学与技术，2014，12（02）：1-3.

［5］袁晓梅，郑晓慧，展建超. 用电子束电磁偏转原理测电阻值的研究［J］. 大学物理，2014，33（05）：22-25.

[6]

［6］邢红宏，梁承红，张纪磊，等．基于虚拟现实技术的电子束聚焦与偏转［J］．实验室研究与探索，2013，32（11）：113-116.

实验 20　迈克尔逊干涉仪的调整与使用

实验背景

迈克尔逊干涉仪在近代物理学的发展中起过重要作用。1881 年，为了研究"以太"漂移，美国物理学家迈克尔逊（A. A. Michelson，1852—1931）利用分振幅法产生双光束干涉原理，设计出了灵敏度非常高的干涉测量仪器。利用该仪器，迈克尔逊与其合作者先后完成了三个著名实验：第一个实验是迈克尔逊-莫雷实验，其结果否定了当时争论已久的"以太"的存在，动摇了经典物理学的基础，并为爱因斯坦建立狭义相对论提供了实验依据；第二个实验是发现了镉红线是一种理想单色光源，可以用它的波长实现长度单位标准化，对近代计量技术的发展做出了重要贡献；第三个实验研究了干涉条纹视见度随光程差变化的规律，并以此推断光谱线的精细结构，这是干涉分光技术的先驱工作。

迈克尔逊将毕生的精力献给了他挚爱的光学测量，他说过："所有的事情，只要有兴趣，肯定能够成功。"为表彰他在精密光学仪器的研究和利用这些仪器进行光学度量方面的卓越成绩，迈克尔逊被授予 1907 年度的诺贝尔物理学奖。

迈克尔逊干涉仪设计精巧，光路直观，准确度高，用途广泛。目前，根据迈克尔逊干涉仪原理发展起来的各种精密仪器已广泛应用于生产和科研领域。

实验目的

1. 掌握迈克尔逊干涉仪的原理、结构及调整方法。
2. 测量激光波长。
3. 调出白光干涉条纹，了解条纹分布特点。

实验仪器

迈克尔逊干涉仪、半导体激光源（含激光头和配套电源）、白炽灯、反光白板、护目板等。

实验原理

1. 迈克尔逊干涉仪

干涉仪的外形如图 20-1 所示，底座下有三个调节螺钉，可调节仪器光学台面的水平。在台面上的导轨中装有螺距为 1 mm 的精密丝杠，转动 M_1 的粗调或微调手轮，通过丝杠及其传动元件可以带动 M_1 沿导轨前后移动。M_1 的位置可从仪器上的读数装置读出，M_2 的位置是固定在台面上的，M_1 和 M_2 背后各有两个调节螺钉，用于调节各自的方位。在 M_2 下面有两个水平和垂直拉簧螺钉，用于对 M_2 方位的精细调节。

数据读取时，每个数据包含 7 位有效数字，形如 aa. bbccc（mm），其中主尺上读数为

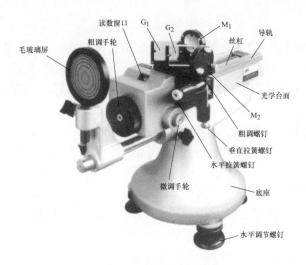

图 20-1　迈克尔逊干涉仪

aa，无须估读，主尺位于导轨左侧（图20-1中未示出）；读数窗口读数为bb，无须估读；微调手轮上读数为ccc，其中最后一位为估读位。

　　仪器读数装置包含螺纹、齿轮结构，因此测量时应避免仪器走"空程"。在测量数据的过程中，应始终沿同一方向转动微调手轮，如果读数过程中反转，测量结果将会含有空程误差。

2. 仪器干涉原理

　　迈克尔逊干涉仪是根据分振幅干涉原理制成的精密仪器。在图 20-2 中可以看到，干涉仪的光学系统由四个高品质的光学镜片组成，其中包括两个平面全反射镜 M_1、M_2、分光板 G_1 和补偿板 G_2。分光板 G_1 与 M_1 成 45° 角设置，G_1 的后表面镀有半反射半透射薄膜（简称半反膜）。当光投射到半反膜上后，被分为反射光 1 和透射光 2 两束光，反射光 1 到达 M_1 后又被反射回来、再经半反膜透射，形成光束 3，而透射光 2 到达 M_2 后被反射，再经半反膜反射，形成光束 4，于是光束 3 和 4 在空间相遇形成干涉。

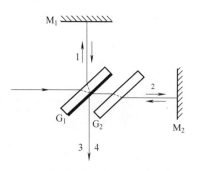

图 20-2　迈克尔逊干涉仪光路图

　　如果不加补偿板 G_2，光线 1 先后两次通过 G_1，而光线 2 只在空气中往返，在 M_1 和 M_2 相对半反膜位置对称的情况下，光线 1 的光程大于光线 2。因此在光线 2 的光路中，与 G_1 平行地放置了一块厚度和材质与 G_1 完全相同的补偿板 G_2，使各种波长的光程都可以得到补偿，于是在干涉仪上能够方便地调出复色光（例如白光）的干涉条纹。

3. 由等倾干涉测量激光波长

　　在图 20-3 中，单色光源 S 发出的光被半反膜分为振幅相同的两束光 1 和 2。根据成像规律，从观察屏处的观察者看来，光线 1 似乎由虚光源 S_1 发出（S_1 是 S 先对于半反膜，再对于 M_1 的虚像），光线 2 似乎由虚光源 S_2 发出（S_2 是 S 先对于半反膜，再对于 M_2' 的虚像）。图 20-3中还画出了以另一入射角入射的光经 M_2 反射后的光束（也似乎由虚光源 S_2 发出的）。因此，这时干涉仪上的干涉条纹可以看作由两个虚光源 S_1 和 S_2 发出的光干涉的结果。容易证明，在观察屏（毛玻璃屏）上任意点 b 处的两束光的光程差为

$$\Delta = 2d\cos i \tag{20-1}$$

式中，d 为 M_1 与 M_2' 的距离；M_2' 为 M_2 相对半反膜的虚像；i 为光线对 M_1 或 M_2' 的入射角。

如果 M_1 与 M_2' 平行，则相同入射角光线形成的干涉条纹是以 S_1 和 S_2 的连线与观察屏交点 a 为圆心的圆环，不同入射角的光线对应不同半径的圆环条纹，因此这样形成的干涉为等倾干涉。若 M_1 与 M_2' 不平行，则同心圆环形干涉条纹的中心偏离观察屏中心，甚至偏出屏外，这时在屏上看到的是弧形条纹；若偏出更远，则条纹近似为直线。

按式（20-1），$i=0$（对应干涉图样中心）时光程差 Δ 最大，因而条纹级次最高，向外逐次递减，条纹分布内疏外密。当 d 减小时，干涉圆环半径逐渐缩小，一个个"湮灭"于圆心；当 d 增大时，圆环一个个从中心"涌出"。光程差每改变一个波长，从中心就要"湮灭"或"涌出"一个圆环。如果 M_1 的移动量为 Δd，从中心"湮灭"或"涌出"了 Δk 个圆环，则光程差

$$2(\Delta d) = (\Delta k)\lambda \tag{20-2}$$

从干涉仪上读（算）出 Δd，通过观察计数得到 Δk，即可利用式（20-2）计算出波长 λ。

4. 观察等厚干涉

如图 20-4 所示，当 M_1 与 M_2' 有一很小的夹角 α 时，可看作两者之间形成劈尖形空气薄膜，按薄膜干涉理论，能够产生等厚干涉条纹。因为光程差为 $2d$（d 为空气薄膜各处的厚度），干涉条纹与劈尖形薄膜的等厚线的形状相同。

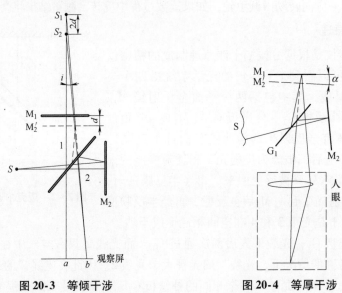

图 20-3 等倾干涉　　　　图 20-4 等厚干涉

如果用白光作光源，当平面镜 M_1 与 M_2' 相交时，交线处会出现中央亮纹，在其两旁大致对称分布有几条彩色条纹。条纹在较高级次处，会相互重叠，故离交线较远处看不到白光干涉条纹。

实验内容（扫右侧二维码观看）

利用波的干涉原理，可以测量一些不易测量的物理量。本实验就是通过测量等倾干涉条纹数目的变化，来计算得到激光波长，因此是间接测量。

1. 激光波长的测量（见操作视频）

（1）调节仪器，观察等倾干涉条纹。

1）粗调：打开激光器，转动粗调手轮，移动 M_1 的位置到 40 mm 附近，然后移开毛玻璃屏，手持护目板，透过护目板和分光板，向 M_1 方向看去，可看到两排横向排列的光点。调节 M_2 背后的两颗螺钉，将两排光点中最亮的两个调到重合。

2）细调：拿开护目板，移入毛玻璃屏，直接看屏，应能看到屏上的干涉条纹，如看不到，重复上面的操作。最终要求在屏上出现的干涉条纹为明暗相间的同心圆环。此时，说明 M_1 与 M_2' 基本平行，条纹为等倾干涉条纹。调节水平和垂直的拉簧螺钉，将条纹圆心调到屏中央；然后调节 M_1 位置，使中央明纹不断"湮灭"，同时中央明纹会逐渐变大，至少应达到屏上 4 个方格大小，参考图 20-5。

（2）测量激光波长。在以上粗、细调基础上，调节 M_1 微调手轮，使同心圆环条纹中心为明纹，记下 M_1 的位置，此后继续沿原方向转动微调手轮，中央明纹每"湮没"（或"冒出"）50 次，读取一次 M_1 的位置，连续记录 6 次位置的读数，按要求处理数据。

2. 白光等厚干涉条纹的调节

白光是复色光，相干长度很短，其干涉条纹只有在 M_1 与 M_2' 相互靠近到几个微米的程度才能出现。调 M_1 的位置使之与 M_2' 充分靠近，M_1 与 M_2' 的交线进入到视场中央，在 M_1 与 M_2' 交线处，光线 1 与 2 的光程差最短，此处可看到色彩对称分布的直条形白光等厚干涉条纹。该条纹色彩分布是以交线为对称轴的。具体调节步骤如下：

（1）先用激光作光源，调出圆环形干涉条纹。

（2）转动粗调手轮，使屏上条纹不断湮灭，其间若条纹中心偏离视场中心，可调水平或垂直拉簧螺钉将条纹移回中心。待屏上圆形条纹变成 4 条左右，调水平或垂直拉簧螺钉，将圆形条纹中心移出视场。此时屏上条纹形状如图 20-6 所示。

图 20-5 等倾干涉条纹

图 20-6 白光等厚干涉条纹

（3）转动 M_1 微调手轮，使屏上条纹朝着曲率中心方向移动，移动的同时条纹将逐渐变得越来越直，在尚未完全变直时，将激光换成白炽灯光，在分光板前放上反光白板，使白炽灯直接照射该板，该板的反射光即为白光。移开毛玻璃屏，视线通过分光板直接观察 M_1 表面，同时沿原方向耐心调节 M_1 微调手轮，直至彩色的白光等厚干涉条纹出现。

（4）在白光干涉条纹出现后，缓慢转动微调手轮以及水平和垂直拉簧螺钉，使白光等厚干涉条纹出现在视场中心，条纹宽度适中，色彩丰富鲜明。

3. 数据处理

用逐差法处理数据，计算激光波长，并计算波长的相对误差。

实验注意

1. 切勿用手触摸光学仪器表面。
2. 在测量中，转动粗调和微调手轮时，注意避免空程差。
3. 不要用激光直射眼睛。

思考题

1. 转动粗调或微调手轮时，怎样根据干涉条纹的变化来判断 M_1 与 M_2' 的间距是在变大还是在变小？
2. 通过什么现象，判断 M_1 与 M_2' 是否平行？
3. 调节 M_2 的方位螺钉时，怎样确定 M_1 与 M_2' 夹角变大还是变小？
4. 如何使等倾干涉中的圆形条纹逐渐变成直的等厚干涉条纹？

实验参考资料

[1]　　　　　[2]　　　　　[3]　　　　　[4]

［1］田川. 拨开天空的乌云——纪念将毕生献给光学测量的 A. A. 迈克尔逊［J］. 物理教师，2018（03），80-85.

［2］艾德智，王哲婕，薛江蓉. 迈克尔逊干涉仪测波长的不等间隔条纹计数法的探讨［J］. 大学物理实验，2018（05），9-11.

［3］韩修林，李姗姗，孙梅娟. 迈克尔逊干涉仪实验综述报告［J］. 仪器仪表用户，2018（12），49-52.

［4］石明吉，刘斌. 新型迈克尔逊干涉条纹测控装置研制［J］. 自动化仪表，2018（09），14-16 + 24.

实验 21 液晶电光效应原理及性能测试

实验背景

　　液晶是一种介于液体和晶体之间的物质状态，它兼有液体和晶体的某些特点，因而表现出一些独特的性质。液晶态最早由奥地利植物学家斐德烈·莱尼泽（Friedrich Reinitzer）于1888 年发现，他当时观察到某化合物热熔时有两个熔点，且会发生颜色变化。随后，他深入探究颜色变化的起因，并将样品寄给了德国年轻结晶学家雷曼（O. Lehmann）。雷曼经过系统研究，发现许多有机化合物表现出相似的性质，即混浊状态下的力学性质与液体相似，具有流动性，而光学性质与晶体相似，具有各向异性，故将此类物质取名为液晶。

　　发展至 1961 年，美国 RCA 公司的 Heimeier 发现了液晶的一系列电光效应，并制成了显示器件。随后，日本公司将液晶与集成电路技术结合，制成了一系列的液晶显示器件，并至今在该领域保持领先地位。液晶显示器因驱动电压低（一般为几伏）、功耗小、体积小、寿命长、可靠性高、环保无辐射等优点，已广泛应用于各类显示器件中。此外，由于液晶的热效应、切变力效应和光生伏特效应等，它还被应用于检测器、传感器、分析化学、合成化学等领域。

实验目的

　　1. 了解液晶的物理结构、工作原理和特性。
　　2. 研究线偏振光通过液晶后，在驱动电场作用下的变化情况。测量驱动电压与透射光的功率、偏振态的关系，确定液晶的扭曲角。
　　3. 测量液晶的电光特性曲线。
　　4. 观察在特定条件下液晶的衍射现象，计算出液晶材料的微观结构尺寸。

实验仪器

　　一台 800 mm 的光学实验导轨、一台二维可调半导体激光器、一个光电探头、一台光功率指示计、一个液晶盒、一台液晶驱动电源、两个偏振片、一个白屏、一根钢板尺等。

实验原理

　　液晶表观上可以像液体一样流动（流动性），但与传统液体中分子取向随机不同，液晶分子呈现各向异性的有序排列。当光通过液晶时，会发生双折射、偏振面的旋转等现象，由此也可区分不同类型的液晶相。液晶材料种类繁多，目前合成液晶材料已有近 10 万种，同一液晶物种也可能具有多种液晶相，且利用外加电场、磁场、表面处理、手性等，可调控液晶的各项性能。

　　液晶材料大多由有机化合物构成，这些有机化合物分子多为细长的棒状结构，长度十几埃，直径 $4\sim6\text{Å}$，形成的液晶层厚度 $5\sim8~\mu\text{m}$，如图 21-1 所示。显示用液晶一般是低分子的热致液晶，包括向列相、近晶相和胆甾相三种，如图 21-2 所示。图 21-2a 为向列相液晶：分子质心位置随机分布，但分子长轴互相平行，且不分层。图 21-2b 为近晶相液晶：分子分层排列，分子质心在层内的位置无一定规律，但每层内分子长轴互相平行，且垂直于层面。这种排列称为取向有序，位置无序。近晶相液晶分子间的侧向相互作用强于层间相互作用，所以分子只能在本层内活动，而各层之间可以相互滑动。图 21-2c 为胆甾相液晶：分子分层排列，每层中分子长轴彼此平行，且与层面平行。不同层中分子长轴方向不同，逐层依次向右或向左旋转过一个角度，从整体看，分子取向呈螺旋状。

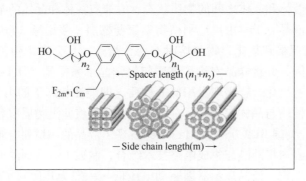

图 21-1　液晶分子结构示意图

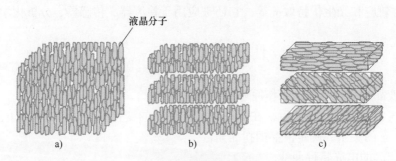

图 21-2　典型液晶结构

以上是液晶在自然状态下的特征，当对这些液晶施加外界作用时，它们的状态会发生改变，从而表现出不同的物理光学性质。

下面以最常用的向列相液晶为例，介绍液晶的基本特点、特性，其介电性行为是各类光电应用的基础。首先，将液晶材料夹在两块玻璃基片之间，两基片内表面事先涂覆了取向膜；再将基片四周密封，经过适当的处理，使基片间的液晶分子形成许多平行于基片的薄层。每一薄层内，液晶分子的取向基本一致，且平行于层面。各相邻层面分子的取向逐渐转过一个角度，如图 21-3a 所示，它的结构与自然状态下的胆甾相液晶相似，但这里分子取向所扭转的角度可以通过取向膜人为控制。因此，当线偏振光射入这种扭曲的向列型液晶后，光的偏振方向将顺着分子的扭转方向旋转，且旋转的角度一般等于两基片取向膜之间的夹角，如图 21-3b 所示为取向膜夹角为 90° 的情况。这种线偏光振动方向发生旋转的现象称为旋光效应。

为了对液晶施加电场，两玻璃基片的内侧还要事先各镀一层透明电极。由玻璃基片、透明电极、取向膜、液晶和密封材料组成的结构叫作液晶盒。当在两个透明电极之间加上适当

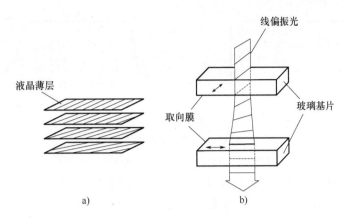

图 21-3　液晶的特点

电压后，液晶分子内部的偶极子会在电场作用下发生转动，平衡后分子的总体排列规律发生变化，如图 21-4 所示，这会导致液晶盒对偏振光的旋光作用减弱甚至消失。该现象于 1963 年被首度发现，称之为液晶的电光效应。

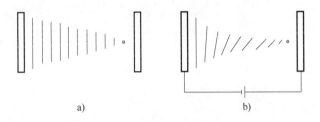

图 21-4　液晶分子转动示意图

a）未加电场，液晶分子取向旋转 90°　b）加电场后，液晶分子取向的旋转效应减弱

液晶的电光效应可以从旋光效应、对外加电压的响应速度和衍射现象这几个方面体现。

1. 旋光效应和扭曲角

如前所述，如果不对液晶盒施加电场，由于取向膜作用，垂直入射的线偏光通过液晶盒会产生旋光效应。当对液晶盒施加足够强的电场时，液晶分子排列发生变化，因而偏振光通过液晶盒后的偏振方向也会发生旋转。定义加电场与未加电场情形下的旋转角度之差为扭曲角，利用检偏器即可测量扭曲角。

2. 响应速度

液晶对外加电场的响应（反应）速度是液晶产品的一个重要参数，响应时间越短，显示动态图像的效果越好。不同的应用对液晶显示的响应速度有不同的要求，总体来说液晶的响应速度较低。利用光电二极管探头可测量电压波形图上的"上升时间 T_1"和"下降时间 T_2"，其定义如图 21-5 所示。通常 T_1 和 T_2 可用于衡量液晶对外加驱动电压的响应情况，T_1 和 T_2 越大，响应速度越小。T_1 和 T_2 的大小与显示方式、液晶黏度、弹性系数、液晶盒厚度、外加电压等因素有关。

3. 液晶光栅

当给液晶加上适当电压时，液晶的内部结构可等效为一个三维光栅，如图 21-6a 所示是

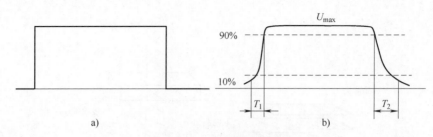

图 21-5　液晶的响应速度

a）外加到液晶上的电压波形　b）测量得到的电压波形

在偏光显微镜下拍到的照片，该结构可以使入射光产生衍射。图 21-6b 为液晶产生的衍射条纹照片。设 φ 为衍射角，d 为液晶等效光栅常数，光栅方程可写为

$$d\sin\varphi = k\lambda \tag{21-1}$$

式中，当 $k = 1$ 时，φ 为第一级衍射角；d 为液晶等效光栅常数。通过测量 φ 可推算出特定条件下液晶的结构参量——等效光栅常数。

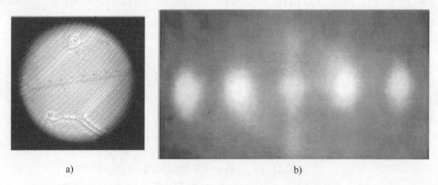

图 21-6　显微镜下的液晶光栅和衍射图案

a）液晶光栅　b）液晶光栅衍射图案

实验内容（扫右侧二维码观看）

本实验使用光电池将光转化为电，实现非电学量电测。用间接测量法得到液晶扭曲角和等效光栅常数。

1. 准备

按顺序将激光器、起偏器、液晶盒、检偏器、光探头安装于光具座上，如图 21-7 所示。打开激光电源，调整各元件的空间位置。

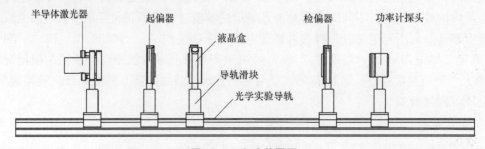

图 21-7　实验装置图

2. 测量扭曲角

计算检偏器转过的角度，连续测量扭曲角 3 次，填入书后附录原始数据记录表 21-1。

3. 测量液晶电光曲线

测量液晶驱动电压 U 分别为 0，4，5，6，8，10，12（V）时对应的光功率 P，将数据填入书后附录原始记录表 21-2。根据测量数据，画出 $P\text{-}U$ 曲线图。

4. 测量液晶等效光栅常数 d

利用式（21-1）求出该"液晶光栅"的等效光栅常数。

5. 观察衍射光点的偏振状态

分析各级衍射光的偏振状态，将观察结果写入书后附录原始数据记录表相应位置。

实验注意

1. 操作过程中，不得触碰各光学器件表面。
2. 不可正对激光观察，以免损伤眼睛。
3. 由于液晶内部结构复杂，存在个体差异，本实验的定量测量只能给出大致结果。

思考题

1. 为什么液晶存在扭曲角？
2. 偏振光穿过液晶后，光强是否有变化，为什么？遵从什么定律？
3. 根据实验结果，简述液晶的光电特性？
4. 液晶显示器是主动发光的设备吗？简述其成像原理。

实验参考资料

[1]　[2]　[3]　[4]

[1] 戴亚雨，高林，庞泽，等. 外加电压频率对液晶介电各向异性的影响 [J]. 液晶与显示，2018，33（03）：175-181.

[2] 袁丛龙，周康，王骁乾，等. 光定域化蓝相软晶格结构的光学应用 [J]. 液晶与显示，2018，33（07）：539-547.

[3] 郝慧明，张平，张翰卿，等. 温度对液晶盒电容的影响 [J]. 液晶与显示，2016，31（08）：755-759.

[4] 杨傅子. 从晶体光学到液晶光学—液晶物理的光学研究方法进展 [J]. 液晶与显示，2016，31（01）：1-39.

[5]　　　　　　[6]　　　　　　[7]　　　　　　[8]

[5] 郑智武，陈孔韬，郭建波，等. 对液晶受压产生变色现象的探究 [J]. 物理实验，2015，35（07）：1-5.

[6] 袁顺东，王世燕，王殿生. 液晶电光效应的实验研究 [J]. 物理实验，2014，34（04）：1-4+10.

[7] 蒋骥，朱宏宇，周衍，等. 液晶衍射现象的实验研究 [J]. 物理实验，2011，31（10）：44-46.

[8] 陈嘉琦，傅晓，苏为宁，等. 向列型液晶盒的光电响应特性 [J]. 物理实验，2011，31（09）：41-44.

实验 22　光栅常数的测量

实验背景

　　衍射光栅是利用多缝衍射原理使光波发生色散的光学元件，由大量相互平行、等宽、等间距的狭缝或刻痕所组成。由于光栅具有较大的色散率和较高的分辨本领，故它已被广泛地装配在各种光谱仪器中。现代高科技技术可制成每厘米有上万条狭缝的光栅，它不仅适用于分析可见光成分，还能用于红外和紫外光波，在计量、光通信、信息处理等方面也有着广泛应用。另外，光栅衍射原理也是晶体 X 射线结构分析、近代频谱分析的基础。

实验目的

1. 观察光栅衍射现象，了解光栅的衍射原理。
2. 掌握在分光计上测量光栅常数、波长的实验方法。
3. 验证衍射级次和衍射角的关系。

实验仪器

　　分光计、衍射光栅、汞灯、双面反射镜。

实验原理

　　若以平行光垂直照射在光栅面上（见图 22-1），则光束经光栅各缝衍射后将在透镜的焦平面上叠加，形成系列分布的明条纹（称光谱线）。根据夫琅和费衍射理论，衍射光谱中明条纹所对应的衍射角应满足关系

$$d\sin\varphi_k = \pm k\lambda\,(k = 0,\ 1,\ 2,\ 3,\ \cdots) \tag{22-1}$$

式中，$d = a + b$ 称为光栅常数（a 为狭缝宽度，b 为刻痕宽度，见图 22-2）；k 为光谱线的级数；φ_k 为 k 级明条纹的衍射角；λ 是入射光波长。式（22-1）称为光栅方程。

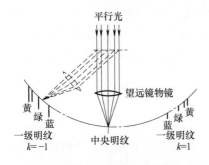

图 22-1　光栅衍射示意图

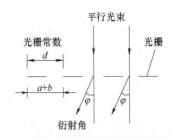

图 22-2　光栅常数示意图

　　如果入射光为复色光，则由式（22-1）可以看出，光的波长 λ 不同，其衍射角 φ_k 也各

不相同，于是复色光被分解，在中央 $k=0$，$\varphi_k=0$ 处，各色光仍重叠在一起，组成中央明条纹，称为零级谱线。在零级谱线的两侧对称分布着 $k=1$，2，3，…级谱线，且同一级谱线按不同波长，依次由内至外从短波向长波散开，即衍射角逐渐增大，形成光栅光谱。

由光栅方程可看出，若已知光栅常数 d，测出衍射明条纹的衍射角 φ_k，即可求出光波的波长 λ。反之，若已知 λ，亦可求出光栅常数 d。

将光栅方程（22-1）对 λ 微分，可得光栅的角色散为

$$D = \frac{\mathrm{d}\varphi}{\mathrm{d}\lambda} = \frac{k}{d\cos\varphi} \tag{22-2}$$

角色散是光栅、棱镜等分光元件的重要参数，它表示单位波长间隔内两单色谱线之间的角距离。由式（22-2）可知，如果衍射时衍射角不大，则 $\cos\varphi$ 近乎不变，光谱的角色散几乎与波长无关，即光谱随波长的分布比较均匀，这与棱镜的不均匀色散有明显的不同。

实验内容（扫右侧二维码观看）

本实验利用分光计测量光栅常数，数据处理采用列表法、平均值法，并利用公式求得光栅常数。

1. 分光计及光栅的调节

（1）按"分光计的调整与使用"实验中所述的要求将分光计调整至使用状态。

（2）调节光栅平面与分光计转轴平行，且光栅面垂直于望远镜和平行光管的光轴。先旋转望远镜使其目镜中的竖直叉丝对准平行光管的狭缝，再将平面光栅按图 22-3 置于载物台上，转动载物台，并调节螺钉 a 或 b，直到望远镜中从光栅面反射回来的绿十字像与目镜中叉丝的中心交点重合，至此光栅平面与分光计转轴平行，且垂直于望远镜、平行光管、固定载物台。

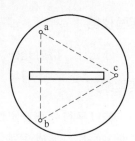

（3）调节光栅刻痕与转轴平行。转动望远镜，观察光栅光谱线，调节载物台螺钉 c，使从望远镜中看到的叉丝交点始终处在各谱线的同一高度。调好后，再检查光栅平面是否仍保持与转轴平行，如果有了改变，就要反复多调几次，直到两个要求都满足为止。

图 22-3 平面光栅放置示意图

2. 数据测量（见视频，数据记录到书后附录原始记录表中）

（1）测定光栅常数 d。用望远镜观察各条谱线，然后测量 $k = \pm 1$，± 2 级绿色谱线（$\lambda = 546.1\ \mathrm{nm}$）的衍射角，重复测 3 次，将数据记录在书后附录原始数据记录表 22-1 中。

（2）测定黄光波长 λ。选择汞灯光谱中的黄色谱线，测量 $k = \pm 1$，± 2 级黄色谱线的衍射角，重复测 3 次，填入书后附录原始数据记录表 22-2。

3. 数据处理

根据原始数据记录表中的测量结果，结合式（22-1），可以计算光栅常数和光波波长。

本实验在掌握分光计调节的基础上观察汞灯衍射光的分布规律，并根据绿光计算光栅常数，再计算黄光波长。

（1）测定光栅常数 d。由测量的汞灯光谱中 $k = \pm 1$，± 2 级的绿色谱线的衍射角数据，根据式（22-1），求出光栅常数 d。

（2）测定黄光波长 λ。由测出的 $k = \pm 1$，± 2 级黄色谱线的衍射角数据，以及由前面计算的光栅常数 d，代入式（22-1），就可计算出相应的黄光波长 λ。最后计算测得波长与给定波长（$\lambda_0 = 577$ nm 或 579 nm）的相对误差。计算公式为：$E = \dfrac{\lambda - \lambda_0}{\lambda_0} \times 100\%$（其中，$\lambda_0$ 为上述给定波长，λ 为测得波长）。

实验注意

1. 分光计是较精密的光学仪器，要加倍爱护，不应在制动螺钉锁紧时强行转动望远镜，也不要随意拧动狭缝。

2. 光栅是精密光学器件，严禁用手触光栅表面，注意轻拿轻放，以免弄脏或损坏。

3. 在测量数据前务必检查分光计的几个制动螺钉是否锁紧，若未锁紧，取得的数据会不可靠。

4. 测量中应正确使用望远镜转动的微调螺钉（位于望远镜支架的底部），以便提高工作效率和测量准确度。

5. 在游标读数过程中，由于望远镜可能位于任何方位，故应注意望远镜在转动过程中是否过了刻度的零点。

6. 左右两个游标应分清，同一游标的读数不要前后混淆。

思考题

1. 光栅分光和棱镜分光有哪些不同？
2. 用光栅观察自然光，看到什么现象？
3. 利用光栅方程测量波长和光栅常数的条件是什么？
4. 平行光管的狭缝太宽或太窄，会出现什么现象？为什么？
5. 用 $\lambda = 589.3$ nm 的钠光垂直入射到有 500 条/mm 刻痕的透射光栅上时，最多能看到几级光谱？

实验参考资料

[1]　　　　　　　　　[2]　　　　　　　　　[3]

[1] 倪重文，陈宪锋，沈小明，等. 分光计测定光栅常数 [J]. 大学物理实验，2008，22（2）：50-53.

[2] 高志华，王晓茜. 测量波长和光栅常数的数据处理新方法 [J]. 大学物理实验，2007，20（04）：32-34.

[3] 王秀敏. 全息光栅的制作及光栅常数测定的研究 [J]. 大学物理实验，2008，21（01）：4-6.

[4]　　　　　　　　　　　[5]

[4] 邬云文，周小清. 光栅常数测定的一种方法 [J]. 大学物理实验，2004，17（04）：18-21.

[5] 李文昊，张成山，巴音贺希格，等. 莫尔条纹法精确控制全息光栅光栅常数的研究 [J]. 仪器仪表学报，2013，34（12）：2867-2873.

实验 23　双棱镜干涉法测定光波波长

实验背景

经典的杨氏双缝干涉实验，是英国科学家托马斯·杨（T. Young，1773—1829）在19世纪初设计的。点光源发光，其波阵面经双缝分为两束，当符合相干条件时，在两个子波阵面交会的区域干涉，形成明暗相间的平行直条纹。正是这个实验，为牛顿和惠更斯当时关于光具有波动性的说法增加了重要的砝码。1818年，菲涅耳（A. J. Fresnl，1788—1827）在前人研究的基础上建立了较严密的光的干涉理论，并设计了双棱镜等实验作为其理论的有力支持，他的工作为波动光学奠定了更加坚实的基础。

实验目的

1. 观察双棱镜产生的干涉现象，掌握产生干涉的条件。
2. 熟悉干涉光路的原理，掌握光具座上光学系统同轴等高的调节方法。
3. 学习用双棱镜干涉法测定光波波长。

实验仪器

光具座、半导体激光器、小孔屏、凸透镜 L_1（$f_1 = 60$ mm）、双棱镜、凸透镜 L_2（$f_2 = 100$ mm）、白屏、光电探测器、大行程一维调节架一个、固定滑块3个、可调滑块2个。

实验原理

双棱镜可以看作是由两个折射角很小（小于1°）的直角棱镜对接组成的，实际上是将一块玻璃加工成两块楔形板而成，两块楔形板相交之处形成棱脊（见图23-1）。当单色、相干光照射在双棱镜上时，通过的光将改变方向，形成两束平行的光（等同于两个虚光源发出的光），在前方屏上相互重叠，在重叠的区域内形成干涉条纹，干涉条纹为明、暗等间距条纹。通过测量条纹间距、虚光源到屏的距离、两虚光源之间的距离，即可计算出光波波长。

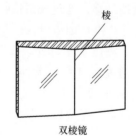

图 23-1　双棱镜示意图

双棱镜干涉实验原理如图23-2所示，双棱镜 AB、凸透镜 L_1（后焦点为 S）及观察屏 H 三者均与光具座垂直放置。由半导体激光器发出的光，经凸透镜 L_1 会聚于 S 点，再由 S 点射出的光束投射到双棱镜上，经过折射后形成两束光，该两束光等效于从两个虚光源 S_1 和 S_2 发出。

由于这两束光满足相干条件，故在两束光相互重叠的区域内产生干涉，在观察屏 H 上可以看到明暗相间、等间距的直线条纹。在条纹中心 O 点处，两束光的光程差为零，形成中央亮纹，其余的各级条纹则分别对称，排列在零级条纹的两侧。

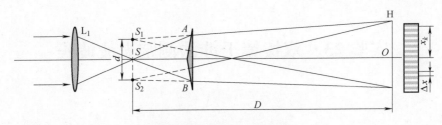

图 23-2　双棱镜干涉原理图

设两虚光源 S_1 和 S_2 之间的距离为 d，虚光源所在平面到屏 H 的距离为 D，屏 H 上第 k 级亮纹（k 为整数）到中心 O 点的距离为 x_k。

因 $x_k < D$，$d \ll D$，故明条纹的位置 x_k 为

$$x_k = \frac{D}{d} k\lambda \tag{23-1}$$

任何两相邻的亮纹（或暗纹）之间的距离为

$$\Delta x = x_{k+1} - x_k = \frac{D}{d}\lambda \tag{23-2}$$

故

$$\lambda = \frac{d}{D}\Delta x \tag{23-3}$$

式（23-3）表明，只要测出 d、D 和 Δx，即可算出光波波长 λ。

本实验在光具座上进行，通过光电探测器接收到光强的强弱变化，来测量条纹的间距。具体方法如下。

光电探测器安装在大行程一维调节架上，将干涉光照射在光电探测器上，选择光电探测器上宽窄合适的狭缝窗口，并使狭缝和干涉直条纹平行。当干涉亮条纹照射在狭缝窗口上时，光电探测器接收到的光强达到极大值，平移光电探测器，当暗条纹照射在狭缝窗口上时，接收到的光强会达到极小值。根据这个规律，调节大行程一维调节架，使得光电探测器缓慢平移，通过观察接收到的光强的强弱变化，可以测量出条纹宽度 Δx 的值。

d 和 D 的值可根据凸透镜成实像的原理，以及三角形相似公式求得，具体方法如下。

测量原理如图 23-3 所示，在保持双棱镜和光电探测器固定的情况下，于两者之间插入凸透镜 L_2（L_2 的焦距 $f_2 = 100$ mm），当 $D > 4f_2$ 时，移动 L_2 使虚光源 S_1 和 S_2 在屏 H 处成实像 S_1' 和 S_2'，两个实像 S_1' 和 S_2' 之间的距离为 d'，可由光电探测器测量出，另外，凸透镜 L_2 到屏幕的距离即像距 p' 可以在导轨上读出，根据透镜成像公式

$$\frac{1}{f} = \frac{1}{p} + \frac{1}{p'} \tag{23-4}$$

可以求出物距 p 为

$$p = \frac{f_2 p'}{p' - f_2} \tag{23-5}$$

其中像距 p' 可在导轨上读出。求出物距 p 的值，再根据三角形相似公式有

$$\frac{d}{d'} = \frac{p}{p'} \quad 即 \quad d = \frac{p}{p'} d' \tag{23-6}$$

另外，由图 23-3 易看出

$$D = p + p'$$ (23-7)

最后，将 d、D 以及 Δx 的值，代入式（23-3）即可计算出波长 λ 的值。

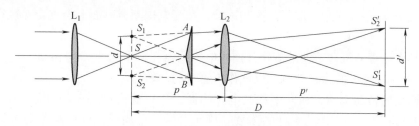

图 23-3　双棱镜干涉实验测量原理图

实验内容（扫右侧二维码观看）

1. 仪器调节

（1）实验前准备。

1）实验中需要读取滑块在导轨上的位置读数，实验时将滑块带刻线一端朝外放置以便读数。

2）将光电探测器与光功率计连接，将光功率计的量程选至可调档，用手遮住光电探测器窗口，调节光功率计对零旋钮，使显示为零。测量中若光强超过量程，将显示"1"或"-1"，此时可将测量量程提高，或调节旋钮使得接收光强减小。

（2）测量系统的同轴等高调节。

1）将半导体激光器置于导轨一端，将光电探测器安装在大行程一维调节架上，并放置在导轨上靠近激光器处。

2）将光电探测器探测窗口调到 $\phi 0.2$ 档位置，调节探测器上、下、左、右位置，使得激光器发出的光斑能射入小孔内。

3）将光电探测器逐渐向最远端平移，调节激光器方位，使得光斑能够再次进入小孔，如此反复多次，直至光电探测器窗口与远端激光器均处在导轨等高位置上，且保证激光束要正射在双棱镜的棱脊上。

4）将光电探测器移至导轨最远端，在激光器附近依次安放透镜 L_1（$f_1 = 60\ mm$）、双棱镜（双棱镜安装在可调滑块上），调整透镜、双棱镜的高度，使之与激光器发出的光束等高。

（3）调节双棱镜使之产生干涉条纹。紧邻光电探测器，在前方放置白屏。仔细调节双棱镜横向位置，以及透镜与双棱镜的间距，使白屏正中出现清晰、粗细合适的干涉条纹 5 ~ 7 条。

此时，将激光器、透镜、双棱镜、光电探测器所在的大行程一维调节架等固定在导轨上，保证其位置不再变化。

（4）观察两虚光源的像。在双棱镜与光电探测器之间，较靠近双棱镜处，放置焦距为 100 mm 的透镜，调节使之与系统共轴，直至在白屏上看到清晰放大的两个虚光源的像（两个清晰的圆光斑）。

此时，将透镜所在滑块固定在导轨上，不再移动。

测量前的准备完毕。

2. 数据测量（见视频，数据记录到书后附录原始数据记录表中）

（1）测量干涉条纹间距。取下白屏和透镜，在光电探测器盘面上会重新观察到清晰的干涉条纹。

1）旋转大行程一维调节架的旋钮，使光电探测器在调节架上横向移动，直到探测窗口的狭缝处于干涉条纹区的边缘外侧，以此作为测量的起始点。

2）慢慢反向转动旋钮，横向平移光电探测器，让狭缝窗口逐渐扫过整个干涉条纹区。每平移 0.04 mm 记录一次光功率计的读数（旋钮每转动一周，光电探测器横向移动 1 mm，一周有 50 个小格，即每转动一小格时，光电探测器移动 0.02 mm）。以光电探测器在调节架上的位置为横坐标、光功率计读数为纵坐标，使用坐标纸或者计算机，作干涉条纹光强随位置的变化图，测量相邻的光强峰之间的距离，即为干涉条纹的间距。要求用逐差法计算条纹间距。

（2）测量两虚光源的像之间的距离和像距。

1）将透镜重新安放在之前调好的滑块上，调节使之与光路等高，观察在光电探测器狭缝窗口附近出现清晰的两个虚光源的像。

2）利用相同的办法，横向平移光电探测器，对两圆光斑的间距进行测量，重复测量 5 次，取平均值。

3）记录下此时光电探测器的位置（考虑到光电探测器的位置与探测器上光电池记录板的位置有差异，需要修正 13 mm），记录透镜的位置，可以得到像距。

3. 数据处理

根据测量的数据，处理得到条纹间距 Δx、像距 p' 和两虚光源的像之间的距离 d'，利用式（23-5）、（23-6）、（23-7）即可计算出 D 和 d 的值，代入式（23-3）计算出波长 λ 的值。

实验注意

1. 不可直接用手触摸光学元件，可用镜头纸擦拭光学元件表面。
2. 眼睛不得直视激光，以免损伤眼睛。
3. 注意测量时消除大行程一维调节架的"空程差"，即同一次测量过程中始终顺着同一方向旋转旋钮；旋转读数鼓轮时动作要平稳、缓慢。

思考题

1. 若实验时光源改成复色光，将会看到怎样的干涉条纹？
2. 实验过程中，如何判断和测量虚光源的距离是个难点，请思考如何提高测量精度和便捷度。
3. 若要观察到清晰的干涉条纹，对光路的调节要点是什么？
4. 是否在空间的任何位置都能观察到干涉条纹？

实验参考资料

[1]　　　　[2]　　　　[3]　　　　[4]

［1］周宏丽，周亚星，李成龙.双棱镜干涉实验中虚光源位置的精确解［J］.延安大学学报（自然科学版），2016，35（04）：39-41.

［2］陈余行，陈良雷.双棱镜干涉中虚光源的测量方法对实验的影响［J］.大学物理实验，2014，27（01）：32-33.

［3］车蕾平，梁厚蕴，吴文会，等.激光双棱镜干涉实验的改进方法［J］.大学物理，2014，33（06）：51-54.

［4］张明霞.用双棱镜干涉测量光波波长的几种方法探讨［J］.天水师范学院学报，2005，25（5）：35-38.

实验 24　正切电流计法和磁阻传感器法测量地磁场

实验背景

地磁场的数值较小，为 500~600 mGs，也就是 $(5~6) \times 10^{-5}$ T（50~60 μT），但在直流磁测量中（特别是弱磁场的测量），往往需要知道其数值，并设法消除其影响。地磁场包括基本磁场和变化磁场两个部分。基本磁场是地磁场的主要部分，起源于地球内部，比较稳定，属于静磁场部分。变化磁场包括地磁场的各种短期变化，主要起源于地球内部，相对比较微弱。行军、航海就是利用地磁场对指南针的作用来定向。人们还可以根据地磁场在地面上分布的特征寻找矿藏。地磁场的变化能影响无线电波的传播。当地磁场受到太阳黑子活动而发生强烈扰动时，远距离通信将受到严重影响，甚至中断。假如没有地磁场，从太阳发出的强大的带电粒子流（通常叫太阳风），就不会受到地磁场的作用发生偏转而是直射地球。在这种高能粒子的轰击下，地球的大气成分可能不是现在的样子，生命将无法存在。所以地磁场这顶"保护伞"对我们来说至关重要。

而测量磁场的方式方法也很多，比如利用永久磁铁在磁场中发生偏转后做阻尼运动的原理，通过改装库仑扭秤装置，并利用电动力学中的磁多极矩知识和力学知识，研究地磁场的条形磁铁的偏转规律，进而计算出地磁场的水平分量，估读出其数量级；用集成霍尔传感器测量地磁场水平分量；利用射频段电子自旋共振，采用恒定磁场正、反向时共振信号等间距及共振条件测量地磁场强度及磁倾角。

实验目的

1. 了解地球磁场的概念和亥姆霍兹线圈产生测量磁场的工作原理。
2. 理解正切电流计的工作原理。
3. 了解磁阻传感器的工作原理。
4. 掌握用磁阻传感器测量地磁场水平分量和垂直分量的方法。

实验仪器

地磁场测试仪（含亥姆霍兹线圈和磁阻传感器、电压表、电流表）、导线、指南针、水泡水准仪、放大镜。

实验原理

1. 地磁场

地球本身具有磁性，所以地球及近地空间存在着磁场，叫作地磁场。地磁场的强度和方向随地点，甚至随时间变化。地磁的北极、南极分别在地理南极、北极附近，彼此并不重合，如图 24-1 所示。

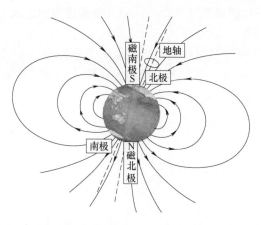

图 24-1　地球的地理南北极、地磁南北极以及磁力线的分布

地磁场的大小在近地的范围内基本上是均匀的。图 24-2 表示在地球近地区域内地磁场方向随纬度的变化情况。为了更好地说明地磁场的水平及垂直分量方向，以左侧北纬 30°分图为例，采用局部放大方式说明，如图 24-3 所示。图中地磁场水平分量位于沿测试地点磁力线的切面 B 内。在近地区域，此面认为与地球面几乎平行。而地磁场的垂直分量则位于与地磁场水平分量相垂直的竖直轴面 A 内，地磁场的垂直分量方向指向地心。

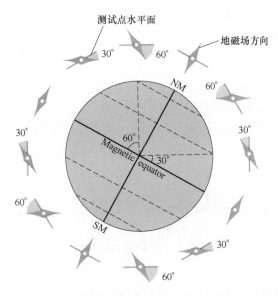

图 24-2　地球近地区域地磁场方向随纬度的变化情况

为了利用矢量合成的方法获得地磁场 $\boldsymbol{B}$ 的大小和方向，需要分别测定其水平分量 $\boldsymbol{B}_{/\!/}$ 和垂直分量 $\boldsymbol{B}_{\perp}$ 的大小和方向。本实验中分别采用正切电流计法和磁阻传感器法测量这两个分量。

2. 用正切电流计测定地磁场水平分量 $\boldsymbol{B}_{/\!/}$

正切电流计由亥姆霍兹线圈和罗盘组成，罗盘水平安装在探测器盒盖上。亥姆霍兹线圈用来产生外加的可变均匀磁场，罗盘磁针用来指示地磁场水平分量和外加磁场两者合成磁场的方向。其测量原理如下：通过测量罗盘磁针随亥姆霍兹线圈电流 I 增加时的角度 θ 变化情况来测量地磁场水平分量 $\boldsymbol{B}_{/\!/}$ 的大小。

如图 24-4 所示，为了使罗盘磁针偏转力矩最大，需要亥姆霍兹线圈产生的磁场 $\boldsymbol{B}'$ 方向与地磁场水平分量 $\boldsymbol{B}_{/\!/}$ 方向相互垂直。当亥姆霍兹线圈未通电时，罗盘磁针指示的是地磁场水平分量 $\boldsymbol{B}_{/\!/}$ 的方向。当亥姆霍兹线圈里电流 I 逐渐增大时，由于亥姆霍兹线圈公共轴线中点的磁感应强度为

$$B' = \frac{\mu_0 NI}{\overline{R}} \cdot \frac{8}{5^{\frac{3}{2}}} \tag{24-1}$$

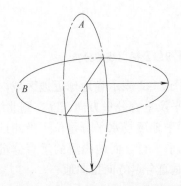

图 24-3　地球近地区域地磁场方向
水平分量和垂直分量的立体关系图

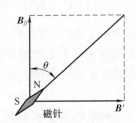

图 24-4　地磁场水平分量 $\boldsymbol{B}_{/\!/}$、
亥姆霍兹线圈产生的磁场 $\boldsymbol{B}'$ 与
合成磁场之间的角度关系

故线圈产生的磁场 $\boldsymbol{B}'$ 也逐渐增大，地磁场水平分量 $\boldsymbol{B}_{/\!/}$ 与线圈磁场 $\boldsymbol{B}'$ 合成磁场的方向 θ 就会逐渐加大，越来越偏离地磁场水平分量 $\boldsymbol{B}_{/\!/}$ 的方向。式（24-1）中，μ_0 为真空中磁导率，$\mu_0 = 4\pi \times 10^{-7} \mathrm{H/m}$；$N$ 为线圈匝数，$N = 310$ 匝；I 为流经线圈的电流强度；$\overline{R}$ 为亥姆霍兹线圈的平均半径，$\overline{R} = 144 \mathrm{~mm}$。三者（$B'$、$B_{11}$、$\theta$）之间满足关系

$$\frac{B'}{B_{/\!/}} = \tan\theta \tag{24-2}$$

将式（24-1）代入式（24-2）中，整理得

$$I = \frac{5^{\frac{3}{2}}\overline{R}B_{/\!/}}{8\mu_0 N}\tan\theta = C\tan\theta \tag{24-3}$$

式中，$C = \dfrac{5^{\frac{3}{2}}\overline{R}B_{/\!/}}{8\mu_0 N}$。在同一测量地点，用同一正切电流计，因 $\overline{R}$、N、$B_{/\!/}$ 值均不变，所以 C 是一常数。由式（24-3）可知，流过电流计的电流强度 I 与磁针偏角 θ 的正切成正比，这也就是正切电流计的名称由来。

3. 磁阻传感器法

本实验采用的是薄膜合金磁阻传感器，利用材料在磁场的作用下可改变电阻大小的性能。磁阻器件的结构如图 24-5 所示。在基片上附有一层长而薄的薄膜合金，合金的两端装有一对金属电极，使电流沿着薄膜合金的长度方向流动。薄膜合金采用各向异性的含铁性材料制成，如铁、镍合金等。通常情况下薄膜合金在电流的作用下，具有一定的线性电阻值，

当施加一个外加磁场时，薄膜合金的电阻值将变化。磁阻传感器由四个磁阻器件首尾相接，组成的一个平行四边形的桥式电路，其结构如图 24-6 所示。

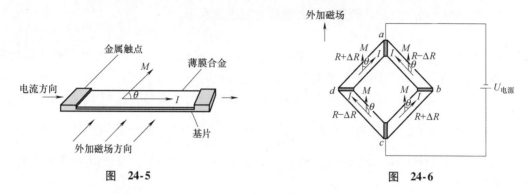

图　24-5　　　　　　　　　　　　　图　24-6

在电桥的 a、c 两端接工作电压 $U_{电源}$，电桥的 d、b 两端为信号的输出端 $U_{输出}$。由于组成电桥的四个磁阻器件是相同的结构，电桥平衡时阻值用 R 表示，假定它们的阻值变化也是相同的，阻值的变化用 ΔR 表示。当外加磁场作用于电桥时，磁场改变了磁阻器件的电阻值。通过电桥的输出电压可间接获得对外加磁场的测量。

用二维传感器中的 B 磁阻传感器测量地磁水平分量，A 磁阻传感器测量地磁垂直分量。

实验内容（扫右侧二维码观看）

1. 采用正切电流计法测地磁场水平分量 $B_{/\!/}$ 的大小

（1）打开罗盘仪，使方位指标"Δ"对准"北"（0）；将罗盘正确、安全地安装在磁阻传感器盒盖上，确保不易滑落。

（2）将支撑磁阻传感器的中轴杆置于底端，确保罗盘放在磁阻传感器上时位于亥姆霍兹线圈的中心处。

（3）用水泡水准仪监测以调整正切电流计仪底座水平和罗盘水平（关乎测量精确度）。

（4）确保亥姆霍兹线圈电流 I 为零（电流旋钮逆时针方向到底，且数字显示为 0），使得罗盘磁针在确定 $B_{/\!/}$ 方向前只受到地磁场的作用。

（5）水平旋转亥姆霍兹线圈，使得罗盘磁针指向"南/北"，此时磁针方向就是地磁场磁感应强度的水平分量 $B_{/\!/}$，且罗盘磁针方向并没有因为亥姆霍兹线圈的转动而改变，亥姆霍兹线圈产生的外加磁场方向与地磁场水平分量方向成 90°。

（6）逐渐加大亥姆霍兹线圈电流 I，使得罗盘磁针缓慢稳定地偏转，记录正反向电流大小和对应磁针偏转角度（内沿红色刻度，红色 1 刻度 = 1.2°），填入书后附录原始数据记录表 24-1 中。

（7）用最小二乘法确定直线方程的斜率 C，将各项仪器参数代入公式 $B_{/\!/} = \dfrac{8\mu_0 N}{5^{\frac{3}{2}} R} C$ 中，计算出地磁场水平分量 $B_{/\!/}$ 的大小。

2. 利用磁阻传感器测量地磁场水平分量 $B_\parallel$ 和垂直分量 $B_\perp$ 的大小及方向

（1）将罗盘从磁阻传感器盒盖上取下。

（2）用水泡水准仪监测以调整磁阻传感器盒盖表面水平。

（3）确保亥姆霍兹线圈电流 I 为零。

（4）水平旋转亥姆霍兹线圈，使得 B 磁阻传感器（测水平方向）输出最大和最小电压值，记为 $U_{B\max}$ 和 $U_{B\min}$；切换到 A 磁阻传感器，记录此时 A 磁阻传感器的输出电压，记为 U_{A1}；轴向旋转 A 磁阻传感器，得到 A 磁阻传感器输出最大电压值，记为 $U_{A\max}$。$U_A = U_{A\max} - U_{A1}$，$U_B = U_{B\max} - U_{B\min}$，分别代入 $B_\parallel = \dfrac{U_B}{fU_{电源}S}$ 和 $B_\perp = \dfrac{U}{fU_{电源}S}$，其中 f 是磁阻传感器电桥电路放大器增益，$f = 600$，$U_{电源}$ 是磁阻传感器工作电源，$U_{电源} = 5$ V，S 是磁阻传感器灵敏度，$S = 1$ mV/V·Gs。

（5）比较分别用正切电流计和磁阻传感器测出的地磁场水平分量 $B_\parallel$ 的误差。

（6）计算地磁场水平分量 $B_\parallel$ 和垂直分量 $B_\perp$ 矢量合成地磁场 B 的大小，以及 B 与 $B_\parallel$ 的夹角 ϕ。

实验注意

1. 测量仪器的水平调节至关重要，可用水泡水准仪长期监控。

2. 亥姆霍兹线圈电流需要为零时，一定确保到位。

3. 器件轻拿轻放。

4. 磁阻传感器的水平旋转和竖直面旋转一般是单方向，如果重复做，实验数据不能保证完全相同。

思考题

1. 用正切电流计法可否测量地磁场的垂直分量，为什么？有什么困难之处？

2. 实验中有余磁的影响，如何消除？

3. 用正切电流计法和用磁阻传感器测量的地磁场的水平分量差异比较大，有可能是哪些原因导致的？如何避免？

4. 为了提高测量精度，还有哪些实验方法和仪器方面的改进？

实验参考资料

［1］

［1］罗玉芬，黎晓之，陆镜辉. 广州地磁台地磁场长期变化的分析研究［J］. 防灾技术高等专科学校学报，2005（4）：64-67.

[2]　　　　　　　[3]　　　　　　　[4]　　　　　　　[5]

[6]　　　　　　　[7]　　　　　　　[8]　　　　　　　[9]

［2］毛忠泉，等．地磁场实验中测量装置的改进［J］．物理实验，2017，37（07）：14-16.

［3］李小俊，白晋涛，李永安，等．磁旋光成像地球磁场测量方法［J］．自然科学进展，2007（09）：1168-1173.

［4］王玉清，杨德甫，刘艳峰，等．利用磁聚焦法测量地磁场的研究［J］．大学物理，2009（07）：36-38+42.

［5］杨春振，崔泽轮．基于新型磁阻传感器的地磁倾角测量［J］．大学物理实验，2012（04）：3-5.

［6］吴春姬，纪红，徐智博，等．巨磁电阻效应实验仪［J］．物理实验，2015（03）：33-36.

［7］魏奶萍．磁阻传感器测量地磁场的实验数据处理［J］．大学物理实验，2016（03）：115-117.

［8］王思慧，刘振宇，江洪建，等．磁针磁矩的测量和耦合磁针的实验研究［J］．物理实验，2016（03）：19-23.

［9］吴奕初，胡占成，刘海林，等．光磁共振实验测量地磁场方法的探究［J］．物理实验，2016（04）：1-6，11.

实验 25　偏振光的研究

实验背景

光波是一种电磁波，偏振是光的波动性的重要特征之一，偏振光是马吕斯（E. L. Malus，1775—1812）于1808年在实验中发现的。很多重要的光学现象和效应都与偏振有关。偏振光的用途非常广泛，常用于光学的检测。实验中我们了解到光在通过偏振片、晶体的过程中会发生偏振态的变化，以及如何对其进行检验等。在实际的测量中可以根据所学知识，对被测对象进行检测、分析。从人造偏振片发明以来，利用偏振光的特点做成的各种精密仪器，也为科研、设计、生产检验等提供了一种有价值的手段。因此仔细地观察偏振现象和学习一些研究偏振光的实验方法是很有必要的。

实验目的

1. 了解产生偏振光和检验偏振光的器件。
2. 掌握产生偏振光和检验偏振光的条件与方法。
3. 观察光的偏振现象并验证马吕斯定律。
4. 了解和观察1/4波片、1/2波片和全波片对偏振光的作用。

实验仪器

光具座（或平台）、偏振片、波片、光源、光电探测器、检流计等。

实验原理

1. 自然光与偏振光

光是一种电磁波（横波），这种电磁波的电矢量（光矢量）E 的振动方向垂直于光的传播方向，光的偏振是横波所特有的现象，按 E 的振动状态不同，最常见的可分为五种，如图 25-1 所示。

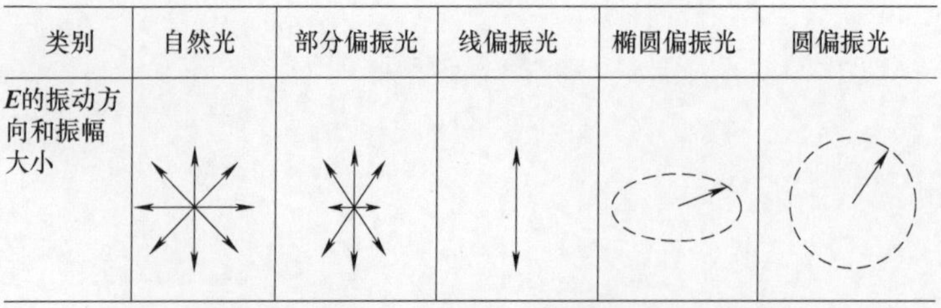

类别	自然光	部分偏振光	线偏振光	椭圆偏振光	圆偏振光
E的振动方向和振幅大小					

图 25-1　自然光与偏振光

图 25-2 表示线偏振光和圆偏振光沿着光传播方向不同时间 E 的变化状态，由图 25-1 可延展其他几种偏振态的空间电场分布状况。

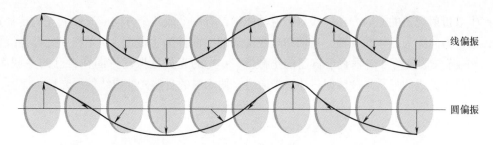

图 25-2 线偏振光和圆偏振光沿光传播方向的电场 *E* 空间分布示意图

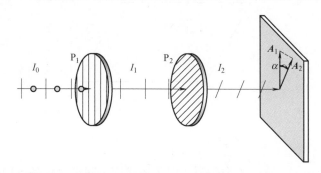

图 25-3 起偏器与检偏器之间的关系

2. 起偏器、检偏器及马吕斯定律

在光学实验中，常利用某些装置移去自然光中的一部分振动而获得偏振光，人们把从自然光中获得线偏振光的装置称为起偏器，用于检验线偏振光的装置称为检偏器。起偏器和检偏器是通用的。

各种偏振器只允许某一方向偏振光通过，这一方向称为偏振器的"偏振化方向"，或称为"通光方向"。

当起偏器和检偏器的通光方向互相平行时，通过的光强达到最大；当二者的通光方向互相垂直（即正交）时，光不能通过（光强为零）。如图 25-3 所示为介乎于二者之间的情况，按照马吕斯定律，强度为 I_1 的线偏振光通过检偏器后，透射光 I_2 的强度为

$$I_2 = I_1 \cos^2 \alpha \tag{25-1}$$

式中，α 为起偏器与检偏器偏振化方向之间的夹角。显然，当检偏器旋转 360° 时，透射光 I_2 将发生周期性变化，光强变化出现两次极大值和两次为零，这样，根据透射光强度变化的情况，我们就可以判断出入射到检偏器的光为线偏振光。但是，检偏器不能区分出入射到检偏器的光是自然光还是圆偏振光；是部分偏振光还是椭圆偏振光，因为它们的表现是相同的。

3. 波片

波片是能使互相垂直的两光振动间产生附加光程差（或相位差）的光学器件，通常由具有精确厚度的石英、方解石或云母等各向异性的双折射晶片做成，其光轴平行于晶面。一束光线在两各向同性介质的界面上所产生的折射光只有一束，它满足折射定律。而对于各向异性介质，一束入射光通常被分解成两束折射光，这种现象称为双折射现象，如图 25-4 所示。其中一条折射光满足折射定律，称为寻常光（o 光），它在介质中传播时，各个方向的速度相同；另一条光不满足折射定律，称为非常光（e 光），它在各向异性介质内的速度随方向而变，这

就是产生双折射现象的原因。在一些双折射晶体中，有一个或几个方向 o 光和 e 光的传播速度相同，这个方向称为晶体的光轴。光轴和光线构成的平面称为主截面。o 光和 e 光都是线偏振光，o 光的光矢量振动方向垂直于自己的主截面，e 光的光矢量振动方向在自己的主截面内。如方解石晶体做成的尼科耳棱镜即只让 e 光通过，使入射的自然光变成线偏振光。

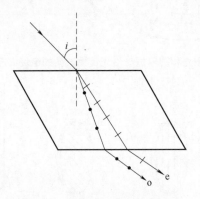

图 25-4　双折射产生的偏振光

晶片中的 o 光和 e 光沿同一方向传播，但传播速度不同（晶体各方向折射率不同），穿出晶片后两种光之间产生 $\Delta = (n_o - n_e)d$ 的光程差，其中 d 为晶片厚度，n_o 和 n_e 分别为 o 光和 e 光的折射率，对应相位差为

$$\delta = \frac{2\pi}{\lambda}d(n_e - n_o) \tag{25-2}$$

在负晶体中，$\delta < 0$；在正晶体中，$\delta > 0$。当光入射到一定厚度的双折射单晶薄片时，若 o 光和 e 光的相位差 $\delta = (2m+1)\pi/2$，这样的晶片称为 1/4 波片，波片厚度 $d = \lambda/4$；若 o 光和 e 光的相位差 $\delta = (2m+1)\pi$，这样的晶片称为 1/2 波片，波片厚度 $d = \lambda/2$；若 o 光和 e 光的相位差 $\delta = 2m\pi$，这样的晶片称为全波片，波片厚度 $d = \lambda$。图 25-5、图 25-6 分别介绍经过 1/4 波片、1/2 波片的出、入射光的偏振态变化情况。

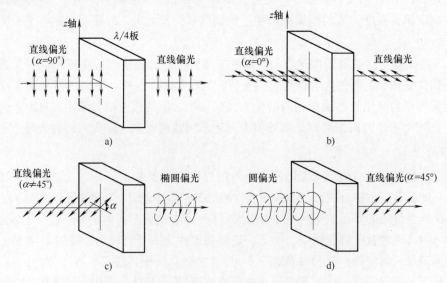

图 25-5　经过 1/4 波片出、入射光的偏振态变化情况

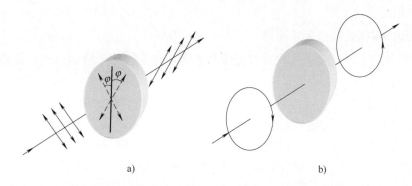

图 25-6 经过 1/2 波片出、入射光的偏振态变化情况

从图 25-5a、b 中可以看出，与波片光轴相平行或相垂直的振动方向的线偏振光入射1/4波片后，出射光不改变其偏振态及偏振方向；与波片光轴有一定夹角 θ，但不等于45°的振动方向的线偏振光入射时，出射光为椭圆偏振光（图25-5c）；与波片光轴有一定夹角 θ，且等于45°的振动方向的线偏振光入射时，出射光为圆偏振光，反之亦然（图25-5d）。

图 25-6 表示经过 1/2 波片的入射、出射光的偏振态变化情况。从图 25-6a 可知，振动方向与光轴成一定夹角 φ 的线偏振光经过 1/2 波片后，出射的仍然是线偏振光，只是较入射光振动方向其振动方向偏转 2φ；从图25-6b 可知，若入射光是圆偏振态，出射时仍然是圆偏振态，只是电场旋转方向相反。

实验内容（扫右侧二维码观看）

1. 起偏过程与检偏过程

（1）将图 25-7 中 C_1、C_2、P_1 去掉，以 P_2 为检偏器检验光源发出的光。光源发出的光照射在 P_2 上，旋转 P_2 一周，通过肉眼观察光透过 P_2 的光强度变化情况和电流计的指针变化情况，记录数据并填入书后附录原始数据记录表 25-1 中，判明光源发出的光可能的偏振性质。

（2）暂时取下 P_2，加入偏振片 P_1 到光路中。旋转 P_1 角度，使出射光光强最大，记录此光强最大值。然后加入 P_2，此时 P_1 作起偏器，P_2 作检偏器。旋转 P_2 的角度对通过 P_1 的光进行检验，通过肉眼观察光透过 P_2 的光强度变化情况以及电流计的指针变化情况，记录数据并填入书后附录原始数据记录表 25-1 中，判明通过 P_1 后的光可能的偏振性质。

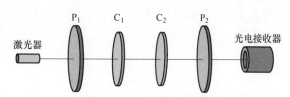

图 25-7 偏振光实验装置分布图

2. 马吕斯定律的验证

旋转 P_1 或 P_2 的角度盘，使出射光光强最大，记录下起偏器 P_1 或检偏器 P_2 的初始角度；旋转检偏器 P_2 一周 360°，肉眼观察光强变化情况并记录在光电接收器上观察到电流值变化情况，每隔 30°记录一组数据，共记录 12 组数据，将数据填入书后附录原始数据记录表 25-2 中，在坐标纸上绘出 α-I 曲线、$\cos\alpha$-I 曲线、$\cos^2\alpha$-I 曲线，观察并思考 α、$\cos\alpha$ 和 $\cos^2\alpha$ 与

I 的关系递进思路。

3. 椭圆和圆偏振光的产生和观察

（1）按图25-7，在光路上依次放好光源激光器，起偏器 P_1 及检偏器 P_2，并使 P_1 和 P_2 正交，这时在白屏上应看到消光现象。

（2）插入 1/4 波片 C_1，此时白屏上光强出现，转动 C_1，使之再次出现消光现象，此时说明线偏振光的振动方向与波片光轴平行。

（3）分别依次转动 C_1（从消光位置起，相对转动）0°、15°、30°、45°、60°、75°、90°，每次改变 C_1 的角度，P_2 均转动360°，每转动90°，记录对应电流值；并说明 C_1 与各对应角度其透射光的偏振性质。用白屏观察，用光电接收器记录数据并填入书后附录原始数据记录表 25-3 中。

4. 圆偏振光与自然光和椭圆偏振光与部分偏振光的检验（选做）

上面实验中我们用一个检偏振 P_2，可以将线偏振光、自然光、部分偏振光等区别开来，但是对圆偏振光和自然光的区分、椭圆偏振光和部分偏振光的区分，仅仅用一个检偏器是不够的，这时就需要再加上一个 1/4 波片 C_2。

（1）按图25-7，使得通过 P_1 的光为线偏振光，通过 C_1 的光为圆偏振光。

（2）然后把另一个 1/4 波片 C_2 插在 C_1 与 P_2 之间，注意调节 C_2 的光轴与 C_1 的光轴方向相同，再转动 P_2（360°）看到什么结果？记录此结果，并说明圆偏振光经过 1/4 波片 C_2 后其偏振性质有何变化？

（3）改变 C_1 的角度（同时也同步转动 C_2 的角度），使得通过 C_1 的光为椭圆偏振光，P_2 再转动360°，此时观察到什么现象？用光电接收器记录数据并填入书后附录原始数据记录表 25-4 中。

实验注意

1. 直视出射激光会对眼睛造成永久性伤害，请切勿直视激光。
2. 光学器件表面不要用手触摸，擦拭。
3. 所有物件轻拿轻放。
4. 实验过程先思后动。

思考题

1. 使用什么方法检验线偏振光？
2. 如何由线偏振光合成圆偏振光、椭圆偏振光？
3. 思考如何由自然光获得线偏振光、部分偏振光、圆偏振光、椭圆偏振光？如何将他们区分开来？
4. 了解光电池与检流计的工作原理。
5. 如何利用测布儒斯特角的原理，确定一块偏振片的透光轴的方向。
6. 如何用光学方法区分 1/2 波片和 1/4 波片？
7. 下列情况下理想起偏器、理想检偏器两个光轴之间的夹角为多少？
（1）透射光强是入射自然光强的 1/3；

（2）透射光强是最大透射光强的 1/3。

8. 如果在互相正交的偏振片 P_1、P_2 中间插进一块 1/4 波片，使其光轴跟起偏器 P_1 的光轴平行，那么，透过检偏器 P_2 的光斑是亮的还是暗的？为什么？将 P_2 转动 90° 后，光斑的亮暗是否变化？为什么？

9. 设计一个实验装置，用来区别自然光、圆偏振光、圆偏振光加自然光、椭圆偏振光加自然光、线偏振光加自然光。

实验参考资料

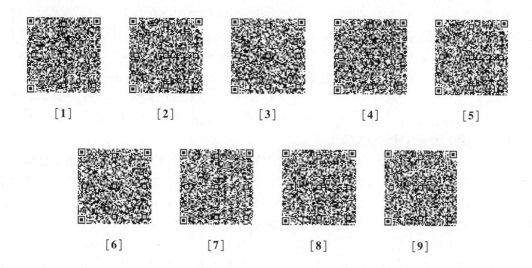

[1]　[2]　[3]　[4]　[5]

[6]　[7]　[8]　[9]

［1］刘雪莲，等. 基于偏振差分干涉技术声表面波检测系统研究［J］. 激光与红外，2018，48（10），1231-1237.

［2］金仁成，等. 基于偏振光传感器的全姿态角解算方法研究［J］. 单片机与嵌入式系统应用，2018，18（06）：47-50.

［3］褚金奎，王洪青，戎成功，等. 基于偏振光传感器的导航系统实验测试［J］. 宇航学报，2011（03）：489-494.

［4］黄春晖，等. 用 Stokes 参量法研究角锥棱镜的偏振特性［J］. 红外与激光工程，2018，47（08）：245-251.

［5］路绍军. 光波偏振态的静态测量研究［J］. 科学技术与工程，2016，16（25）：190-192+200.

［6］李红霞，李国华. 椭圆偏振光参量的测定［J］. 光学技术，2003（01）：113-114+118.

［7］赵培，吴福全，郝殿中，等. 1/4 波片延迟量的相位调制椭偏测量法［J］. 光学学报，2006（03）：379-382.

［8］汪桂霞，徐昌杰，王青松. 一种确定波片快慢轴方位的新方法［J］. 激光与红外，2006（08）：699-702.

［9］丁攀峰，王加贤，庄其仁，等. 两偏振态测量偏振相关损耗［J］. 光子学报，2007，36（12）：2281-2283.

实验 26　用驱动-响应同步法实现混沌保密通信

实验背景

宇宙是一个极为复杂的系统，立足可知论，科学家期望用明确的方程来描述整个物质世界。然而方程的确定性和现实世界运动变化的难以预测性之间存在着一个巨大的鸿沟。混沌现象是指一个可由确定性方程描述的非线性系统，其长期行为表现出明显的随机性和不可预测性。物理世界中混沌现象随处可见，对这一现象的研究将有助于揭开宇宙运行的神秘面纱。混沌现象的研究始于 1890 年法国数学家庞加莱（Jules Henri Poincare，1854—1912）对"三体问题"的研究。1963 年，美国气象学家罗伦兹（Edward Norton Lorenz，1917—2008）在研究影响气象过程的大气流时发现了确定系统蕴含的随机性，之后在其参与创立的混沌理论基础之上提出了著名的"蝴蝶效应"。

在物理研究中，经典动力学观点认为系统的运动状态可以用微分方程和初始条件确定性求解得出，并由此得出运动可预测的结论。然而混沌现象的基本特征表现为对初始条件的敏感性依赖，即初始值的微小差别经过一段时间后可以导致系统运动状态的显著差异。混沌是非线性科学和复杂科学研究领域的重要研究方向之一，其重要科学价值和意义被认为可以与相对论、量子力学相比肩。

目前混沌理论的应用极为广泛，其中在通信领域的应用最具代表性。实验课程中对基于混沌理论的保密通信技术的研究主要有混沌同步、混沌键控、混沌扩频、混沌调制等。本实验采用驱动-响应同步法来实现混沌保密通信。

实验目的

1. 学会用驱动-响应同步法实现混沌保密通信。
2. 掌握非线性电路构建方法，测量非线性电阻伏安特性。
3. 练习使用作图法处理实验数据。
4. 理解混沌现象的基本原理和特征，了解混沌保密通信的基本方法。

实验仪器

ZKY-HD 混沌原理及应用实验仪及其模块化配件、示波器、数字信号源。

实验原理

非线性系统和复杂系统中蕴含混沌现象，由于混沌对初始条件的敏感性依赖，在实验中利用参数精细可控的非线性电路构建非线性系统是实现混沌现象观测的理想方案。1983 年，美籍华裔科学家蔡少棠教授提出了第一例用电子电路来证实混沌现象的蔡氏电路。该电路是在非线性电路中产生复杂动力学行为的最为简单有效的电路之一。蔡氏电路是一个三阶电路，有两个电容 C1、C2、一个电感 L1、一个电位器 W1、一个非线性电阻元件 NR1，电路图如图 26-1a 所示。该非线性电阻的伏安特性曲线如图 26-1b 所示，表明其电阻是一个随电压变化的分段线性函数，中间一段呈现负电阻特征，表现为随电压增加通过电阻的电流减小。

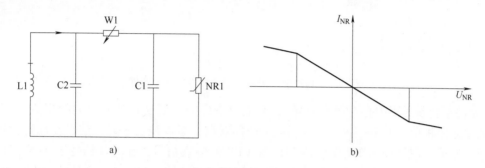

图 26-1　蔡氏电路及其非线性电阻的伏安特性曲线

a）蔡氏电路　b）非线性电阻的伏安特性曲线

实验电路中，电感 L1 和电容 C2 组成损耗可以忽略的谐振回路，电位器 W1 作为可调电阻提供线性电阻 R，将谐振回路的信号移相输出。非线性电阻 NR1 作为核心元件使整个电路表现出非线性特征，在调节电路系统参数（即可调电阻 R 阻值）时，可以使系统进入混沌状态。

根据基尔霍夫电流定律（KCL，Kirchhoff's circuit law），有

$$\left.\begin{aligned} I_{C1} &= I_R - I_{NR1} \\ I_{C2} &= I_L - I_R \\ L\frac{dI_L}{dt} &= -U_{C2} \end{aligned}\right\} \tag{26-1}$$

该方程组的微分形式为

$$\left.\begin{aligned} C_1\frac{dU_{C1}}{dt} &= \frac{1}{R}(U_{C2} - U_{C1}) - \frac{1}{R_{NR1}(U_{C1})}U_{C1} \\ C_2\frac{dU_{C2}}{dt} &= -\frac{1}{R}(U_{C2} - U_{C1}) + I_L \\ L\frac{dI_L}{dt} &= -U_{C2} \end{aligned}\right\} \tag{26-2}$$

式中，C_1 为电容 C1 的电容量，量值为 10 nF；C_2 为电容 C2 的电容量，量值为 100 nF；R 为电位器 W1 作为可调线性电阻的阻值，量值范围为 0 ~ 2.2 kΩ；L 为电感 L1 的自感系数，量值为 18 mH；R_{NR1} 为非线性电阻的阻值，负阻值部分约为 2 kΩ。

如图 26-2 所示，在非线性电阻 NR1 两端加载可调电压源的情况下，通过电流表内接法可以测量该电阻的伏安特性。由于蔡氏电路的独特设计，该电阻的伏安特性曲线为分段函数。按照图 26-1a 蔡氏电路图连接电路，通过精细调节可调线性电阻 W1 的阻值，可以在示波器上观测到不同电阻参数条件下的混沌现象。

混沌电路实现同步的基本原理如下。根据上述微分方程组参数设置两个结构相同的蔡氏电路分别作为混沌单元 2 和混沌单元 3。由于混沌单元 2 与混沌单元 3 的电路参数基本一致

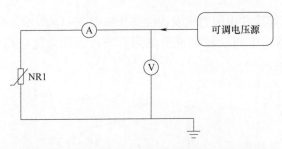

图 26-2　电流表内接法测量非线性电阻示意图

（实际元件在制备过程中存在微小差异），它们自身的振荡周期也具有很大的相似性。鉴于两混沌单元的相位一般不一致，所以利用示波器观测二者混沌信号时，难以发现隐含规律。即，两混沌单元信号分别作为示波器 CH1 和 CH2 的输入信号，在时基档处于 X-Y 档位时，合成信号看起来杂乱无章，不易找出相似性和周期的相关性。造成这一现象的原因是两混沌单元相互独立信号不同步。如果能让它们的相位同步，将会发现二者振荡的规律性。强制同步和自动控制同步是两种具体同步实现手段。强制同步通过将两混沌单元的所有参数强制调节为相同值，特别是将混沌单元中作为可调线性电阻的电位器 W2 和 W3 作适当调整，会发现它们的振荡波形不仅周期非常相似，幅度也基本一致，两个波形具有相当大的等同性。自动控制同步的方法之一就是让其中一个单元接受另一个单元的影响，受影响大，则能较快同步；受影响小，则同步较慢，或不能同步。

据此，将混沌单元 2 作为驱动源，输出信号驱动混沌单元 3，混沌单元 3 的信号作为响应信号表现出与驱动信号相同的信息。这样就实现了混沌单元 2 和混沌单元 3 之间的信号同步。驱动-响应同步法实现不同混沌单元之间信号同步的基本原理如图 26-3 所示。

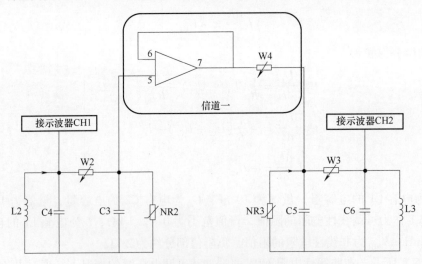

图 26-3　驱动-响应同步法实现信号同步原理图

驱动-响应同步法实现的一个关键技术难点是保证驱动端自动调控响应端的同时，隔绝响应端对驱动端的干扰。为此，在两个混沌单元之间加入了元件"信道一"。"信道一"由一个射随器、一只电位器和一个信号观测口组成。射随器的作用是单向隔离，它让前级（混沌单元 2）的信号通过，再经电位器 W4 后去驱动影响后级（混沌单元 3）的工作状态，而后级的信号却被信道 1 隔绝不能影响前级的工作状态。混沌单元 2 的信号经过射随器后，其信号特性基本可认为没有发生改变，保持原来混沌单元 2 信号的信息。即 W4 左方的信号为混沌单元 2 的信号，右方的信号为混沌单元 3 的信号。电位器 W4 的作用在于调整它的阻值可以改变混沌单元 2 对混沌单元 3 的影响程度。

现代通信技术在保证信息保真传输的同时，侧重于对信息的安全性考虑。通过驱动-响应法可以将混沌单元电路中附加的信息传递到另外一个结构、参数相同的混沌单元，由于混沌信号的伪随机性和对参数的高度敏感性，所以非常适宜作为载波信号来对待输送的信号进行掩盖和加密。

混沌保密通信原理：基于本实验的同步方法，进行信号的掩盖加密以及传输完成后在接收端解密的原理如图 26-4 所示。

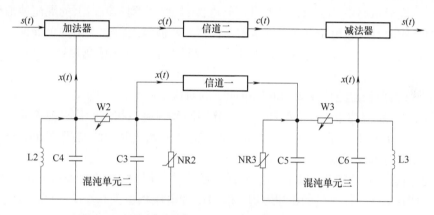

图 26-4　驱动-响应同步法实现信号掩盖、解密原理图

设 $x(t)$ 是发送端产生的混沌信号，$s(t)$ 是要传送的消息信号，实验中消息信号由信号发生器输出，为方波或正弦信号。经过加法器混沌掩盖后，传输信号为 $c(t) = x(t) + s(t)$，发送端产生的混沌信号 $x(t)$ 经过信道 1 传输到混沌单元 3，该单元的接收端在前一单元的驱动下产生的混沌信号为 $x'(t)$。由于驱动单元强制将接收单元的响应信号调制成与驱动信号相同，因此当接收端和发送端在信道一的作用下达到同步时，有 $x'(t) = x(t)$，由减法器对信号解密 $c(t) - x'(t) = s(t)$，即可恢复出消息信号。用示波器可以观察传输的消息信号和恢复的解密信号。实验中，信号的加法运算及减法运算可以通过运算放大器来实现。

实验内容（扫右侧二维码观看）

1. 调节仪器（见视频）

（1）非线性电阻的伏安特性的测量。

1）在混沌原理及应用实验仪面板上插入跳线 J1、J2，在混沌单元 1 中

插上非线性电阻 NR1，并将可调电压源处的电位器旋钮逆时针旋转到头。

2）连接混沌原理及应用实验仪电源，打开机箱后侧的电源开关。面板上的电流表出现电流显示，电压表也对应显示电压值。

3）按顺时针方向缓慢旋转可调电压源上的电位器，并观察混沌面板上的电压表的读数，每隔 0.5 V 记录面板上电压表和电流表上的读数，直到电位器旋钮顺时针旋转到头（约

12 V)，将过程中电压、电流数据记录于书后附录原始数据记录表 26-1 中（见视频）。

4）以电压为横坐标、电流为纵坐标用上面第（3）步所记录的数据绘制非线性电阻的伏安特性曲线，如图 26-1b 所示。

（2）混沌波形发生。

1）关闭机箱后侧的电源开关。拔除跳线 J1、J2，在混沌原理及应用实验仪面板的混沌单元 1 中插上电位器 W1、电感 L1、电容 C1、电容 C2、非线性电阻 NR1，并将电位器 W1 上的旋钮顺时针旋转到头。

2）用两根 Q9 线分别连接示波器的 CH1 和 CH2 端口到实验仪面板上标号 Q8 和 Q7 处端口。打开机箱后侧的电源开关。

3）把示波器的时基档切换到 X-Y 档位。调节示波器通道 CH1 和 CH2 的电压档位使示波器显示屏上能显示出整个波形，逆时针旋转电位器 W1 直到示波器上的混沌波形变为一个点，然后慢慢顺时针旋转电位器 W1 并观察示波器，示波器上将逐次出现单周期分岔、双周期分岔、四周期分岔、多周期分岔、单吸引子、双吸引子现象（见视频）。

（3）混沌电路的同步调节。

1）插上仪器面板混沌单元 2 和混沌单元 3 的对应电路模块，构建两个蔡氏电路。按照步骤（2）的方法将混沌单元 2 和混沌单元 3 分别调节到混沌状态，让混沌单元 3 处于单吸引子状态，混沌单元 2 处于双吸引子状态。调试混沌单元 2 时示波器接到 Q5、Q6 端口处。调试混沌单元 3 时示波器接到 Q3、Q4 端口处。

2）插上信道一和键控器，键控器上的开关置"1"。用 Q9 线连接面板上的 Q3 和 Q5 到示波器上的 CH1 和 CH2，调节示波器 CH1 和 CH2 的电压档位到 0.5 V。此时示波器上显示的波形为中点在原点的与 X 轴夹角约 45 度的细斜线（见视频）。根据李萨如图形的特点可知，此时混沌单元 2 和混沌单元 3 的信号处于同步状态，二者振幅、相位、频率均一致。

3）将示波器接到 Q5、Q6 端口处，发现此时混沌单元 2 处于与初始状态相同的混沌状态。示波器接到 Q3、Q4 端口处，发现此时混沌单元 3 受到混沌单元 2 驱动信号的影响处于双吸引子状态。

4）取下信道一，使二者恢复到初始状态，用 Q9 线连接面板上的 Q3 和 Q5 端口到示波器上的 CH1 和 CH2，可发现示波器上的图形杂乱无章，虽然两混沌单元结构相同，但信号互不影响，没有相关性。

以上操作证明了驱动-响应同步法在两混沌单元之间的信号同步过程中的可信性和单向性。

（4）混沌掩盖与解密。

1）在实验仪的面板上插上混沌单元 2 和混沌单元 3 的对应电路模块。按照步骤（2）混沌波形发生的调节过程将混沌单元 2 和 3 调节到混沌状态。

2）按照步骤（3）混沌电路同步调节的步骤将混沌单元 2 和 3 调节到混沌同步状态。

3）在实验仪对应位置插上减法器模块 JAN1、信道二模块、加法器模块 JIA1、信号处理模块，将示波器 CH1 端口连接到 Q2 端口处。

4）把示波器的时基档切换到 X-T 并将电压档旋转到 100 mV 位置、时基档旋转到 10 ms 位置、耦合档切换到交流位置，Q10 端口处连接信号发生器的输出口，调节数字信号发生器的输出信号为频率 100～200 Hz、幅度 500 mV 左右的正弦信号。

5）用示波器测量信道二上面的测试口"TEST2"的输出波形。观察外输入信号被混沌信号掩盖的效果，并比较外输入信号波形与解密后的波形（本步中输出的波形）的差别。

2. 数据处理

（1）根据原始数据记录表中的测量结果，利用作图法绘制非线性电阻的伏安特性曲线。注意该非线性电阻由三段线性电阻构成，因此在考虑误差的前提下，各段电阻线性变化区域注意测点在图线的两侧对称分布。

（2）记录混沌单元 2 和混沌单元 3 处于同步状态的同步测量结果，导出示波器上单周期分岔、双周期分岔、四周期分岔、多周期分岔、单吸引子、双吸引子现象的图形和两单元的混沌同步图。

（3）比较掩盖前和解密后的待传输信号与解密信号以及 TEST2 输出信号。

实验注意

1. 调整混沌单元混沌状态时，请确保信道一被取下，避免不同混沌单元之间的干扰。

2. 为了避免传输信号失真，数字信号源提供的待传输信号与载波混沌信号相比幅值应相差 10 倍左右，且大于随机噪声。

思考题

1. 蔡氏电路是由参数确定的元件组成的，不存在随机性，为什么电路中 LC 回路的电流振荡表现出随机性的特点？

2. 本实验中为什么用电流表内接法测量非线性电阻的阻值？试提出其他方法测量该阻值，参考实验参考资料［6］。

实验参考资料

［1］　　　　　　［2］　　　　　　［3］　　　　　　［4］

［1］蒋志洁，阳生红，张曰理．混沌现象的仿真演示［J］．物理实验，2018，38（S1）：7-10.

［2］黄威，刘鹏谦，于雅洁．蔡氏电路数值仿真图像与实测图像的对比研究［J］．大学物理实验，2018，31（04）：54-58.

［3］薛雪，刘晓文，陈桂真，等．蔡氏混沌电路综合设计性实验［J］．实验技术与管理，2017，34（06）：44-49.

［4］张新国，孙洪涛，赵金兰，等.蔡氏电路的功能全同电路与拓扑等效电路及其设计方法［J］．物理学报，2014，63（20）：95-102.

[5]　　　　　　　　　　[6]

[5] 闵富红，田恩刚，叶彪明，等. Lorenz 混沌系统模块化电路设计与硬件实验［J］.实验技术与管理，2018，35（04）：44-47.

[6]. 罗页，乐永康. 蔡氏非线性电路的深入研究——参数测量和实验现象观察的新方法［J］. 大学物理，2010，29（06）：53-57 +65.

附录　原始数据记录表

实验1　拉伸法测量金属丝弹性模量原始数据记录表

学号：_____　姓名：_____　实验组号：_____　教师签名：_____

同组人姓名：_____　同组人学号：_____　实验日期：___年___月___日

记录表1-1　*b*、*L*、*D*、*F* 的测量数据

b/mm	$\Delta b/\text{mm}$	L/mm	$\Delta L/\text{mm}$	D/mm	$\Delta D/\text{mm}$	F/N	$\Delta F/\text{N}$
	0.5		2.0		5.0	9.8	0

光杠杆长度 *b* 的测量：

记录表1-2　钢丝直径 *d* 的测量数据　　　　零差 $\Delta d_0 =$ _____ mm

次　数	1	2	3	4	5	6	平　均
d/mm							

$d = \bar{d} - \Delta d_0 =$ _____ mm

记录表 1-3　增、减砝码时标尺读数的数据

| 砝码数 | 望远镜读数/mm | | | 砝码数 | 望远镜读数/mm | | | 读数差/mm $\Delta \overline{N}_{i,i+4} = \overline{N}_{i+4} - \overline{N}_i$ |
	加载	减载	平均 N_i		加载	减载	平均 N_i	
1				5				
2				6				
3				7				
4				8				
				9				平　均

实验 2　示波器的调整和使用原始数据记录表

学号：_____　　姓名：_____　　实验组号：_____　　教师签名：_____

同组人姓名：_____　　同组人学号：_____　　实验日期：___年___月___日___

记录表 2-1　测量信号的电压和频率

信号源	CH1/CH2	信号图形	电压峰峰值 U_{pp} 周期 T 频率 f
正弦波 电压____ V 频率____ Hz			$U_{pp} =$ _____ VOLTS/DIV × _____ DIV = _____ (　　) $T =$ _____ TIME/DIV × _____ DIV = _____ (　　) $f = 1/T =$ _____ (　　)
方波 电压____ V 频率____ Hz			$U_{pp} =$ _____ VOLTS/DIV × _____ DIV = _____ (　　) $T =$ _____ TIME/DIV × _____ DIV = _____ (　　) $f = 1/T =$ _____ (　　)
三角波 电压____ V 频率____ Hz			$U_{pp} =$ _____ VOLTS/DIV × _____ DIV = _____ (　　) $T =$ _____ TIME/DIV × _____ DIV = _____ (　　) $f = 1/T =$ _____ (　　)
正脉冲波 电压____ V 频率____ Hz			$U_{pp} =$ _____ VOLTS/DIV × _____ DIV = _____ (　　) $T =$ _____ TIME/DIV × _____ DIV = _____ (　　) $f = 1/T =$ _____ (　　)

记录表 2-2　李萨如图形

频率比 $f_x:f_y$	李萨如图形（任一相位）	CH1-f_x（Hz）	CH2-f_y（Hz）
1:1			
1:2			
1:3			
2:3			

实验 3　单摆的研究原始数据记录表

学号：_____　姓名：_____　实验组号：_____　教师签名：_____

同组人姓名：_____　同组人学号：_____　实验日期：___年___月___日___

1. 原理分析（包括原理图）：

2. 不确定度推导：

3. 估算 u_L 和 u_t：

4. 得出设计实验参数：

5. 设计实验步骤：

6. 设计数据记录表格并实验验证：

实验4 电表的改装与校准原始数据记录表

学号：_____ 姓名：_____ 实验组号：_____ 教师签名：_____

同组人姓名：_____ 同组人学号：_____ 实验日期：___年___月___日___

记录表 4-1 改装电表数据

内阻 R_g/Ω	微安表量程 I_g/mA	改装后的量程		改装电阻			
		I/mA	U/V	计算值		实际值	
				R_P/Ω	R_s/Ω	R_P/Ω	R_s/Ω

记录表 4-2 校准电流表数据表格 标准电流表等级 $a\% =$ _____

改装表读数 I_x/mA	标准表读数 I_s/mA			$\Delta I = (I_x - \bar{I}_s)/mA$
	由小到大（上行）	由大到小（下行）	平均值	
0.00				
1.00				
2.00				
3.00				
4.00				
5.00				
6.00				
7.00				
8.00				
9.00				
10.00				
11.00				

（续）

改装表读数 I_x/mA	标准表读数 I_s/mA			$\Delta I = (I_x - \bar{I}_s)$/mA
	由小到大（上行）	由大到小（下行）	平均值	
12.00				
13.00				
14.00				
15.00				

记录表 4-3　校准电压表数据表格　标准电压表等级 $a\%$ = _____

改装表读数 U_x/V	标准表读数 U_s/V			$\Delta U = (U_x - \bar{U}_s)$/V
	由小到大（上行）	由大到小（下行）	平均值	
0.00				
0.75				
1.50				
2.25				
3.00				
3.75				
4.50				
5.25				
6.00				
6.75				
7.50				

实验 5　十一线电势差计测量未知电池电动势及内阻原始数据记录表

学号：_____　姓名：_____　实验组号：_____　教师签名：_____

同组人姓名：_____　同组人学号：_____　实验日期：___年___月___日___

记录表 5-1　工作回路实验参数记录及估算表

电源电压/V	电势差计 AB 端电压/V

记录表 5-2　标准电池标准化回路测量表

室温 t/℃	室温 $E_N(t)$/V

$E_N(t) =$

记录表 5-3　估算补偿长度值

L'_N/mm 估算值	L'_x/mm 估算值

估算 $L'_N =$

估算 $L'_x =$

记录表 5-4　未知电池电动势测量实验中，补偿长度的测量

次数	1	2	3	4	5	6
L_N/mm						
L_x/mm						

$E_x = \dfrac{L_x}{L_N} E_N =$

记录表 5-5　未知电池内阻测量实验中，补偿长度的测量

次数	1	2	3	4	5	6
L_U/mm						

$$R_x = \frac{L_x - L_U}{L_U}R_1 =$$

实验6 稳恒电流场模拟静电场原始数据记录表

学号: _____ 姓名: _____ 实验组号: _____ 教师签名: _____

同组人姓名: _____ 同组人学号: _____ 实验日期: ___年___月___日___

记录表 6-1 $V_r\text{-}r$ 电位分布曲线数据表

V_r/V	0.0	2.0	4.0	6.0	8.0	10.0
r/cm						

实验7　自组直流电桥原始数据记录表

学号：_____ 姓名：_____ 实验组号：_____ 教师签名：_____

同组人姓名：_____ 同组人学号：_____ 实验日期：___年___月___日___

记录表 7-1　单臂电桥测电阻 R_{x1} 数据表

R_n	R_1/R_2	R_s/Ω	R'_s/Ω	R_{x1}/Ω	S
	1				
大	0.1				
	0.01				
	1				
小	0.1				
	0.01				

记录表 7-2　单臂电桥测电阻 R_{x2} 数据表

R_n	R_1/R_2	R_s/Ω	R'_s/Ω	R_{x2}/Ω	S
大	1				
小	1				

记录表 7-3　单臂电桥测电阻 R_{x3} 数据表

R_n	R_1/R_2	R_s/Ω	R'_s/Ω	R_{x3}/Ω	S
大	1				
小	1				

实验 8　恒力矩法测定刚体转动惯量原始数据记录表

学号：_____　　姓名：_____　　实验组号：_____　　教师签名：_____

同组人姓名：_____　　同组人学号：_____　　实验日期：___年___月___日___

一、测量试样的转动惯量（$R =$ _____，$m =$ _____）

1. 测定实验台的转动惯量 J_1［实验台不放试样圆环，测定在确定砝码（含砝码托）通过绕线所加的外力和摩擦力共同作用下，实验台的转动加速度 β_2；在摩擦力作用下实验台做减速运动的加速度 β_1］

记录表 8-1　测量实验台的角加速度数据表

匀 加 速					匀 减 速				
次数 k				平均	次数 k				平均
时间 t/s					时间 t/s				
次数 k					次数 k				
时间 t/s					时间 t/s				
$\beta_2/(1/\mathrm{s}^2)$					$\beta_1/(1/\mathrm{s}^2)$				

2. 测定实验台与试样圆环（整体）的转动惯量（将待测刚体圆环放在载物台上，分别测出整体的减速和加速运动的相关数据）

记录表 8-2　测量实验台与试样圆环（整体）的角加速度数据表

匀 加 速					匀 减 速				
次数 k				平均	次数 k				平均
时间 t/s					时间 t/s				
次数 k					次数 k				
时间 t/s					时间 t/s				
$\beta_4/(1/\mathrm{s}^2)$					$\beta_3/(1/\mathrm{s}^2)$				

记录表 8-3　实验数据处理 1

实验台的 转动惯量 J_1	实验台和试样 转动惯量 J_2	试样的 转动惯量 J_3	试样转动惯量 理论值	验证 （理论与实验比较）

二、验证平行轴定理（分别测量两个配重块放置于距转轴 50 mm 和 100 mm 处的实验数据）

记录表 8-4　测量实验台与配重块的角加速度数据表（50 mm）

匀 加 速				平均	匀 减 速				平均
次数 k					次数 k				
时间 t/s					时间 t/s				
次数 k					次数 k				
时间 t/s					时间 t/s				
$\beta_2/(1/\mathrm{s}^2)$					$\beta_1/(1/\mathrm{s}^2)$				

记录表 8-5　测量实验台与配重块的角加速度数据表（100 mm）

匀 加 速				平均	匀 减 速				平均
次数 k					次数 k				
时间 t/s					时间 t/s				
次数 k					次数 k				
时间 t/s					时间 t/s				
$\beta_4/(1/\mathrm{s}^2)$					$\beta_3/(1/\mathrm{s}^2)$				

记录表 8-6　实验数据处理 2

实验台和圆柱试样 转动惯量 J_{50}	实验台和圆柱试样 转动惯量 J_{100}	验证 （理论与实验比较）

三、作图法测定刚体的转动惯量 　（改变砝码组的质量进行实验，用测得的数据计算出不同外力矩作用下的角速度值，在坐标纸上作 m-β 图，根据斜率计算系统的转动惯量）

记录表 8-7　作图法测定转动惯量数据表

m/g \ k	1	2	3	4	5	6	7	8	$\bar{\beta}/(1/\text{s}^2)$
26.00									
31.00									
36.00									
41.00									
46.00									
51.00									

实验9　分光计的调整与使用原始数据记录表

学号：_____　姓名：_____　实验组号：_____　教师签名：_____

同组人姓名：_____　同组人学号：_____　实验日期：___年___月___日___

用分光束法测三棱镜的顶角 α

将数据记入记录表 9-1 中，按式（9-2）、式（9-3）计算三棱镜顶角 α，并计算出平均值。

记录表 9-1　用分光束法测三棱镜顶角 α 的原始数据

次　数		1	2	3	4	5	平均值
望远镜对准左侧反射光线时（L）	游标 I 读数 $\varphi_{L\,I}$						
	游标 II 读数 $\varphi_{L\,II}$						
望远镜对准右侧反射光线时（R）	游标 I 读数 $\varphi_{R\,I}$						
	游标 II 读数 $\varphi_{R\,II}$						

注意：测量时应锁紧黑色游标盘，以保持三棱镜不动；将银白色的主刻度盘固定在望远镜上，左右旋转望远镜 5 个来回，分别找到左侧和右侧的反射像，并让反射像与分划板的竖线重合，读数并记录即可。

实验 10　薄凹凸透镜焦距的测量原始数据记录表

学号： _____　　姓名： _____　　实验组号： _____　　教师签名： _____

同组人姓名： _____　　同组人学号： _____　　实验日期： ___ 年 ___ 月 ___ 日 ___

记录表 10-1　物距-像距法测凸透镜数据记录表

物屏位置坐标 $x_0 =$ _____ cm

序号及要求	透镜位置坐标 x_l/cm			像位置坐标 x_i/cm	物距 $u = \left\| x_l - x_0 \right\|$/cm	像距 $v = \left\| x_i - x_l \right\|$/cm	焦距 $f' = \dfrac{uv}{u+v}$/cm
1. 成放大像	→	←	平均				
2. 成缩小像	→	←	平均				
3. 成大小相等像	→	←	平均				

此法测得凸透镜焦距平均值 f_0 为 _____，最大误差率为 $\Delta_{\max}/f_0 \times 100\% =$ _____ % 。

记录表 10-2　共轭法数据记录表

物屏位置坐标 $x_0 =$ _____ cm

要　求	成大像时透镜位置坐标 $x_{l大}$/cm			成小像时透镜位置坐标 $x_{l小}$/cm			像位置坐标 x_i/cm	$L = \left\| x_i - x_0 \right\|$ $e = \left\| x_{l大} - x_{l小} \right\|$	焦距 $f' = \dfrac{L^2 - e^2}{4L}$/cm
1. 物像距离尽可能短	→	←	平均	→	←	平均		$L =$ $e =$	
2. 物像距离尽可能长	→	←	平均	→	←	平均		$L =$ $e =$	
3. 物像距离适中	→	←	平均	→	←	平均		$L =$ $e =$	

此法测得凸透镜焦距平均值 f_0 为 _____，最大误差率为 $\Delta_{max}/f_0 \times 100\%$ = _____% 。

记录表 10-3　自准直法数据记录表

物位置坐标 x_0/cm	透镜位置坐标 x_l/cm			焦距 $f' = \mid x_l - x_0 \mid /\text{cm}$
	→	←	平均	

记录表 10-4　引入辅助凸透镜应用物距-像距法测凹透镜数据记录表

序号及要求	凹透镜位置坐标 x_l/cm			虚物 $A'B'$ 位置坐标 x_0/cm	实像 $A''B''$ 位置坐标 x_i/cm	物距 $u = - \mid x_l - x_0 \mid /\text{cm}$	像距 $v = \mid x_i - x_l \mid /\text{cm}$	焦距 $f' = \dfrac{uv}{u+v}/\text{cm}$
1. 成放大像	→	←	平均					
2. 成缩小像	→	←	平均					
3. 成大小相等像	→	←	平均					

此法测得凹透镜焦距平均值 f_0 为 _____，

最大误差率为 $\Delta_{max}/f_0 \times 100\%$ = _____% 。

实验 11　硅太阳能电池特性的研究原始数据记录表

学号：_____　姓名：_____　实验组号：_____　教师签名：_____

同组人姓名：_____　同组人学号：_____　实验日期：____年____月____日___

1. 在无光照条件下，测量光电池加正/反向电压时的端电压和电流，研究光电池的暗伏安特性（1 个 U-I 曲线图，并试着用曲线拟合的方式将 $\ln I = \beta U + \ln I_0$ 中 β 和 I_0 值求出）

记录表 11-1　电流随电压变化数据表

U/V	-8	-6	-4	-2	0	1.5	1.7	1.9	2.1	2.2	2.3	2.4	2.5
单 ~ I/mA													
多 ~ I/mA													

2. 测量光电池的光照特性（即光电池的短路电流、开路电压和光强之间的关系）

改变光电池与光源之间的距离，分别测量对应位置的光强、硅光电池的开路电压和短路电流，做出 $1/D^2 (1/\text{m}^2) - I(\text{W/m}^2)$、$I(\text{W/m}^2) - U_{oc}(\text{V})$ 以及 $I(\text{W/m}^2) - I_{sc}(\text{mA})$ 的关系图（共 3 张图），说明意义。

记录表 11-2　光强、电压、电流数据表

距离 D/cm		10	15	20	25	30	35	40	45	50
光强 $I/(\text{W/m}^2)$										
单晶硅片	开路电压 U_{oc}/V									
	短路电流 I_{sc}/mA									
多晶硅片	开路电压 U_{oc}/V									
	短路电流 I_{sc}/mA									

3. 测量光电池的负载特性

将硅光电池置于距光源 40 cm 处，改变负载阻值 R，测量硅光电池的输出电压 U 和电流 I，并计算出输出功率 $P = UI$ 和填充因子 $F \cdot F = P_{max}/U_{oc}/I_{sc}$，并做出 $U(V) - I(mA)$ 和 $R(\Omega) - P(mW)$ 曲线图（共 2 张图），在图中标注出此硅光电池适合带动的负载阻值大小。

记录表 11-3　电流、电压数据表

	R/Ω	50	100	150	200	220	240	260	280	300	320	340	360	400	500
单晶硅片	U/V														
	I/mA														
	P/mW														
多晶硅片	U/V														
	I/mA														
	P/mW														

实验 12 准稳态法测定不良导体导热系数原始数据记录表

学号：_____ 姓名：_____ 实验组号：_____ 教师签名：_____

同组人姓名：_____ 同组人学号：_____ 实验日期：___年___月___日___

记录表 12-1 样品材料参量测量 $\left(\dfrac{1}{2}c\rho d^2\right)$ 数据表

质量/kg	厚度/m	宽度/m	长度/m	有机玻璃密度 /(kg/m³)	比热容 /(J/kg·K)
计算： $\left.\left(\dfrac{1}{2}c\rho d^2\right)\right|_{玻璃}$					

记录表 12-2 准稳态条件下试件加热面和中心面温度测量（加热过程实验数据记录）

时间 t/min	1	2	3	4	5	6	7	8	9	10
中心面热电势 φ/mV										
每分钟中心面温升热电势 $\Delta\varphi = \varphi_{n+1} - \varphi_n$										
加热面与中心面热电势差 U_t/mV										
时间 t/min	11	12	13	14	15	16	17	18	19	20
中心面热电势 φ/mV										
每分钟中心面温升热电势 $\Delta\varphi = \varphi_{n+1} - \varphi_n$										
加热面与中心面热电势差 U_t/mV										
时间 t/min	21	22	23	24	25	26	27	28	29	30
中心面热电势 φ/mV										
每分钟中心面温升热电势 $\Delta\varphi = \varphi_{n+1} - \varphi_n$										
加热面与中心面热电势差 U_t/mV										

选择加热面与中心面间热电势差最为稳定（即保持差值不变而持续时间最长）的实验数据组计算。

记录表 12-3　数据计算

$\left(\frac{1}{2}c\rho d^2\right)\big|_{玻璃}$	准稳态的 温升速率（dT/dt）	准稳态下加热面和 中心面间的温度差（ΔT）	热导率计算

实验 13　绝热膨胀法测定空气的比热容比原始数据记录表

学号：_____　　姓名：_____　　实验组号：_____　　教师签名：_____

同组人姓名：_____　　同组人学号：_____　　实验日期：___年___月___日___

1. 实验数据与比热容比计算

记录表 13-1　压强记录

p_0/mV	p_0/Pa	p_1/mV	p_1/Pa	p_2/mV	p_2/Pa	比热容比值 γ
						γ_1
						γ_2
						γ_3
						γ_4
						γ_5
						γ_6
						γ_7
						γ_8

2. 计算比热容比的平均值 $\bar{\gamma}$。

$$\bar{\gamma} = \frac{\sum\limits_{i=1}^{8} \gamma_i}{8} = \underline{\hspace{4cm}}$$

3. 在同一坐标系中作图比较　（比热容比 γ 作为纵坐标、p_1 作为横坐标，用坐标纸画图描述）。

（1）在图中标注出 8 个空气比热容比实验值；（2）画出空气比热容比的平均值线段；

（3）以虚线线段方式画出以下分子（单原子 He 为 1.66；双原子 O_2 为 1.40；三原子 CO_2 为 1.30）的比热容比。

实验 14 示波器测超声波声速原始数据记录表

学号：_____ 姓名：_____ 实验组号：_____ 教师签名：_____

同组人姓名：_____ 同组人学号：_____ 实验日期：___年___月___日___

记录表 14-1 驻波法数据表

$t =$ _____℃　$f_0 =$ _____kHz　$n = 5$

接收头位置	L_i/mm	接收头位置	L_{i+5}/mm	$\Delta l = L_{i+5} - L_i$/mm
1		6		
2		7		
3		8		
4		9		
5		10		

$\overline{\Delta L} = \overline{\Delta l}/n =$ _____mm，$\lambda =$ _____mm

记录表 14-2 相位比较法数据表

$t =$ _____℃　$f_0 =$ _____kHz　$n = 5$

接收头位置	L_i/mm	接收头位置	L_{i+5}/mm	$\Delta l = L_{i+5} - L_i$/mm
1		6		
2		7		
3		8		
4		9		
5		10		

$\overline{\Delta L} = \overline{\Delta l}/n =$ _____mm，$\lambda =$ _____mm

实验 15　调制波法测量光速原始数据记录表

学号：_____　姓名：_____　实验组号：_____　教师签名：_____

同组人姓名：_____　同组人学号：_____　实验日期：___年___月___日___

记录表 15-1　等距测 λ 法数据表

定标：示波器屏幕上水平方向 1 小格 $=\pi/$_____　$f_{调制}=$_____MHz　$n=4$

棱镜小车 位置 x_i/cm	测相波形平移 量 φ_i（小格数）	棱镜小车 位置 x_{i+4}/cm	测相波形平移 量 φ_{i+4}（小格数）	$\Delta\varphi=\varphi_{i+4}-\varphi_i$（小格数）
5.00	0.0	25.00		
10.00		30.00		
15.00		35.00		
20.00		40.00		

$\overline{\Delta\varphi}=$_____div，$\overline{\lambda}=$_____m　$c=$_____m/s

记录表 15-2　等相位测 λ 法数据

定标：示波器屏幕上水平方向 1 小格 $=\pi/$_____　$f_{调制}=$_____MHz　$n=4$

测相波形平移量 φ_i（小格数）	棱镜小车位置 x_i/cm	测相波形平移量 φ_{i+4}（小格数）	棱镜小车位置 x_{i+4}/cm	$\Delta x=(x_{i+4}-x_i)/\text{cm}$
0.0		8.0		
2.0		10.0		
4.0		12.0		
6.0		14.0		

$\overline{\Delta x}=$_____cm，$\overline{\lambda}=$_____m　$c=$_____m/s

实验 16 利用光电效应法测量普朗克常量原始数据记录表

学号：_____ 姓名：_____ 实验组号：_____ 教师签名：_____

同组人姓名：_____ 同组人学号：_____ 实验日期：___年___月___日___

记录表 16-1 暗电流与电压的关系测量

电压/V	−2.0	−1.5	−1.0	−0.5	−0.0	0.5	1.0	1.5	2.0	2.5	3.0	3.5	4.0
暗电流 /10^{-13}A													
电压/V	4.5	5.0	5.5	6.0	6.5	7.0	7.5	8.0	8.5	9.0	9.5	10.0	
暗电流 /10^{-13}A													

记录表 16-2 测量截止电压数据

波长/nm	365	405	436	546	577
频率 ν/Hz					
光照条件下使电流 为零的电压/V					
遮光电流值/A					
反向截止电压/V					

记录表 16-3 测量伏安特性曲线数据（从截止电压到 30 V）

波长 λ = 365 nm

电压/V										
电流/A										
电压/V										
电流/A										
电压/V										
电流/A										

波长 $\lambda = 577$ nm

电压/V												
电流/A												
电压/V												
电流/A												
电压/V												
电流/A												

注：U_c 到 U_S 之间每隔 0.1 V 记录数据；U_S 到 30 V 之间每隔 2 V 记录数据。

实验 17 用弗兰克-赫兹实验仪测氩原子第一激发电位原始数据记录表

学号：_____ 姓名：_____ 实验组号：_____ 教师签名：_____

同组人姓名：_____ 同组人学号：_____ 实验日期：___年___月___日___

记录表 17-1 记录最终设置的电压参数值

U_F	U_{G1K}	U_{G2A}	U_{G2K}

记录表 17-2 记录 I_A-U_{G2K} 的测量数据

U_{G2K}/V								
$I_A/_{10}{}^{-7}A$								
U_{G2K}/V								
$I_A/_{10}{}^{-7}A$								
U_{G2K}/V								
$I_A/_{10}{}^{-7}A$								

记录表 17-3 记录峰值电压数据

U_1/V		U_4/V		ΔU_1	
U_2/V		U_5/V		ΔU_2	
U_3/V		U_6/V		ΔU_3	

氩原子的第一激发电位的计算：

实验18 霍尔元件基本参数及磁场分布的测量原始数据记录表

学号：_____ 姓名：_____ 实验组号：_____ 教师签名：_____

同组人姓名：_____ 同组人学号：_____ 实验日期：___年___月___日

记录表 18-1 霍尔电压 U_H 与工作电流 I_s 的关系

$I_M = 600$ mA, $d =$ _____ μm, $L =$ _____ μm, $l =$ _____ μm, $C =$ _____ mT/A

I_s/mA	U_1/mV $+I_s$, $+I_M$	U_2/mV $+I_s$, $-I_M$	U_3/mV $-I_s$, $-I_M$	U_4/mV $-I_s$, $+I_M$	$U_H = \dfrac{1}{4}(U_1 - U_2 + U_3 - U_4)$/mV
0.00					
0.50					
1.00					
1.50					
2.00					
2.50					
3.00					
3.50					
4.00					
4.50					
5.00					

半导体材料属于_____型半导体。

记录表 18-2 霍尔电压 U_H 与励磁电流 I_M 之间的关系

$I_s = 3.00$ mA

I_M/mA	U_1/mV $+I_M$, $+I_s$	U_2/mV $-I_M$, $+I_s$	U_3/mV $-I_M$, $-I_s$	U_4/mV $+I_M$, $-I_s$	$U_H = \dfrac{1}{4}(U_1 - U_2 + U_3 - U_4)$/mV	B/mT
0						
100						
200						
300						
400						
500						
600						
700						
800						
900						
1 000						

记录表 18-3　电磁铁气隙中磁感应强度 B 的分布

$I_M = 600$ mA, $I_s = 5.00$ mA

X/mm	U_1/mV $+I_M$, $+I_s$	U_2/mV $-I_M$, $+I_s$	U_3/mV $-I_M$, $-I_s$	U_4/mV $+I_M$, $-I_s$	$U_H = \dfrac{1}{4}$ $(U_1 - U_2 + U_3 - U_4)$/mV	B/mT

记录表 18-4　工作电流 I_s 与工作电压 U_s 的关系

$I_M = 0$ mA

I_s/mA	0.00	0.50	1.00	1.50	2.00	2.50	3.00	3.50	4.00	4.50	5.00
U_s/V											

实验 19　电子束聚焦和偏转的研究原始数据记录表

学号：＿＿＿＿＿　　姓名：＿＿＿＿＿　　实验组号：＿＿＿＿＿　　教师签名：＿＿＿＿＿

同组人姓名：＿＿＿＿　　同组人学号：＿＿＿＿　　实验日期：＿＿年＿＿月＿＿日＿＿

记录表 19-1　偏转电压随偏转位置的关系

偏转电压 ＼ x/格	−5.0	−4.0	−3.0	−2.0	−1.0	0.0	1.0	2.0	3.0	4.0	5.0	U_2/V
U'_x/V												
U_x/V												
U'_x/V												
U_x/V												

注：$U_x(x) = U'_x(x) - U'_x(0)$，例：$U_x(4.0) = U'_x(4.0) - U'_x(0.0)$。

记录表 19-2　偏转电流随偏转位置的关系

I_M/mA ＼ y/格	−4.0	−3.0	−2.0	−1.0	0.0	1.0	2.0	3.0	4.0	U_2/V
第一组										
第二组										

实验 20　迈克尔逊干涉仪的调整与使用原始数据记录表

学号：_____　　姓名：_____　　实验组号：_____　　教师签名：_____

同组人姓名：_____　　同组人学号：_____　　实验日期：____年____月____日____

记录表 20-1　激光波长测量数据表

次数	M₁ 位置/mm	次数	M₁ 位置/mm	每隔 3 次的位置差	Δd/mm
1		4			
2		5			
3		6			

实验 21 液晶电光效应原理及性能测试原始数据记录表

学号：_____ 姓名：_____ 实验组号：_____ 教师签名：_____

同组人姓名：_____ 同组人学号：_____ 实验日期：___年___月___日___

1. 写出激光偏振态：

2. 测量液晶扭曲角。

记录表 21-1 角度测量数据表

角度 1			
角度 2			

平均值：

3. 光电特性曲线。

记录表 21-2 光功率测量数据表

驱动电压 U/V	0	4	5	6	8	10	12
光功率 P/mW							

4. 写出 d 计算式及计算结果：

5. 说明液晶第一、二级衍射光的偏振态之间的关系：

实验 22　光栅常数的测量原始数据记录表

学号：_____　姓名：_____　实验组号：_____　教师签名：_____

同组人姓名：_____　同组人学号：_____　实验日期：____年____月____日____

记录表 22-1　测定光栅常数 d 数据表

级次 k		−2	−1	+1	+2
绿光 第 1 次	左游标读数				
	右游标读数				
绿光 第 2 次	左游标读数				
	右游标读数				
绿光 第 3 次	左游标读数				
	右游标读数				

记录表 22-2　测定黄光波长 λ 实验数据表

级次 k		−2	−1	+1	+2
黄光 第 1 次	左游标读数				
	右游标读数				
黄光 第 2 次	左游标读数				
	右游标读数				
黄光 第 3 次	左游标读数				
	右游标读数				

实验 23　双棱镜干涉法测定光波波长原始数据记录表

学号：_____　姓名：_____　实验组号：_____　教师签名：_____

同组人姓名：_____　同组人学号：_____　实验日期：___年___月___日___

1. 测量干涉条纹的宽度

慢慢旋转一维调节架测微旋钮，平移光电探测器，使狭缝扫描整个干涉条纹区，每旋转 0.02 mm 或者 0.04 mm（转动一圈光电探测器移动 1 mm，如果一圈有 50 个小格，即每转动一小格光电探测器移动 0.02 mm；如果一圈有 100 个小格，即每转动一小格光电探测器移动 0.01 mm）记录一次光功率计示数，此示数仅表示相对强弱，不计单位。以光电探测器位置为横坐标、光电探测器示数为纵坐标，使用坐标纸绘出光强随位置变化的图，从图上可以得到明条纹或暗条纹的间距。

记录表 23-1　测干涉条纹宽度数据表

	1	2	3	4	5	6	7	8	9	10
0										
10										
20										
30										
40										
50										
60										
70										
80										
90										
100										

（续）

	1	2	3	4	5	6	7	8	9	10
110										
120										
130										
140										
150										
160										
170										
180										
190										
200										
210										
220										
230										
240										
250										
260										
270										
280										
290										
300										

注：1. 此表格数据没有单位，数据大小仅表示通过狭缝的光的相对强弱。

2. 注意测量时消除大行程一维调节架的"空程差"，即同一次测量过程中始终顺着同一方向旋转旋钮。

2. 测量两虚光源之间的距离

移动 L_2，在光电探测器表面得到清晰的放大的虚光源像（两个清晰的圆光斑），用光电探测器对两光斑进行测量，得到间距 d'，重复测量 5 次，取平均值。

记录表 23-2　测虚光源之间的距离数据表

	1	2	3	4	5	6	7	8	9	10
0										
10										
20										
30										
40										
50										
60										
70										
80										
90										
100										

注：此表格数据没有单位，数据大小仅表示通过狭缝的光的相对强弱。

3. 测量像距

记录下光电探测器的位置 P_1（P_1 与光电探测器上光电池记录板之间的距离需要修 13 mm）和透镜 L_2 位置 P_2，求出像距：$p' = P_1 - P_2$。

记录表 23-3　测量像距实验数据表

光电探测器的位置 P_1/mm	透镜 L_2 位置 P_2/mm	像距 $p' = (P_1 - P_2)$/mm

实验 24 正切电流计法和磁阻传感器法测量地磁场原始数据记录表

学号：_____ 姓名：_____ 实验组号：_____ 教师签名：_____

同组人姓名：_____ 同组人学号：_____ 实验日期：___年___月___日___

1. 采用正切电流计法测地磁场水平分量 $B_{//}$ 的大小，记录下改变罗盘磁针偏转角度对应需要亥姆霍兹线圈励磁电流大小。

记录表 24-1 正反向电流数据表

θ	I_+	I_-	$I_{平均} = (\left| I_+ \right| + \left| I_- \right|)/2$
6°			
12°			
18°			
24°			
30°			
36°			
42°			
48°			

建议用计算机拟合的方式得到斜率 $C = I/\tan\theta =$ _____ ( )，将真空磁导率 $\mu_0 = 4\pi \times 10^{-7}$H/m、线圈匝数 $N = 310$ 匝、亥姆霍兹线圈的平均半径 $\bar{R} = 144$ mm 代入公式 $B_{//} = \dfrac{8\mu_0 N}{5^{\frac{3}{2}}R}C$ 中，计算地磁场水平分量 $B_{//} =$ _____ ( )

2. 利用磁阻传感器测量地磁场水平分量 $B_{//}$ 和垂直分量 $B_\perp$ 的大小及方向。

记录水平分量最小输出电压值 $U_{A\min} =$ _____ ( )，

　　水平分量最大输出电压值 $U_{A\max} =$ _____ ( )，

　　垂直分量最小输出电压值 $U_{B\min} =$ _____ ( )，

　　垂直分量最大输出电压值 $U_{B\max} =$ _____ ( )。

计算水平分量电压差 $U_A = U_{A\max} - U_{A\min} =$ _____ ( )，

　　垂直分量电压差 $U_B = U_{B\max} - U_{B\min} =$ _____ ( )，

　　地磁场水平分量 $B_{//} = U_A/(fU_{电源}S) =$ _____ ( )，

　　地磁场垂直分量 $B_\perp = U_B/(fU_{电源}S) =$ _____ ( )。

其中磁阻传感器电桥电路放大器增益 $f = 600$，磁阻传感器工作电源 $U_{电源} = 5$ V，磁阻传感器灵敏度 $S = 1$ mV/V·Gs。（上述计算尽量在课堂内完成，以便教师掌握测量误差大小）最后计算矢量合成地磁场 $B = (B_{//}^2 + B_{\perp}^2)^{1/2} =$ ＿＿＿＿＿＿（　　　）。由于 $\tan\phi = B_{//}/B_{\perp} =$ ＿＿＿＿＿＿，则 B 与 $B_{//}$ 的夹角 $\phi =$ ＿＿＿＿＿＿（　　　）。

实验25 偏振光的研究原始数据记录表

学号：_____ 姓名：_____ 实验组号：_____ 教师签名：_____

同组人姓名：_____ 同组人学号：_____ 实验日期：____年____月____日

记录表 25-1 光源发出的光和经过起偏器后光的鉴别记录

起偏器 P_1	P_2转动360° 观察到的现象	I_{max} = _____时的 位置角度/(°)	I_{min} = _____时的 位置角度/(°)	到达 P_2光可能的 偏振性质
未加				
加上				

记录表 25-2 验证马吕斯定律数据表 起偏器 P_1 或检偏器 P_2 的初始位置角度：_____

夹角 α/(°)	0/360	30	60	90	120	150	180	210	240	270	300	330
$\cos\alpha$												
$\cos^2\alpha$												
I/μA												

在坐标纸上分别绘出 α-I 曲线、$\cos\alpha$-I 曲线、$\cos^2\alpha$-I 曲线，观察并思考 α、$\cos\alpha$ 和 $\cos^2\alpha$ 与 I 的关系递进思路。

记录表 25-3 圆偏振光、椭圆偏振光的产生和检验数据表

1/4 波片 转动角度	P_2每转动90°记录的电流值				图 样	确认经过1/4 波片后 光的偏振性质
	0°	90°	180°	270°		
0°						
15°						

（续）

1/4 波片 转动角度	P₂每转动90°记录的电流值				图　样	确认经过 1/4 波片后 光的偏振性质
	0°	90°	180°	270°		
30°						
45°						
60°						
75°						
90°						

记录表 25-4　圆偏振光与自然光、椭圆偏振光与部分偏振光的检验记录（选做）

确保通过 C₁ 的光为圆偏振光	P₂转动360° 观察到的现象	到达 C₂ 光的性质	由 C₂射出的 光的偏振性质	I_{max}	I_{min}
插入 C₂调节 C₂ 与 C₁光轴平行					
确保通过 C₁ 的光为椭圆偏振光	P₂转动360° 观察到的现象	到达 C₂ 光的性质	由 C₂射出的 光的偏振性质	I_{max}	I_{min}
插入 C₂调节 C₂ 与 C₁光轴平行					

实验 26　用驱动-响应同步法实现混沌保密通信原始数据记录表

学号：_____　姓名：_____　实验组号：_____　教师签名：_____

同组人姓名：_____　同组人学号：_____　实验日期：___年___月___日___

根据记录表 26-1 用坐标纸绘出伏安特性曲线。

记录表 26-1　非线性电阻的伏安特性测量

电压/V	−13.7	−13.2	−12.7	−12.2	−11.7	−11.2	−10.7	−10.2	−9.7
电流/mA									
电压/V	−9.2	−8.7	−8.2	−7.7	−7.2	−6.7	−6.2	−5.7	−5.2
电流/mA									
电压/V	−4.7	−4.2	−3.7	−3.2	−2.7	−2.2	−1.7	−1.2	−0.7
电流/mA									
电压/V	−0.2	0	0.2	0.7	1.2	1.7	2.2	2.7	3.2
电流/mA									
电压/V	3.7	4.2	4.7	5.2	5.7	6.2	6.7	7.2	7.7
电流/mA									
电压/V	8.2	8.7	9.2	9.7	10.2	10.7	11.2	11.7	12.2
电流/mA									